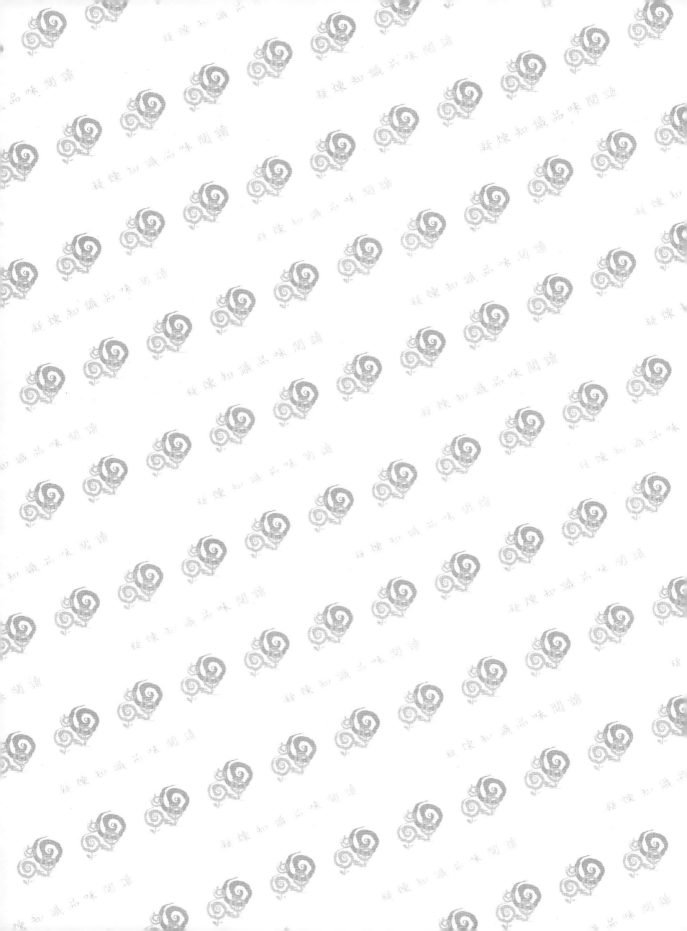

中級

會計學

Intermediate Accounting

馬嘉應 著

五南圖書出版公司 印行

序 言

　　會計是一種商業語言的表達，透過辨認、記錄與溝通，最終彙整成為財務報表，而財務報表本身即能反映企業的經營績效、財務結構以及現金流量。因此解讀其中的財務資訊，不論對於外部投資者或是內部管理階層都極其重要。

　　從「資產負債表」可以看出，企業在特定日期當下的企業財務狀況；從「損益表」則可看出，企業在特定期間內的經營績效成果；從「業主權益變動表」可看出，在特定期間企業股東間權益的消長變動情形；從「現金流量表」可看出，企業在特定期間內，由營業活動、投資活動與融資活動所產生的現金流入及流出情形。為了了解財務報表中每個數字背後所代表的商業意義，以及企業的經營活動，會計學是基礎的課程。

　　本書有鑑於我國金管會宣佈從2013年起，即將全面採用「國際財務報導準則」（International Financial Reporting Standards，本書簡稱IFRSs），以及國內會計學理論與原文教科書，幾乎均適用美國一般公認會計準則（U.S. GAAP）並適用國內會計準則公報，使得國內現行非常缺乏國際會計準則之教材。與美國一般公認會計準則相比，從規則性基礎（Rule-Based）的明確規定，進而改為 IFRSs 原則性基礎（Principle Based），則需要更多的會計專業判斷。財務報表的資訊品質高低，更容易被編製者的專業判斷能力與獨立性所影響，因此會計專業人員的職業道德規範更為重要。故本書將以國際會計準則為基礎而編製各章節的內容，使讀者在日後課程上，在因應未來會計準則變動下，更能穩固基礎、無縫接軌。

　　然而目前最大的問題是：面對即將採行的IFRSs，過去的會計教育並不完全適用於未來的會計實務運用，且不論是學界或業界人士，都需要配合現行政策而修正部分會計原則概念，對此無疑是對理論界與實務界投下了一大震撼彈。

　　為使資訊使用者培養閱讀財務報表的興趣與基礎能力，以及實際運用財務

報表的分析方法，本書不同於坊間的會計學考試用書，著重於基礎理論之理解、深入淺出的教學、簡明扼要的表達，爲基本會計觀念打下基礎，而非鑽研困難的考試取向解題，最後融合理論與實務循序漸進引導讀者瞭解會計，並加強對財務報表「數字敏銳度」的分析評價，使報表使用者能對實際運用更加融會貫通。

目　錄

第一章
財務報導的介紹與觀念性架構

一、資本市場的變遷

　　隨著自由貿易時代的來臨與國際間相互依賴分工的經濟體系形成，如今許多企業仰賴國際貿易海外市場的貢獻，已遠遠超過企業本身註冊的本國市場。隨著新興市場的崛起、日益方便的交通、便捷快速物流與資訊，企業更加速了全球化運籌；全球化的號角響徹雲霄，企業的觸角也延伸至全球在過去許多未能企及的角落。地球村的時代正式來臨，帶來了人類歷史上罕見的國際貿易擴張，這是個開始，就像工業革命一般，目前仍然無法看到盡頭。

　　現在，企業能接觸的投資與籌資管道也不再僅侷限於原始註冊的本國市場，而是亦可以向海外籌資與投資。從現實層面來看，在海外籌資後，投資除了增加企業資金來源的管道外，且由於在該區域籌資，而後用於該區域投資的方式亦可降低成本。在國外資本市場上市或是與當地銀行往來，也可以於該區域市場擴張知名度、增加市場熟悉度等，故有時企業海外上市籌資或是融資，其實並不光只是因為缺乏資金而需從資本市場或金融市場中募集，更重要的是，藉由海外上市銀行團融資等來了解當地市場特色，有助於企業進一步往海外發展，擴大全球營運規模。再者，若是由法規、制度、規模、與環境較為滯後的地區所註冊的企業，到相對來說，在各方面較為健全的已開發國家市場上市，更可以藉由已開發國家資本市場經驗與監理及市場機制，來完善原本公司本身的公司治理、業務操作、與透明度，而通過已開發國家資本市場的重重關卡，並在該地上市籌資或是與銀行團融資後，更可反向回來影響原企業註冊的國家，使得該企業在原始註冊國內資本市場享有更高的本益比或是融資時，可取得較為低廉的資金成本，此都是海外上市籌資或是融資會一併考量的重點。

　　在此環境逐漸變遷之下，報導商業活動與分析、衡量基礎的會計，必然會有一番翻天覆地的變革。過去，許多國家有本身自己的會計準則，或是參考世界上某些主要經濟體的會計準則加以部分修訂，以適合本國國內的資本市場與環境。然而，時至今日，為了使全球化的資本市場與自由經濟更具效率，交易成本能夠有效下降，一場稱之為革命亦不為過的改變，開始在財務報導中展開，且這種變化的非常迅速，亦即由各國不同的準則漸漸地演變成一套

國際通用的會計準則，此準則稱爲「國際會計準則」（International Financial Reporting Standards），目前此準則適用的範圍也已超過115個國家以上。而此變化所欲導向的目標，就是讓全世界財務報導能夠用一種相同的語言來說明，以幫助全球各地的財務報導使用者能夠了解與判斷企業價值。

二、財務報導的基本簡介

資本市場加速整合的今天，帶給企業在籌資與決策上更大的彈性，並且隨著資訊日益方便迅速的情況下，市場之間的連結亦爲深化。因此，不管是權益證券、債務證券、或衍生性金融商品的發行，企業與金融機構均可以增加去哪裡籌資的選擇，而國際會計準則的採用，更可以促進這種趨勢的持續。

會計是商業的語言，會計的主要目的在於分析財務資訊，而方式則是透過紀錄。一套良好的會計制度對公司的管理非常重要，將會影響公司經營的成敗。一套良好的會計制度，對於經濟個體的財務資訊通常要有識別、衡量，與溝通的能力，俾能讓相關利益個體可以有評估與了解企業價值的方法。會計的主要目的在於分析財務資訊，也因爲受到過去、現在、與可預見的未來事件對於財務方面的影響，故終究有其侷限性。是以會計是幫助理性的財務報導使用者了解企業價值，而非完全表現企業價值。企業的價值有很多面向，目前對會計來說，仍然是在探索階段的議題，譬如企業的軟實力（soft power）與經濟個體對環境的影響，這因爲牽涉太多主觀面向與環境變化而無法有效衡量，以致尚無法評價。

財務會計是一套有順序進行的過程，其終點是出具報告，中間所有的工作都是爲了出具這份報告給經濟個體的財務報導使用者。財務報導使用者雖然包含內部與外部使用者，不過財務會計更注重的是對外報導，既然是要公開對外報導，那麼報告的製作就必須有一個既定的標準，可供大家比較與遵循；與管理會計相較之下，管理會計仍然是一個過程，在於識別、分析，與衡量經濟個體的財務資訊，其中最大差別就是管理會計係主要服務於該個體管理當局對於本身的計畫、控制、與選項的評估等方面，故管理會計有較大的彈性，沒有既定標準，一切隨管理的需求而做相關的設計，譬如機會成本的衡量，在財務

會計上此觀念很少用到，不過在管理會計決策分析上就經常被使用。在本書中，我們探討的內容大多爲財務會計，雖然有時會探討到有關管理會計的概念，不過也只淺嚐即止，如果讀者有興趣的話，可以回去翻閱成本會計與管理會計相關部分的討論，裡面會有更深入的內容來探討對於公司的影響。本書接下來所指的財務報導，都是財務會計上的財務報表，而非成本會計與管理會計上內部所使用的相關分析報表。

　　經濟個體與外界的溝通主要的方法是透過財務報導，而財務報導則是藉由貨幣量化的方式，來表達一個公司的歷史與根據過去的事實可以合理估計的未來。財務報表通常被大家提到的有四張表，分別如下：

　　・財務狀況表（或資產負債表）

　　・損益表（或綜合損益表）

　　・現金流量表

　　・股東權益變動書

　　在此四張表之後還有相關的附註揭露，藉以解釋財務報表中的相關數字與其他應注意的資訊，此附註資訊視爲整合整個財務報表的部分。此四張報表加上附註揭露，我們就稱爲財務報導。一般在編製財務報表分析時都會再去閱讀下面的附註資訊，如果沒有附註資訊，很容易被數字誤導，所以附註資訊非常重要，不能只關心報表數字而不注意附註揭露。在本書中，我們聚焦的重點就是在財務報導，也就是上面所述的四張表，與相關的財務資訊之揭露。

三、資本分配、國際會計原則的緣起與基本元素

　　資源是有限的，資本主義的精髓即是透過市場讓資源做最有效率的分配，出發點是人的自利心，讓人選擇的方式是競爭，藉由競爭而讓適者勝出。會計此時就必須確實與公允地在一定時間內衡量公司績效，並藉由財務報導表現出來。如此才有辦法讓適合的經濟個體與經理人可以得到市場資金奧援，吸引資本進一步投資和擴張規模。而外部財務報告使用者可以用財務報告來評估欲投資標的物的相關報酬與風險，並且從事相關投資機會的決策與考量。財務報導猶如企業個體與市場大眾中間的橋樑，是以當橋樑出現問題，諸如：假帳案

件、會計衡量方式變動造成的影響，都會衝擊資本市場，進而影響到資本的分配情形。

　　一個有效率的資本分配，對於一個健康經濟體是非常的重要，它會提高經濟個體生產力、鼓勵企業創新，與提高投資者報酬，並且讓資本市場透明度提高、信心能夠上升，進而加快流動性，這對權益證券或是債務證券的發行，都有非常大的幫助。所以一份良好的財務報導必須要有一套可遵循的高品質準則，並依此編製財務報告，藉以提升透明度，增加投資大眾的信心。資本主義的邏輯其實非常簡單，資本市場是資本主義的核心，信心是資本市場的基礎，而信心建構在透明度上，透明度建構在一套良好的會計制度與監管審理法規上，彼此環環相扣，缺一不可，是以高品質的會計制度影響資本市場非常巨大。而何謂高品質的會計制度？高品質的會計制度爲何漸進式地趨向單一性？這就是財務會計探討的主要核心議題。

資本分配流程圖

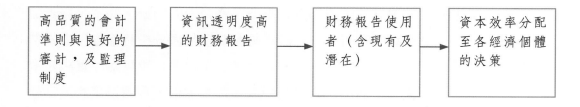

　　誠如上述所說，爲了促進資本市場的效率分配，投資者必須具備忠實表達的相關資訊（faithful representation），以幫助其比較相關好壞與符合其投資特性，此即爲可比較性（comparability）。爲了達成可比較性，廣泛且能夠被接受的高品質會計準則就有其必要，以合理確信其適當的可比較性之存在，讓投資者能夠依此做出更好或是適合其國情需要的投資決策。但是這時又產生一個問題，每個國家或地區基於法律、經濟發展與政治文化的不同，都會訂出一套適合該國的會計準則，然後再發展成多套廣泛能夠被接受的會計準則，雖然其都有本身立論基礎與合理性，但在全球化資本流動迅速的今天，顯然不切實際，對大範圍的使用者仍然存在著進入障礙。此進入障礙，即爲當投資者欲分配其資本時，還需要分辨投資標的物的衡量會計準則之間的差異以

釐清其疑慮，如此一來，便會讓投資難度增加，意願下降，進而導致資本效率分配下降，跨國性或跨地域性的比較性可能因而降低。那該怎麼辦呢？答案很簡單，就是需要一套大家都能接受且都能懂的會計衡量準則，來幫助使用者降低進入障礙，這就是國際會計準則需要制定的最大原因。國際會計準則的制定，既然是一套大家都能接受且都能懂的會計衡量準則，因此需要大家的集體共識，此共識經由討論出來後，就產生了幾項最基本的元素在其中，此幾項基本的元素如下：

- ・需由以一權威準則所制定有關主體編製一套高品質的會計準則
- ・其標準具有整體普適性的適用與解釋意涵，此適用與意涵並不隨著各不同人去解釋而有不同意義
- ・普適性的觀念性架構
- ・普適性的資訊紀錄、衡量與揭露標準
- ・普適性的高品質審計準則與審計實務
- ・全球普遍對於公司治理的基本要求
- ・具有強制性與可以有效監理
- ・普適性傳遞資訊系統（例如：eXtensible business reporting language-XBRL）
- ・市場參與者的教育與訓練

上述幾項最基本元素是達成全球單一會計準則的條件，思考邏輯剛好是順序式的從上到下，這幾個元素代表各大方向，幸運的是，目前全世界在財務報導環境有重要的改變，改變的方向就是往上述的幾個方向走，這都是未來的趨勢，也還需要更進一步的探索，故現在學會計的同學固然是痛苦了點，因為一切都還在劇烈變化的現在進行式中，不過改變也代表機會，會計系同學的出路機會也會變得非常多與非常廣。這是個動盪變化的時代，上述的幾種元素雖然都有一定基礎，但是離最終完成還有很大一段距離，這都是會計系學生未來可以參與和探討的方向。

四、財務報告的目的

　　前面其實已經大略提過財務報導的主要目的了，此處將就上面所提的內容為基礎，更進一步深化討論其中的意義與範疇。若照上面所說，財務報告主要是由資本市場的投資者所提供，則可依此簡而言之：

　　基本上，國際會計準則下的財務報告是「經濟個體」以其在資本市場籌資的角度為第一出發點，是以財務報告的主要目的是為了提供經濟個體的相關財務資訊給現有權益投資者、貸款人、還有其他可能有能力的「資本提供者」為主，同時必須「符合決策有用性」。

　　從上面這段話，可以再抓出其中的關鍵字辭來往下探討三個部分，依照上文順序，此三個關鍵字辭分別是1.經濟個體、2.資本提供者，與3.決策有用性。我們將分別就這三個關鍵字辭在下文來解釋申論之。

1.經濟個體

　　人類在早期商業史上，通常都採行獨資與合夥的方式來做生意，目前有紀錄的獨資與合夥方式，最早據說可以追溯到羅馬時代。隨著時間推移，在西方大航海時代，荷蘭十六世紀首先創造出股份有限公司這種形式的體制出來，當時創造出來的第一家股份公司，就是曾經在台灣殖民過、並跟台灣關係很深的荷蘭東印度公司，之後兩百多年，該股份有限公司早已是皇家特許的產物，也就是要通過皇家許可才能成立。直到1862年，英國通過了公司法，創立了有限責任條款，從那時到現在，成立股份有限公司從一項特權變成了基本的權利，這使得公司的董事和投資人在有限責任公司的投資更加安全，實際上鼓勵了更多人投資公司，從而促進了經濟發展。也因為其是有限責任制，亦即對投資者來說，如果公司經營失敗，責任是有限清償並非無限清償，也就是投資人的責任有限，因此他們的損失只限於投資於該公司的資金，公司跟當初的投資者開始有了分開的意義，這就是個體觀念最根本的由來。分開的另一面代表在法律層面上開始賦予它像是一個真實自然人的性格，它可以對任何投資人發行可交易的股票，而與原始業主開始分離，這即為法人組織。

所謂的經濟個體，就是法人組織，即爲視企業或一權責獨立的個體與原始業主（現有的股東）和債權人的關係互爲獨立，經濟個體的資產是企業的資產，而非特定債權人或股東的資產，而投資者（包含債權人與股東）僅就其債權與權益有其應有的主張與要求權利。這與目前的商業實務環境一致，現在大多數的公司在其財務報告中，實質上企業是與其投資者分開的。所以現在一般財務報導中，大家可以看到在財務狀況表（資產負債表）中，企業欠債權人多少錢，或是股東享有多少權益。這種呈現方式，就是展示出僅就投資者的債權與權益有其應有的主張與要求。

2. 資本提供者

　　誠如上述，會計存在的目的是作爲企業個體與市場大眾中間溝通的橋樑，與市場大眾的溝通，主要也是爲了在資本市場籌資，而財務報導則是爲了幫投資者在做投資決策達成資本效率分配時有所依據。所以在一般原則下，我們認定投資者（包含股東與債權人）爲財務報導優先使用者。對投資者來說，不管是股東或是債權人，他們對於公司的財務資訊都有最迫切性與及時性的需求，投資者（包含股東與債權人）需要相關資訊，來評估企業個體於現在與未來產生現金流量的能力，還有了解管理當局保護資產與加強資產使用效率的績效，以決定是否繼續投資或是撤回資金，所以優先使用族群應爲投資者，而非管理當局本身、監理單位，或是其他非投資族群者。

　　並非其他人不重要，其實在一般實務上，財務報導除了投資者要看，對於企業的相關利害關係人（Related Stakeholder），如管理當局、監理單位、供應商、客戶、競爭者等也都必須了解，只是大家出發點與關注項目或有不同，要滿足所有人的要求，顯然不可能。是以回歸到最終原始出發點，財務報導既然是企業個體與市場大眾中間的橋樑，則首要服務的應該是資本市場的投資者，這就是以籌資角度爲第一出發點，即現有權益投資者（股東）、現有債務投資者（債權人），還有其他潛在的資本提供者爲主。（以下所講的投資者均與此同，除非有所不一樣，否則不在後面註明。）

3. 決策有用性

投資者之所以對財務報導有興趣並加以研究與分析，是因為財務報導本身提供了對其決策有幫助的資訊，讓使用者可以利用財務報導上的資訊來評估公司的情形。對投資者來說，什麼資訊才是對他們最重要並且對其決策最有幫助的呢？從投資的流程來看，投資者不管是股東或是債權人，一般來說，都是以現金、公司所需之資產、與技術等來作價投資，此投資人投資該企業，對企業來說此即為資本，所以首要當然是其目前保護資本的方式與資本使用的情形。

資本大多又以現金為主（技術與資產雖不少見，但大宗仍為現金），既然是以現金為主的方式流入公司，是以我們從現金流量的觀點出發，來探討保護資本的方式與資本使用的情形，分述如下：

(1)保護資本的方式：我們著重在公司的內部控制制度與相關法令的遵循，是以投資者需要公司出具內部控制制度聲明書，並且由會計師專案審查的方式幫其背書，證明其管控與保護資產的方式能夠有效監控。這部分審計準則公報、公司法、證券交易法、與商業會計法，及其他相關規則與辦法或其行業本身有其特定等多有規範與設計。

(2)資本使用的情形：可分為兩項，一為目前資本所換來的經濟資源與對於經濟資源的請求權（資產負債表或稱財務狀況表），再者就是資本的變動項目與理由（損益表、現金流量表、與股東權益變動表）。在四大表之後再附上相關的項目變動之理由與原因，俾能告訴使用者相關資訊，以評估現金流量之金額、發生的時間、與尚未確定的未來現金流量等資訊。因此，財務報導是投資者接觸公司最直接的資訊來源管道。

然而，所謂評估現金流量，並不表示會計的記帳基礎是用現金基礎。眾所周知，目前會計是用應計基礎，也就是企業在一定期間內，當某項經濟事件發生且可以合理預期其金額與發生之可能時，而該事件又會影響到財務報表，以至於造成變動時，我們就會予以記錄，而並不是單純的以現金的收入與支出來記錄；所以一般來說，採用應記基礎，更能表示出企業目前與可以預期的未來之價值、繼續經營的能力，以及產生現金流量的方式。財務報表的基本概念如下圖所示：

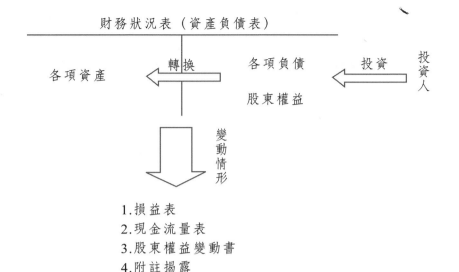

財務狀況表（資產負債表）

各項資產 ← 轉換 各項負債 ← 投資 投資人

股東權益

變動情形

1.損益表
2.現金流量表
3.股東權益變動書
4.附註揭露

五、國際會計準則委員會簡介與聲明類型

在過去許多年的時間裡，全世界有很多國家依賴他們自己的準則制定機構，有些是原則導向，有些是規則導向，另外有些是稅務導向，又有些則是商務導向。換句話說，他們在開始的概念及目標都不盡相同，其中以兩個主要準則制定機構最為重要，一個是總部設在英國倫敦的國際會計準則委員會（International Accounting Standard Board, IASB），這個機構所發佈的準則公報為國際財務報導準則（International Financial Reporting Standard, IFRS），這就是本書所主要探討的會計準則與公報，目前全世界有115個國家使用，並且快速在全世界其他地方擴展開來。另外一個準則制定機構則是位在美國的財務會計準則委員會（Financial Accounting Standard Board, FASB），所有美國公司都被要求採用FASB所制定的準則，來記錄會計事項與編製財務報表集相關資訊之揭露。有些人認為，FASB所制定的財務會計準則過於複雜與細微，內容較為規則化，此即為規則導向（rules-based）。而IASB 所制定的則較多原則及概念性，此即為原則導向（principle-based），姑且不論其論點如何，兩個機構倒是一致認為：一套高品質的全球通用會計準則是有其必要以加強企業的比較性。原則基礎對全球來說，又較能兼顧各國實

際環境、商業實務及日益複雜的經濟狀況。因此 IASB 的 IFRS 被認為會有更好的潛力，以提供一個普遍適用的平台來讓企業出具財務報導，並且讓投資者比較相關財務資訊。而 IASB 發佈的聲明主要有以下三種類型：

1. 國際財務報導準則（International Financial Reporting Standards, IFRS）：

目前IASB已經總共發佈了九號 IFRS 公報，其中目前尚未探討到的主題則適用舊的國際會計準則（International Accounting Standards, IAS），這是因為在2001年以前，國際會計準則層級的制定是在International Accounting Standards Committee，也就是IASB的前身，這個組織當時在2001年以前總共發佈了40個IAS公報，其中目前有很多都正在由IASB重新加以修訂補充或更新，修訂補充或更新出來的就是IFRS，而還沒修定補充與更新的就沿用舊IAS的規定。所以，如果IAS與IFRS有相同主題，是以IFRS為準。

2. 財務報導之觀念性架構（Framework for financial reporting）：

觀念性架構為IASB制定財務報導準則之最基本的目標與概念，此觀念性架構之目的是為架構出一套完整的基礎，作為指導準則與面對新問題與交易的方法，並且也讓財務報表在編製時，如果碰到有相關特殊問題而公報與解釋並沒有相關說明及規範，得以有個最基本的遵循軌跡。

3. 國際財務報導解釋函（International financial reporting interpretations）：

解釋函是International Financial Reporting Interpretation Committee（IFRIC）所發佈，主要是針對較新財務報導議題而公報內容卻未明確針對此項事件作處理；另外，就是本身交易處理方式之間有矛盾或容易讓人產生誤會以致未能臻善表達交易實質，因此需要更進一步的解釋與闡述適用範圍，所以同樣具有強制的效力而必須被遵循。目前IFRIC已經發行超過15個解釋函來解釋這類的會計問題，以便有相關可以依據的指引來編製財務報表。

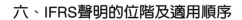
六、IFRS聲明的位階及適用順序

這裡有一點必須特別澄清，IASB是一私人機構，既然其為私人機構，本身IASB所發佈的各項聲明，在理論上來說就不具有強制性，然而真正使其具有強制性的是，各國內部相關業務的主管機關要求其國內的企業必須強制適用IASB所制定出來的各項聲明。所以對企業來說，主管機關是各國本身自己的相關機構，以我國來說，即為金融監督管理委員會（金管會）而非IASB本身。是以如果我國各產業或企業對於公報內容之適用存有疑義時，則需尋求其主管機關加以解釋，而非直接去找IASB。但如果連主管機關都有疑義，才發函請IASB解釋。

任何公司如果標註其財務報導之編製是依照IFRS來做記錄與發佈，就必須完全採用（fully adoption），絕不能部分採用、部分不採用，或是大致上依照IFRS編製（convergence with IFRS）。所謂完全採用IFRS編製財務報導的定義，則是完全依照IFRS的各項聲明與解釋來認列、評價、與揭露相關資訊。各項聲明與解釋必須完全遵循，而這中間適用的位階與順序如下：

1. International Financial Reporting Standards（IFRS公報）
2. International Accounting Standards（IAS公報）
3. International Financial Reporting Interpretation Committee（IFRIC解釋函）或 Standing Interpretations committee（SIC解釋函，其為IFRIC之前身所發佈的解釋函）
4. 公報相關指引或相似議題的解釋與處理方式（Requirements and guidance in standards and interpretations dealing with similar and related issues）
5. 如果上述無規範則依照觀念性架構（Framework for financial reporting）
6. 觀念性架構也無法解釋時，則找尋觀念性架構相似的其他準則制定機構，針對此特殊議題最近所發佈的相關聲明與處理方式。（例如：FASB之相關規範與解釋）

　　如此嚴格的位階與適用順序，主要是希望依照IFRS所編製出來的財務報導能夠公允表達財務資訊，以便合理確信其能幫助財務報導使用者評估與了解公司的價值及能力，並依此作出適當之投資決策。

　　誠如上述，觀念性架構是為所有會計原則制訂之基礎目標與概念，是以我們下面就更為詳細地介紹為何我們需要觀念性架構與觀念性架構的實際結構與理由。

七、觀念性架構

　　財務報導各項公報與解釋函是編製財務報導的依據與基礎，而觀念性架構則是各公報與解釋函的根本。觀念性架構是一套有條理的概念與系統，從目標來確定財務報導的主要目的，並且依其主要目的所導引的概念界定財務報導的範圍，再依此條件來選擇應被表達出來之交易、事件、情況；而後再來設定其應如何被認列與衡量，最後決定如何彙總與報導出來。因此健全的觀念性架構，有助於會計準則制定機構制定健全而和諧的會計準則，從而增進讀者對財務報表的了解及信任，並增加財務報表的比較性。

　　此外，隨著經濟活動的不斷推陳出新，新的交易型態或經濟事項亦不斷發生，在準則制定機構尚未制定新的會計準則之前，實務界亦可參考會計觀念架構以解決所面對的會計問題，進而了解與評估日益複雜的經濟環境下新出現之交易類型與認列衡量，所以觀念性架構是一切會計的基礎。觀念性架構的結構基本如下頁圖所示。

第一層：會計的根本目標

　　會計的根本目標是整套會計概念的基礎，有了這個目標以後，再去設定為達成這個目標的多項做法，進而發展出第二層的會計資訊品質特性與各項元素，以及第三層這些品質特性與各項元素所延續下去的認列、衡量、與揭露的基本概念，並依此說明其先天的基本假設、原則，與限制；這些都是為了幫助達成這個目標，該項會計資訊才有價值（亦見下頁圖）。而會計的根本目標是什麼？這其實前文已經說到過了，就是作為商業的語言以達成傳遞及溝通的作

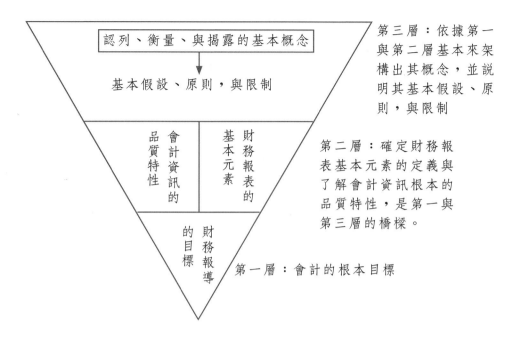

第三層：依據第一與第二層基本來架構出其概念，並說明其基本假設、原則，與限制

第二層：確定財務報表基本元素的定義與了解會計資訊根本的品質特性，是第一與第三層的橋樑。

第一層：會計的根本目標

用，並成為資本市場與投資者及相關利害關係人（股東、債權人、供應商、客戶、競爭者、潛在投資者等等）的橋樑，所以資訊一定要對使用者作決策時具「有用性」。

具決策有用性的財務報導能夠給使用者非常大的幫助，普遍來說，使用者在正常情況下實在很難獲得他們所需要的完整財務資訊，而財務報導雖然不能滿足所有的使用者需求，但至少部分他們可以因此在財務報導上找得到，然而其中隱含一個基本的假設，那就是使用者必須本身瞭解一定程度相關的知識與商務慣例，如果不具備此項能力，使用者也很難看得懂財務報導上的相關資訊與瞭解其背後意義。這代表財務報導是為具有一定基礎與能力的使用者所編製，這項隱含的假設也影響到企業本身在編製與準備財務資訊時的方式與相關資訊的延伸。

第二層：品質特性與基本元素

企業如何選擇可接受的會計方法？而金額的衡量與資訊的類型的揭露要怎麼選擇？又要如何呈現相關資訊的方式與格式？這從第一層會計的根本目標延伸下來，企業必須盡其所能地提供對於決策有用之資訊（decision-usefulness），而符合怎樣的品質特性才稱作對決策有用呢？這就是我們接下

來要先討論的品質特性了；品質特性訂定的意義，在於可以依此基本概念來過濾資訊，但IASB也明確地指出它的限制，就是重要性與成本效益原則（cost & materiality）；這裡就要稍微提一下所謂的重要性與成本效益原則，並以下圖來解釋品質特性。

- 重要性：是指會計事項或金額如不具有重要性（金額可能依某一比例來決定，而資訊之性質則與其所屬個別組織之環境有關），此時可以不完全按照會計準則處理，以節省提供資訊的成本。在設定此重要性水準時，應以該資訊或金額是否會影響到理性財務報表使用者作決策時的最小估計；
- 成本效益原則：會計資訊提供過程中的一個有普遍性的約束條件，就是匯集（aggregate）和揭露（disclose）會計資訊的成本不得高於使用該資訊所能產生的效益，否則，該資訊就不值得提供。

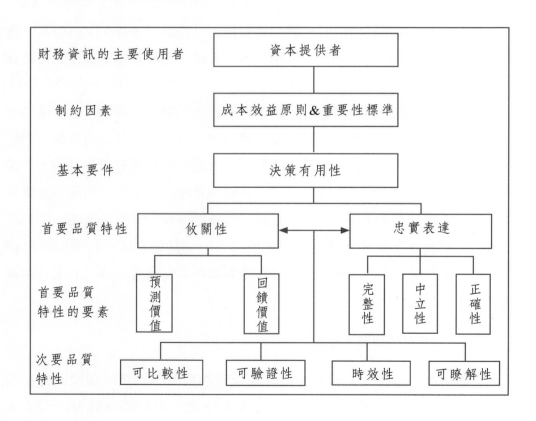

1. 首要品質特性──攸關性

首要品質特性可區分為攸關性與忠實表達，我們在下面先由攸關性開始來加以說明；所謂攸關性（Relevance），係表示會計資訊本身須有讓使用者能辨別其資訊內涵與代表的意義差別之能力，因此具備影響決策的效果，以幫助報表使用者做決策的會計資訊，我們稱之該資訊具備攸關性。

攸關性所內含的要素又分為兩項，一項為預測價值，另一為回饋價值。

所謂預測價值（Predictive Value），是指會計資訊通過幫助使用者對過去、現在和未來事件的結果作出預測，而具備了在決策中導致差別的能力。在企業個體的繼續經營假定前提下，會計資訊的產生也是一個不間斷的過程。

這些會計資訊，既有反映過去某一時點的經濟資源（資產）、負債與股東權益狀況的靜態資訊，也有披露過去某一會計期間，經營成果的動態資訊，還有記錄經濟活動過程的即時資訊，而所有這些資訊往往連貫地反映著各要素之間承前啟後、互為因果的變化過程與期間性結果，顯示出經濟活動的客觀情形及規律，並且預示著某些重要經濟活動的發展趨勢與可能結果。因而，對已有的和潛在的投資者、債權人而言，會計資訊可用於對其所關切的事項與未來結果進行合理預期，以減少其決策過程中不確定性因素，導致有利於使用者的決策。

所謂回饋價值（Confirmatory Value），是指因會計資訊的提供而導致的證實或糾正使用者原有期望的能力。作為會計資訊首要品質特性「攸關性」的主要內容之一，會計資訊的回饋價值對有效地實施會計控制至關重要。任何有用的會計資訊回饋，如經濟資源（資產）或債務現狀的訊息，或有關企業以往業績的資訊之提供，都會降低不確定性，對使用者及其原有期望、所採取的決策行為與實施過程產生影響：或者證實其正確性，助其增強或加大實施這一行為的信心與力度，並最終達到預期目標；或者表明其原有怕偏差、行為的不當或實施過程中發生了不利於實現期望值的變異，促使決策者調整期望，改變行為方式與方法，甚或終止行為過程，以達到預期目標或將原有決策的不利影響降至最低限度。即一項會計數據或說明，符合它意在反映會計對象。

這表示會計資訊的回饋價值，往往隱含著對會計資訊能導致未來決策差異

的預期。會計資訊的回饋價值與預測價值有著十分緊密的聯繫，且往往同時發揮作用。一般來說，回饋價值會增強使用者預測採取類似行動的可能結果，除此之外，當然也取決於會計資訊的真實性，和會計資訊回饋的時效性等其他品質特性，以及會計資訊使用者對其他相關因素（如總體經濟政策與市場因素等外部環境的變化）的合理預期。只有將其用於對可能導致相關事項或過程的未來結果進行預測和調整，會計資訊的回饋價值才能真正實現。

不僅如此，會計資訊的回饋價值通常是預測價值的基礎或前提條件之一。此外，會計資訊回饋價值的大小還取決於下述幾種因素：

- ·會計資訊的真實性，即一項會計數據必須能說明並符合它意在反應的會計對象；
- ·會計資訊的時效性，即會計資訊在其失去決策作用以前即為決策者所知悉。只有及時反饋的、真實的、且能根據其自身固有的勾稽關係和一定的技術與方法，才會對過去、現在和未來事件的結果具備攸關性。

2. 首要品質特性——忠實表達

忠實表達（Faithful Representation）是強調會計資訊應與實際相符，亦即企業的會計記錄和會計報表必須真實、客觀地反映企業的經濟活動，企業的會計衡量應當以實際發生的經濟業務為依據，如實反映企業的財務狀況和經營成果。

總而言之，忠實表達是會計資訊的生命，會計資訊只有首先保證忠實表達，才能值得財務報導使用者信賴，並對該份財務報導與資本市場建立信心。所以一份財務報導如要達成忠實表達之目的，就必須內含三個條件，即中立性、完整性、與正確性。

中立性（Neutrality）是指會計資訊要可靠，就必須是中立的，也就是不帶偏向的。如果會計資訊通過選取和列報資料去影響決策和判斷，以求達到預定的效用或結果，那它們就不是中立的。因此某些會計資訊即使具有了完整性和正確性，如果不具有中立性，仍然不值得資訊使用者信賴，因為這樣的資訊一般情況下，會對某些特定利益團體或情況有利，而損害另一些特定利益團體與情況的利益。即使實際上，僅僅是有利於某一方，但並不有損於另一方，或

者，對相關利益者都沒有太大的影響，但明顯失之公允的會計資訊仍將會降低財務報導使用者對提供者的信任度，進而會影響提供者的信譽。因此，在對外發佈會計資訊時，必須避免偏見。

完整性（Completeness）是指會計工作的內容與過程必須完整；會計憑證、會計帳簿、會計報表和其他會計資料與相關財務數字的估計緣由等必須完整；會計所反映的應當是整個經濟與交易活動的全部過程；所以企業確實做到會計控制，也就是一般所說的公司治理，亦即在會計上必須對每一項經濟活動具有連續性、系統性、無例外性的加以記錄，也就是記錄一定時期內的全部經濟活動。基本上，要達到這一項要求就必須有五個完整，即資料完整、記載完整，反映經濟活動完整、手續完整、檔案完整。要達成這樣的目標，有賴公司建立一個運作良好的內部控制制度確實依照會計循環，才能有效控制與監管。所謂的會計循環，如下圖所示：

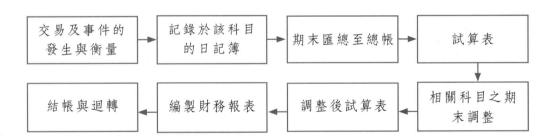

所謂正確性（free from error），是指認列、衡量與揭露必須要正確無誤，此內涵應包括計價正確性、截止日期正確性、過帳和彙總正確性、分類正確性、披露正確性與合法性。然而這不代表所有的資訊要完全精確無誤，因此有必要在這裡說明一下，對於會計資訊的正確性，有些人認為是「會計資訊與客觀事實完全相符」，這種理解並不算完全準確。會計資訊的正確性應是相對性的概念、與辯證的邏輯思維，會計不可能像照相機一樣，將經濟活動的全部過程原封不動地複製下來。會計上的「正確性」與現實中的「真實」是兩個相互聯繫但又不完全相同的概念。前者是對後者修正後的一種結果，不可能完全相同，只能接近。而會計資訊的正確性之所以具有相對性，是由以下因素所決定的：

．會計認列、衡量與揭露的假設性。會計認列、衡量與揭露的標準與計算是在客觀基礎上的主觀假設，我們稱此爲「會計核算前提」。一般情況下，會計核算前提具有普遍的適用性。但是，在實際經濟生活中，有時會出現與會計核算前提不相符合的情況。最典型的例子是關於幣值不變前提。因此，會計資訊只能是相對的眞實，表現爲帳面數字與現實情況可能有一定的差異。

．制度允許範圍內會計處理方法的可選擇性。由於不同的組織客觀情況的不相同，會計制度允許對於某些業務有幾種可供選擇的方法。對於特定的業務，到底選擇哪種會計處理方法，則需要會計人員的職業經驗和專業判斷，從而導致會計資訊具有一定程度的主觀性。

．某些會計假設和原則的約束性。由於某些會計原則的影響，會計人員在提供會計資訊時，必須進行一定的估計，從而使會計資訊不一定能完全眞實。如爲了定期報送會計報表，滿足時效性的要求，對於一些期末仍然不能確定金額的事項需要先進行估計。由於是主觀人爲估計，必然與實際有一定的誤差。

3. 次要品質

次要品質特性的設計，主要是爲了加強與補充首要特性，如果一項會計資訊能夠進一步達成次要品質特性，則更可以將會計資訊的差別表現出來。而會計資訊的次要品質特性可區分爲四個，即可比較性、可驗證性、時效性、可了解性。

我們就先從可比較性（Comparability）來說。國際會計準則委員會（IASC）在其發佈的《觀念性架構》關於「可比較性」的論述中，也將會計的可比較性分爲同一企業不同時期的可比較性，和不同企業的可比較性兩個方面。

《觀念性架構》第39段指出：「爲了明確企業財務狀況和經營業績的變化趨勢，使用者必須能夠比較企業不同時期的財務報導；爲了評估不同企業相對的財務狀況、經營成果和現金流量，使用者還必須能夠比較不同企業的財務報表。因此，對整個企業及其不同時點以及對不同企業而言，同類交易或其他

事項的計量和列報，都必須採用一致的方法」。

　　另外，可比較性又稱統一性，是指會計核算應該按照現定的會計處理方法進行，提供相互可比的會計資訊。這裡的可比較性，是指不同的企業，尤其是同一行業的不同企業之間的可比較性。該原則要求不同的企業都要按照統一規定的會計方法與程序進行，以便於會計資訊使用者進行企業間的比較。

　　可驗證性（Verifiability）是指不同的人員通過檢查相同的證據、資料和記錄，能夠得出相同的或相近的結論。這個原則並非要求每次都得出完全相同的結果，它允許在有限的範圍記憶體存在差異。會計資訊是為投資人或相關的利害關係人所使用的。儘管這些人都是會計資訊的使用者，但會計資訊卻是企業自己編製。因此，必須採用一些措施，使不同使用者均確信會計資訊是值得信賴的。這個條件必須通過遵循既定的規則和慣例來滿足。會計人員按照這些規則和慣例提供資訊，相關使用者也可以遵循這些規則和慣例，來對會計資訊的可靠性進行驗證。所以說，會計資訊從資訊提供者的角度來看，即使具有主觀真實性，但從使用者的角度來看，如果不具備客觀的可驗證性，則也不能認為該會計資訊可靠。

　　如《營業稅法》中規定，企業即使購進應稅項目，但如果「未按規定取得或保管專用發票」，也不能抵扣進項稅額。這個法律規定說明了即使企業提供的會計資訊具有主觀真實性，但對於稅務機關而言不具有可驗證性，因此不予採信與計入。而企業本身對內部會計資訊的可驗證性要求，可以比對外部會計資訊的要求稍微低一些。這是因為對內部會計資訊，主觀估計、預測等方法的使用往往是非常有用的，而且隨著競爭環境激烈與變遷迅速等，可能更在乎的是時效性，而此時過分強調可驗證性，往往達不到管理的某些要求。

　　時效性（Timeliness）是指會計核算應當及時進行。會計資訊除了必須保證其忠實表達與攸關性之外，還應當盡量做到資訊的時效性。不及時的資訊將使其對使用者的有用性大打折扣，甚至毫無價值。因此會計核算中必須做到及時記帳、算帳、報帳。會計資訊的時效性，在今日快速變遷與日新月異的商業環境中甚為重要。會計核算要講求時效及時進行，以便會計資訊的及時利用。這一原則一是要求及時記錄會計資訊，對發生的經濟業務及時進行會計處理；二是要求及時傳遞和報告會計資訊，在每一會計期末將會計報表及時發佈

出來。像我國主觀機關要求公司每個月十號之前必須公佈前月營收,這都是時效性的代表。

　　可瞭解性(Understandability)是指一項會計資訊是否能被使用人所瞭解,同時決定於:資訊本身是否易懂與資訊使用者的理解能力。由此可知,可瞭解性同時需要使用者與資訊提供者之間的密切配合。因此,會計人員應盡可能使資訊易於被人瞭解,用較於簡單與淺顯的方式表達,而使用人亦應對商業與經濟活動有合理的瞭解,並願意用心去研讀與分析財務報導,會計資訊方能發揮最大功用,對相關的投資人與利害關係人達到最大的效用。

財務報表中的五大基本元素

1. 資產(Asset):是指過去的交易、事項形成並由企業擁有或者控制的資源,且其必須能以貨幣衡量(貨幣單位假設),而該資源預期會給企業帶來經濟利益,例如:各種財產、債權和其他權利。

2. 負債(Liability):是企業因過去的交易或事項所形成的現時義務,履行該義務預期會導致經濟利益流出企業。

3. 權益(Equity):是指資產減去負債後的餘額,亦可稱之為自有投資或淨資產。

4. 收益:指企業在一定期間增加的經濟效益,可能因為主要營業活動而交付或生產貨物、提供勞務,或其他活動所產生的資產流入或其他增益,或負債之清償(或兩者之組合),而使權益因而上升。

5. 費用:指企業在一定期間因主要或中心業務而交付,或生產貨物、提供勞務、或其他活動,所產生的資產流出或其他消耗,或負債之發生(或兩者之組合),而使權益因而下降。

第三層:認列、衡量與揭露的概念

　　第三層認列、衡量與揭露的概念,係指上述第一層的目標與第二層的品

質特性進入實行的層面所需更進一步的想法與步驟，主要是解釋企業如何認列、衡量、揭露財務報導上五大的元素與相關的經濟事件。

　　首先要談的是基本假設，會計的基本假設是對會計所處的經濟環境作出合乎情理的推斷和假定，會計假設本質上是一種理想化、標準化的會計環境。但是，假設畢竟與經濟現實存在一定的差距，這種假設成立並有效發揮作用的前提是：假設與現實的脫節應保持在合理的限度內。當現實發生變化而使假設遠離會計的經濟環境時，假設就必須作出相應的修正和補充，以適應變化了的環境，從而保證會計資訊系統的「良性」運作。在會計的世界中有五大基本假設，第一是企業個體假設、第二是繼續經營假設、第三是貨幣單位假設、第四是會計期間假設、第五是應計基礎。

1. 企業個體假設（Economic Entity Assumption）

　　企業個體又稱會計實體，是會計核算服務對象，或者說是會計人員進行核算時的範圍的界定。對會計主體的擇定，有兩個可以依賴的基礎。一是以能控制資源、承擔義務，並進行經營運作的經濟單位來確定；二是根據特定的個人、集團或機構的經濟利益的範圍來確定。一般情況下，一個經濟單位就是一個會計實體。但在特定情況下，也可將特定個人、集團或機構的經濟利於範圍作為會計實體，如合併會計報表和企業內部的責任中心等，會計主體的選擇應遵循實質重於形式的原則。從而使傳統的會計主體都是有形而穩定的實體組織。

　　會計實體假設之所以成為會計核算的基本前提之一，傳統會計理論認為：會計資訊系統所處理的數據和資訊的信息不是漫無邊際的，而是嚴格限制在每一個特定的、在經營上或經濟上具有獨立性的單位之內。唯有首先從空間上對會計工作的具體核算範圍予以界定，資產、負債、所有者權益、收入、費用和利潤等會計要素才會有空間歸屬，並且獨立反映出特定主體的財務狀況、經營成果及其現金流量，企業的投資人、債權人，以及企業管理人員也才有可能從會計記錄和會計報表中得到有意義的會計資訊，從而作出決策，並管理、控制經濟活動。如果主體不明確，資產和負債就難以界定，收入和費用也就無法衡量，乃至於以劃清經濟責任為準繩而建立各種會計核算方法的應用，更無從談

起。可見，以會計主體假設作爲開展會計工作的前提，其必要性和重要性是毋庸置疑的。

2. 繼續經營假設（Going-Concern Assumption）

是指財務會計的基本假設或基本前提之一，繼續經營是假設企業正常的生產經營活動能永遠地進行下去，即在可以預見的將來，企業不會倒閉。這雖然是一不太可能的假設，現實生活中，也有數以萬計的公司每天都在停業、清算、跳票、解散，但是做這樣的假設，是爲了保持會計處理之一致性及統一性，以產生有意義之財務資料，雖然每一企業之壽命不可預期，但在會計上會假定企業一經成立，即將繼續永久存在下去，而不會在可預見之未來清算結束，企業所有的計畫都可以依規劃進行下去。

故企業之各種財產、設備及商品等，應以繼續經營之價值來評估，而不是以結束後之變現價值或清算價值來評價。例如企業供營業用之生財器具（固定資產），在繼續經營之假定下，以其當初取得時之成本作爲記帳之金額，並按其估計耐用年限，計算其折舊數額，以便在受益期間分攤生財器具（固定資產）之成本，而保持合理之一致性會計處理。可以想像，如果沒有這樣的假定，不僅會計核算無法保持其穩定性，企業生產經營活動也無法正常進行，甚至成本原則也都將被限制，而改成以清算價值（就是企業面臨解散清算時，對資產立即變現的淨變現價值，通常都有跳樓價的存在）來衡量企業的各項活動。這樣的話，企業目前所持有的資產和所負擔的負債將很難衡量及估算。

3. 貨幣單位假設（monetary unit assumption）

是貨幣作爲會計衡量的尺度，是商品經濟發展到一定階段的產物，其基本含義是：統一的貨幣單位是會計工作最好的計量尺度，要求經濟活動的處理以貨幣作爲基準的量度來加以確認。在使用貨幣衡量時，必須同時附帶兩個假設：第一是貨幣的幣值穩定不變、第二是幣別的惟一性。但目前隨著知識經濟的到來，其侷限性也越來越多地表現出來了。比如人力資源參與利潤分配，相應對企業的財富、價值及盈利的貢獻，以及與此相關的企業發展動力，創新能力和綜合競爭力、企業外部環境等都是不能用貨幣計量的，單純用貨幣計量這

些內容都會被排斥在財務報告之外。國際互聯網的發展、電子貨幣的出現，使資金在企業、銀行、國家高速運轉，資本市場交易更加活躍，這加劇了貨幣需求的不穩定性，衝擊了幣值的穩定的假設。

4. 會計期間假設（Periodicity Assumption）

為了便於計算損益及編製報表，以人為的方式將企業存續期間劃分段落，此段落稱為會計期間。會計期間假設的存在，與會計管理職能直接相聯繫。之所以要計算期間損益、定期編製會計報表，主要是利用報表找出存在的問題，以利於下個週期的生產經營。但是人為地劃分區間，並且「分攤」、「預提」費用等，此必然導致客觀經濟現實與會計反映結果之間存在著一定程度的背離，成為引起會計資訊失真制度原因，即會計期間的劃分，將不可避免地造成會計資訊部分失真，這是會計期間假設本身固有的缺點。在知識經濟時代，經濟瞬息萬變，企業對會計資訊和需求朝多層次、多文化局面發展，不同的管理主體對會計資訊有不同的時間要求。傳統上以年度或季度為期的會計期間假設將受到衝擊。

5. 應計基礎（Accrual Basis of Accounting）

應計基礎亦稱權責發生制：以權利和責任的發生，來決定收入和費用歸屬期間的一項原則。是指以實質收到現金的權利或支付現金的責任等權責的發生為標誌，來確認本期收入和費用及債權和債務。即收入按現金收入及未來現金收入——債權發生來確認；費用按現金支出及未來現金支出——債務的發生進行確認。而不是以現金的收入與支付來確認收入費用。按照權責發生制，凡是本期已經實現的收入和已經發生或應當負擔的費用，不論其款項是否已經收付，都應作為當期的收入和費用處理；凡是不屬於當期的收入和費用，即使款項已經在當期收付，都不應作為當期的收入和費用。因此，權責發生制屬於會計要素確認計量方面的要求，它解決收入和費用何時予以確認及確認多少的問題。

權責發生制在反映企業的經營業績時有其合理性，幾乎完全取代了收付實現制；但在反映企業的財務狀況時卻有其侷限性：一個在損益表上看來經營很

好，效率很高的企業，在資產負債表上卻可能沒有相應的變現資金而陷入財務困境。這是由於權責發生制把應計的收入和費用都反映在損益表上，而其在資產負債表上則部分反映為現金收支，部分反映為債權債務。為提示這種情況，應同時參考現金流量表，以彌補權責發生制的不足。

介紹了五大基本假設以後，我們再繼續討論會計四大基本原則。四大原則分別是第一為衡量原則、第二為收入認列原則、第三為費用認列原則、第四則為充分揭露原則。此四大原則為認列與衡量的核心，各位同學如果在後面各章節的部分概念上有不懂的地方都可以來回想，相信就會清楚很多。

1. 衡量原則（Measurement Principle）

此可分為歷史成本原則（Historical Cost Principle）與市價認列原則（Fair Value Principle），與過往單純歷史成本原則有些不同，此處我們再來逐一解釋。

歷史成本原則亦稱實際成本原則，是指對會計要素的記錄，應以經濟活動發生時的取得成本為標準進行計量計價。按照會計要素的這一計量要求，資產的取得、耗費和轉換，都應按照取得資產時的實際支出進行計量計價和記錄；負債的取得和償還，都按取得負債的實際支出進行計量計價和記錄。資產減負債後的權益，自然也是歷史成本計價的。採用歷史成本原則的初衷，是認為資產負債表的目的不在於以市場價格表示企業資產的現狀，而在於通過資本投入與資產形成的對比，來反映企業的財務狀況和經營業績，這種對比需以歷史成本為基礎。

遵循歷史成本原則有其合理性：(1)歷史成本是場買賣雙方在市場上美德的結果，反映當時的市場價格，具有客觀性；(2)歷史成本有原始憑證作依據，具備可驗證性；(3)歷史成本數據易於取得，簡便易行，並與收入實現原則相聯繫；(4)歷史成本計價無須經常調整帳目，可防止隨意改變會計記錄，維護會計資訊的忠實表達。

市價原則的運用，首先就要先行定義市價，所謂的市價，是指「雙方對交易事項已充分瞭解並有成交意願，在正常交易下，據以達成資產交換或負債清償之金額。」IFRS相較於美國不同的地方，就是它加大了市價的運用，此是

為更合理地表現出公司的經濟資源價值與未來潛力，但並不是所有的資產都可以用市價原則來衡量，基本上是集中在金融商品、金融負債、投資性不動產、與生物性資產上，其餘可能用市價調整，但基本上，大多數資產的認列尤其是主要營業活動所使用的資產依然用歷史成本來衡量，稍後再來解釋。

2. 收入認列原則（Revenue Recognition Principle）

收入認列原則是會計人員用來決定何時應該認列收入的一個指導原則。收入通常於「已實現、可實現、或已賺得」時認列。是以商品銷售或勞務提供應於符合下列所有情況時認列收入：

- ・企業將顯著風險及報酬移轉給買方。
- ・企業對於已經出售的商品與提供的勞務，不參與管理與有效控制。
- ・收入金額能可靠衡量。
- ・與交易有關的經濟效益很有可能流向企業。
- ・與交易有關的已發生及將發生的成本能可靠衡量。

一般產品的出售或勞務提供並符合上列五項條件時認列收入，但少數特殊情況認列收入有不同的時點，這在後面都會詳細說明，此先簡介如下：

- ・銷貨商品：一般產品於銷貨交付商品時認列收入生產期間：長期工程得於生產期間依據完工進度，分期認列工利益。
- ・生產完成：貴重金屬、政府保證收購的農產品，於生產完成時認列收入。
- ・收款時：分期付款銷貨如果帳款的收現可能性極不確定時，得於收款時才認列收入。

3. 費用認列原則（Expense Recognition Principle）

此即為一般所說的配合原則，所謂的配合原則，是某項收益已在某一會計期間認列，所有因該收益而產生的相關成本應於同一會計期間轉為費用，以能正確的計算損益。收益與費用配合的方式有三：

(1)因果關係配合：如因銷貨而產生的銷貨成本、呆帳、售後保證服務費等

(2) 系統合理分攤：如固定資產的折舊、天然資源的折耗、無形資產的攤銷

(3) 立即承認為當期費用：如總經理的薪水、火災損失、訴訟損失等

4. 充分揭露原則（Full Disclosure Principle）

　　所謂充分揭露原則，係指為達到公正表達企業經濟事項所必要的資訊，均應完整提供，並使讀者易於瞭解，亦即財務報告應揭露所有對讀者的瞭解及決策有幫助的資訊。資訊若被忽略或遺漏，都將引起讀者對財務報表的誤解或誤導其決策。但是充分揭露並非指不論鉅細的加以詳細表達，致使有著把握不住重點或關鍵性因素，而是應該用簡潔明確的方法，將重要資訊加以提供。

八、管理會計與財務會計的差異及企業與利害關係人的互動

　　到了最後，我們以圖表的方式來介紹一下管理會計與財務會計的差異及企業與利害關係人的互動情形，第八個主題是為補充性主題，同學大致瀏覽就好。

管理會計資訊與財務會計資訊的差異比較：

資訊種類	財務會計資訊	管理會計資訊
目的	提供外部決策者使用	提供內部決策者使用
範圍	重點放在企業整體	包含企業整體與部門
規範	一般公認會計原則	無任何特定規範
資訊需求	強調歷史性資訊	強調未來性資訊
資訊範圍	強調量化資訊	量化與非量化資訊並重
資訊提供	強制性	非強制性

企業與利害關係人的互動情形：

利害關係人類型	利害關係人的投入	利害關係人的所得
經理人	技能	薪津、紅利獎金、福利
員工	技能	薪津、工資、福利、獎金
供應商	產品、服務	現金（貸款）
顧客	現金	產品、服務
債權人	債權資金	利息、本金
政府	公共財	稅
外部審計人員	服務	審計公費
股東	權益資金	股利與剩餘價值

資料來源：S. Sunder著，杜榮瑞等譯，會計與控制系統，2000。

第二章
綜合損益表與相關資訊

一、財務報告的定義與概念介紹

　　民國九十三年，台灣的證券金融市場爆發了一件驚天動地的金融犯罪案件：「博達案」——博達公司無預警地申請重整，此舉造成債權人及投資人的重大損失，更讓外界對於公司治理及財務報表品質產生了很多的疑慮，隨後檢察官與調查單位也陸續傳喚了博達公司的法定代理人、監察人、查核會計師，及公司管理階層。

　　博達公司於民國八十八年上市，股價一度飆升，但不久後即下跌。管理階層為了維持財務報表的美觀，一方面透過虛增業績及存貨，美化資產、收入科目，並且利用這樣的結果，在資本市場上進行現金融資；另一方面，透過財務操作海外的交易，將公司的資金掏空，最終在九十三年時，因為財務操作過當且過久，終於紙包不住火，爆發財務危機。

　　事後從博達公司八十八年到九十三年間的財務報表來觀察，我們可以發現每年的銷售額逐年升高；固定資產的數額呈現高倍數的成長；現金增資的金額也越來越大，卻從來沒有發過股利。

　　銷售額及應收帳款的升高，我們可以看出公司利用假銷貨，使得毛利、淨利提高，並且造成資產項下的應收帳款膨脹，然而儘管有不斷提高的銷貨，從現金流量來看的結果，卻是營業活動的現金流量不斷流出，代表賣出去的貨，帳款都收不回來，這種情況下，若不是公司的授信政策過於寬鬆，就是這根本就是非實際存在的銷貨，當然收不回帳款；而博達公司乃是一科技公司，生產晶片必然需要許多的廠房、設備投入，因此假借擴廠生產之名，使得固定資產數額攀高，但事後發現，其生產的供應量已經超過需求方市場的最大需求量……。

　　財務報表就像是一個公司的體檢表一樣，是公司的健康狀況最直接呈現出來的產物，而且是可以比較的。每間公司大體上都有現金、辦公室、倉庫、機器設備或器材、收入、支出等等，而這些東西都需要有一張檢查表，隨時來檢驗公司持有這些東西的狀況，或是經營的成果，而購買這些東西的錢，又是從哪來？我們都可以透過財務報表這樣的一個體檢表，來提供所謂的報表使用者——公司所有的債權人、投資者，或是公司內部的人——來使用，舉凡籌資融

資目的、報稅目的，或據此從事管理之用，財務報表都是一個非常重要的資料。

這麼重要的訊息，對於報表使用者來說，可謂對於決策決定存在非常大的影響力，所以品質當然是一件非常重要的事情。所謂「水能載舟，亦能覆舟」，一個好的財務報表，可以提供報表使用者很大的用處來判斷公司的財務狀況、經營成果及現金流量；反之，如果是一個經過扭曲、美化，而不實的財務報表，對於報表使用者來說，就會造成決策的結果，產生很大的偏差。

財務報告的定義，即是提供企業的財務狀況、經營績效及財務狀況變動的一份報告。在企業裡，每天都會發生很多的交易，不論是進貨、出貨、購買設備機器、或是貸款籌資等等，一方面，這麼多的交易形成複雜的企業管裡，企業必須要讓報表使用者知道公司的財務狀況及經營成果；另一方面，基於管理的目的，同樣在一個期間結束時，將這一期間的收入、支出整理成報告一樣，用來比較或檢討這一段時間內，企業是怎麼使用這些金錢跟財產的，因此在這個過程中，財務報告在其間就扮演了將企業的財務狀況跟經營成果加以彙總的角色。

就像個人記帳一樣，每個人都有自己喜歡的記帳本，或是有自己喜歡的記帳方式，有人可能喜歡把收入跟花費的項目分門別類地整理好，這樣比較清楚、且較好理解；但也許有人喜歡把所有的收入、花費事項從頭到尾列出來就可以了，這樣比較簡單。企業也有很多自己記帳的風格或樣式，是企業自己習慣的或是基於各公司管理目的而產生。但是如果要以一個產業來比較的話，通常大部分的產業底下都會包含很多的公司，每個公司在經營管理上側重的部分都不相同，如果每家公司都照自己的思考邏輯來編製財務報告，當需要拿產業來比較的時候，無法觀察出一個結論，就算硬要比較的情況下，也缺少一個客觀的標準。

因此，身為幫企業記錄的專門負責人——會計，為了讓財務報告使用者可利用財務報告協助他們作出決策，雖然因為使用者所需要作出的決策及考量的面向並不相同，再完美的財務報告也不能完全滿足所有使用者的需求，就衍生出了一個維持最低統一標準的記帳方法，讓所有的企業都能夠在這個記帳的方法之下，做出可以用來比較的記帳記錄及內容，也就是財務報表編製的最低標

準，讓不同的財務報告使用者可依據最基礎的一般需求作出決策。特別在此提醒讀者，本書所介紹之財務報表使用目的以一般使用目的為準，不一定適用於特殊目的的財務報表，例如稅務目的的財務報告或是交付政府機關做特定目的使用的財務報告。

　　企業係一營利事業，每進行一個交易，都希望對企業未來能夠帶來正面的影響，能夠有收入或利益流入企業來。我們一般人的收入就是上班所得的薪水，但是為了能夠去上班，我們必須先付出購買交通工具，或是準備好搭公車或者捷運的錢，這樣我們才能夠去上班。而企業為了要創造這些收入或利益，需要透過一些投資，讓公司順利進入經營的狀態，利益跟收入才有可能產生。

二、財務報告的內容及種類

　　這時候不同於個人的做法，企業必須將各個性質不同的交易，分門別類整理，以提供那些報表的使用者能夠方便、快速地理解企業的財務以及經營的情形。財務報告是一整份的，包含了「綜合損益表」、「財務狀況表」、「權益變動表」、「現金流量表」四張財務報表及「附註揭露事項」，若有必要，須加上「最早比較期間的期初財務狀況表」，這才是整份財務報告應有的內容。

　　那些希望能夠產生的收入，及過程中所產生費用的支出，因為每天、每天都在發生，都有可能變動、增減，是隨時隨地都在動的資料，不能只用一個時間點來觀察、比較，而是要用一段時間來看，又稱為動態資料，我們就將這個動態資料放在「綜合淨利表」裡面來說明。

　　先行支出的投資，如購買的設備或器材等等，分門別類歸屬於「資產」；而可以用來購買設備或器材的錢，也要依據來源分為「負債」及「權益」，這些項目並不會因為一天、兩天就有所變動或更改的，我們通常只要找一段時間中的一天來看、來比較就可以了，所以又稱為靜態的資料，並將這些靜態的資料特別用「財務狀況表」來說明。

　　前面所提到的「權益」，代表的就是實際投入金錢或財產到企業裡面的

那些人，也可以說就是公司的老闆們，公司是否幫他們賺到了多少錢、多少權益，有時候可能多，有時候可能倒賠，這個增減就是「權益」的變動。因此，將老闆們的權益變動做成另外一張報表呈現，即稱為「權益變動表」。

做會計記帳的時候，不同於個人在從事多數交易都是以現金收付，有時候會用到會計上所使用的方法去衡量一些交易事項，所以上述三張財務報表都是建立在財務報告的基本假設——應計基礎——上去編製出來的財務報表。但是就像個人一樣，最終現金交易還是必須的，所有會計上的方法都只是為了記帳時的公平表達，用人為去強制分配的一種做法，這都只是暫時的，最後都會回到實際的現金交易上來。所以最後一張表的內容就是，把企業用應計基礎衡量的交易事項，全部還原成現金交易，就是第四張財務報表「現金流量表」的概念，所以企業的現金是如何運用的，我們都可以在「現金流量表」裡面看到。

「附註揭露事項」部分，就是當企業在重大的政策及重大的事件發生時，可能沒有辦法用貨幣來衡量，以至於沒有辦法將這些資訊放到前述四張報表裡面，讓財務報表使用者知道。這時候就要用到「附註揭露事項」來告訴報表使用者，關於公司的政策或重大事件對於公司的影響。

至於「最早比較期間的期初財務狀況表」，基於財務報告的比較目的，每期公布的財務報告都要附上比較的財務報告。舉例來說，甲公司公布了民國九十九年的財務報告，那它就必須在旁邊附上民國九十八年的財務報告，讓報表使用者可以將公司這兩年的狀況加以比較。但有時候因為公司會計政策的主觀改變，或者是基於會計公報的客觀因素改變，導致前一年度與今年度財務報告的入帳基礎及計算標準不相同，這時候造成前後期財務報告比較的基準不一樣，而無法判斷該公司的財務狀況與經營成果，相較於前一年度是較好或較壞。

所以這種情況下，企業有時候必須要追溯重編前期的財務報告，使前期財務報告的基礎與標準與目標年度相符，如此才有比較的價值與精確度。這些追溯適用會計政策或追溯重編財務報表的項目，或因重分類財務報表項目的「最早比較期間的期初財務狀況表」，就必須附在整份財務報告中，當作該份財務報告的最後一份資料。

大致介紹完整份財務報告的內容大綱，本書接下來就要詳細的來一一為各位讀者介紹各大報表。本章著重在「綜合損益表」及「權益變動表」的內容介紹。而在接下來的第三章將會分別介紹「財務狀況表」、「現金流量表」與「附註揭露事項」。

三、綜合損益表的定義與概念介紹

(一) 綜合損益表的定義、作用及分段的概念

　　因應我國將全面採用國際會計準則，本章根據國際會計準則第一號公報「財務報表之表達」（IAS 1 Presentation of Financial Statements），提供讀者編製綜合損益表的最低限度規定，希望能藉由以下說明，讓讀者能夠得到充分幫助。

　　綜合損益表用來表達企業運用所投入的經濟資源——例如投資、購買資產或存貨——所能賺取利潤的成果。它也可以幫助投資人及債權人等報表使用者，預測企業未來現金流量的金額、時間點及不確定性，是主要被用來提供有關公司經營績效的資訊。報表使用者如金融機構，常常會使用損益表來進行評等企業借貸信用的依據。而綜合損益表常見的主要作用有以下三項：

1. 評估過去的經營成果作為未來參考數據。將過去的收入、費用，利用一些分析的手法，如常見的財務報表分析公式，去看這些數字的表現，然後跟大環境或是同業比較，評估未來可能更好或更壞。

2. 提供一個未來表現的預測基準。一樣利用這些過去的收入、費用，或許可以看出一些未來的重要趨勢，這些過去的數字，或多或少都可以看出未來可能的表現，如此一來，就可以利用歷史數據去做一些評估未來表現的動作。

3. 幫助評估風險及不確定的未來現金流量。在我們以歷史的數據來推估到未來可能表現的過程中，無論有多少部分或可能性是預設的，都要將它列出來再評估，這時候去評估實現的可能性及相對的不確定性，就是評估風險的動作。

一個企業在一段時間內的實際經營狀況，每天、每天都會發生很多的交易，可能是收入，可能是費用，也可能是利得或損失，但我們不可能每發生一件交易，就用那個時間點做一張報表來告訴報表使用者，企業今天的經營成果。所以我們用一個期間當作基礎，記錄其間發生的收入、費用、利得及損失，全部加以彙總、計算後，得到一個期間內累積的變化量淨額，再用一張期間的報表——綜合損益表，來表現這一段時間的經營成果，故綜合損益表是屬於流量的觀念。

而企業在特定期間內的收入、費用、利得及損失，一步一步從銷貨收入開始，到最後產生稅後淨利的這個過程，大致可區分為三個大步驟：

1. 銷貨收入減銷貨成本後，得到的銷貨毛利。
2. 銷貨毛利加營業相關收利，減去營業相關費損，得到稅前營業利益。
3. 稅前營業利益扣除所得稅費用後，就計算出本特定期間的稅後淨利。

其分類的概念，即是經過上述三個步驟後，將公司自己的本業經營績效、經由投資或其他附屬的經濟活動稱之業外，及與企業之於國家社會的稅務義務責任區分開來，將個別的影響分門別類後才計算出稅後淨利，如此可以把企業的獲利分由不同的面向觀察，希望能夠為報表使用者將公司整體的營運績效做一個粗略的描述。之後將綜合淨利表的稅後淨利納入財務狀況表內股東權益項下的保留盈餘做加總計算，也就是將一個期間內，企業每天的營業活動，以一個持續變化、流動的狀態，轉成用靜態的累積存量，去報導整個企業所持有經濟資源的使用效率。

(二) 綜合損益表的限制及盈餘管理

這些報表上的數據，或經由評估而來，或經由設算而來，先天上就有估計上可能的誤差，所以不可能是完完全全正確，以下是常見造成如此誤差的限制因素：

1. 企業會遺漏他們無法估計的非財務數據。正如前面幾章的基本會計假設所說，對於無法用實際數字評估的資料，我們就無法入帳，也就不能揭露給報表使用者得知這些非財務資訊，故我們在報表內必定有遺

漏部分的資料，而這些資訊是否影響企業未來的表現，無法確定及評估。

2. 呈現於報表上的數字，會受到使用的會計方法影響，並可能因為使用的方法不同而有不同的結果。一個企業在計算費用或收入時，常常會需要選擇會計方法去評估所認列的數字，常見的如銷貨收入、銷貨成本或是折舊費用，都有不只一種的評估方法，而方法不同，就有可能影響該科目的數字，進而影響整體報表最後的結果。

3. 處理淨利的過程中，可能因為不同的認定過程，而產生不同的認定結果。很多科目的數字來自於攤銷、攤耗或分攤，所以在估計分攤的基礎，如年份、殘值的時候，都會影響到該科目所產生的數字，如同會計方法的選定一樣，可能最後會影響到整體報表的結果。

由於這些限制，導致很多時候報表上的數字，其實來自於人為的操控，所以產生了一個稱之為「盈餘品質管理」的名詞。照常理來說，「盈餘」應該是將所有的科目及數據丟到綜合損益表裡去之後，自然而然產生的一個結果。

但是很多情況下，因為上述的三種限制，使得我們在「盈餘」的結果上，因為認定的方法不同、計算的方法不同等等原因，導致我們的盈餘可能有不同的結果。基於資訊不對稱的原因，外在的投資人或債權人等報表使用者，可能會被經過公司操縱的盈餘誤導，做出錯誤的決策。故會計準則公報的制定，目的就在於將這些資訊不對稱的影響降到最低，確保一個報表，其能夠達到公允表達的最低品質。

四、綜合損益表的內容

根據國際會計準則第1號公報，綜合損益表的內容，最低限度內大致上應該包括以下各大項：

屬於當期損益的部分	1. 收入；
	2. 財務成本；
	3. 採用權益法認列，公司所享有相關聯企業的利潤或損失；
	繼續營業部門稅前淨利；
	4. 所得稅費用；
	繼續營業部門稅後淨利；
	5. 停業單位稅後損益
	6. 經由處分停業單位公平價值扣除處分成本後的稅後利得或損失；
	淨利（損）；
屬於當期綜合損益的部分	7. 按性質分類後的其他綜合損益各個項目（除第8項之外）；
	8. 按權益法認列，公司所享有來自相關聯企業的其他綜合損益；
	綜合損益總額。

1. 繼續營業部門稅前損益

組成內容如下表：

收益——包含收入及利益兩者。 於一會計期間內，經由使用資產或產生費用為代價，使企業的經濟效益增加、股東權益增加，或使得企業資產之流入或增益、負債得以減少的結果，這樣的交易，即為收益交易。	收入 來自於企業之正常營業活動所產生，而且擁有很多不同的名字，舉例來說，銷貨收入、各項收入、利息收入、股利收入及權利金收入。
	利益 非屬企業正常的營業活動所產生的交易結果，可能來自投資項目產生、或是來自所得稅影響而產生，如長期投資未實現利益、所得稅未實現利益等等都是。
費損——費用及損失的合稱。 收益的反向，於一會計期間內，為了產生收益，而付出的代價本身，它會使得企業的經濟效益減少、股東權益減少，或使得企業的負債增加或流入、資產減少，這樣就是費損的交易。	費用 與收入相同，費用來自於企業的正常營業活動所產生，也一樣擁有很多的名字，例如銷貨成本、各項費用、利息費用等等。
	損失 同理，就是利益的相反，也是經由營業活動之外的活動所產生的交易結果：由投資項目所產生的，稱之為長期投資未實現損失，由所得稅影響產生的就稱作所得稅未實現損失。

然而，這些收益、費損在報表上呈現的數字，其計算的過程與方法，又分為以下兩種：

(1) 期間發生的收入利益及費用損失

　　這個部分就是用當期實際發生的數字，作為報表上呈現的數字。例如：當期的銷貨收入或銷貨成本、員工的薪資費用、水電瓦斯費用等等，發生多少就是多少，有實際的發票、收據為證明，沒有使用會計方法估計的問題，也不需使用會計方法去估計。

(2) 經由分攤而來的收入利益及費用損失

　　這一部分的數字就不同於上面的認定方式，是利用會計的方法去評估出來的結果。因為會計上「應計基礎」的概念，告訴我們收入與費用是相輔相成，所以跨越好幾個會計期間的經濟活動發生時，必須一起將收入與費用配合入帳，舉例來說：經由提供消費者分期付款方式消費，所產生的分期付款銷貨收入；或經由長時間建造設備賣出後得到的在建工程收入；或使用一個設備或廠房時對於設備或廠房造成的折舊費用、開採天然資源使其逐漸減少的折耗費用，這些情況與科目，都是必須將收入或成本分到各個會計期間去認列，以免全部擠在同一個會計期間，造成每期每期報表的結果差異過大，這樣的作法等於是用人為的方式，強迫每期會計期間去分享產生的收入及負擔其相關聯的代價，這時候就需要各式各樣的會計方法去評估，儘可能使得這些數字能夠經由分攤，公允地表達在報表上。

① 毛利

　　將營業活動損益區分為：(1)直接營業結果，與(2)銷售、管理與研發等間接費用的界線，也是整張損益表或綜合淨利表中最先出現，有利潤淨額概念的名詞，稱作毛利。毛利又稱為銷貨毛利、營業毛利，顧名思義，就是經由直接發生的營業活動收入，減去相對應直接發生的營業成本或營業費用後，其所得到的淨額，就稱為毛利。

② 費用的表達方式

　　基於企業對於各種活動、交易及其他事項的發生頻率、產生利益或損失的可能性及可預測性，有助於讓使用者瞭解企業已達成之財務績效，並藉以預測未來財務績效。若是為了分析並預測未來公司的表

現，我們可以用兩種分析的方式，就性質或功能來排列綜合損益表的順序：

‧「費用性質」法

不論費用的功能如何，只要將性質相同的項目全部加總，再全部一起作為收入的減項扣除，經由這樣來分析公司的淨利，例子如下：

收入		$×××
其他收益		×××
製成品及在製品存貨之變動	×××	
耗用之原料及消耗品	×××	
員工福利費用	×××	
折舊及攤銷費用	×××	
其他費用	×××	
費用總計		(×××)
稅前淨利		$×××

‧「費用功能」或「銷貨成本」法

收入	$×××
銷貨成本	(×××)
銷貨毛利	×××
其他收益	×××
運送成本	(×××)
管理費用	(×××)
其他費用	(×××)
稅前淨利	$×××

2. 繼續營業部門稅後淨利

本法與繼續營業部門稅前淨利的差別，就在於有無扣除所得稅費用。計算出繼續營業部門稅前淨利後，依據各國或各地區所得稅法，算出公司應繳納的所得稅費用後，將繼續營業部門稅前淨利減掉所得稅費用，就得到繼續營業部門稅後淨利了。

(1) 停業部門

所謂停業部門，就是公司使它的一個部門或是一個組成部分，不再從事生

產或是供營業運作，而決定進行處分或是分類為待處分。依此可為以下三種情況：

① 代表一個單獨的主要營業項目或是一個主要的營運地區；

② 是處分單獨主要營業項目或一個主要營運地區的專門統籌計畫，其中的一部分；

③ 是專門為了再出售而取得的子公司。

而停業部門常常使用稅後淨額表達。

公司記錄停業部門損益時，使用的是該項目單獨扣除所得稅後的淨額，直接列計在綜合損益表上，我們稱這樣的做法為「同期間所得稅分攤」，也就是在同一個會計期間內認列所得稅費用。通常這樣的做法只適用於特定的項目，例如這邊的停業部門損益，此做法是為了讓財務報表使用者更能瞭解每個不同的組成對淨利的影響。因為綜合損益表的淨利容易受到非重複性收入或費用的影響，而導致波動程度頗大，停業部門係屬其中一種非重複性收入或費用，若因為停業部門項目的淨額影響到主要評估公司實際經營績效的成果，那就反而本末倒置，破壞了決策的正確性。

(2) 非常項目

1933年國際會計準則第8號「當期淨損益、基本錯誤及會計政策變動」規定，企業所公布的損益表中，應分別揭露「非常項目」及「正常活動」產生之損益，但2002年卻又從國際會計準則第8號內，將此「非常項目」的概念予以刪除，並明確禁止於損益表及附註中列示「非常項目」。

「非常項目」係指明顯與企業的正常營業活動產生的損益不同，是一種預期不會經常或定期發生的非重複性的項目或交易，通常指產生的收益或費損交易，之所以刪除的原因是，制定準則的理事會認為，企業評估是否為「非常項目」損益，不應以是否經常發生或發生的次數為決定因素，而應視該交易的性質或功能為依據劃分是否為「正常活動」或「非常項目」損益。如果「非常項目」的作用是將性質特殊或功能特殊者，特別提出來讓報表使用者知道，那應該是單獨揭露其性質或金額，無須武斷的利用發生次數此類標準去強制規定揭露與否，因此目前的「國際會計準則第1號——財務報表之表達」沿用2002年

的草案決定，明確地禁止企業編製綜合損益表時，不得使用「非常項目」。

(3) 每股盈餘

指該會計期間內，公司的普通股每一股所賺得的稅後淨利，是當期稅後淨利扣除優先分配給特別股的股利之後，除以當期普通股在外流通加權平均股數而得。它往往是報表使用者最直覺接受到的公司資訊，所以不論是用來讓企業本身內部評估績效，或是外在使用者評估公司經營狀況，都是很簡單且清楚的數據。通常會在損益表的最後揭露。

(4) 屬於其他綜合損益段的內容

所謂綜合損益，是指除了那些來自於「非業主的投資或提取、分配的項目」，在一個會計期間內所有使得股東權益變動的項目，包含：

① 營業內、營業外所產生的收入、利益、費用與損失等等，列入計算淨利的項目。

② 未列入淨利計算，卻仍然影響股東權益變動的利益或損失項目。

而其他綜合損益就是在綜合損益之外，上述那些「非來自於業主的投資或提取、分配的項目」，就是屬於其他綜合損益。

其他綜合損益大概有以下幾項：

✔ 有形或無形資產，重估增值後的變動
✔ 確定給付退休計畫所計算出的精算損益
✔ 來自國外營運機構於編製財務報表時，因匯率換算問題所產生的換算損益
✔ 備供出售金融資產公平價值變動所產生的未實現損益
✔ 現金流量避險中的避險工具，屬於有效避險部分所產生的損益

(5) 分配當期損益與綜合淨利──給母公司權益及非控制權

若公司不是由一自然人或法人完全100%的持有，就會有多數股權與少數股權的分別，多數股權通常情況下指的是母公司，所以常常稱為「母公司權益」；又少數股權由於無法掌握公司的經營，所以又常常稱為「非控制權」，但是兩者皆享有對公司的損益分攤的權利與義務，因此，不論是當期損益或當期綜合損益總額，最後必須區分出，歸屬於(1)非控制權益，及(2)母公司業主的部分。

(6) 其他報告項目——會計上的錯誤或更改

① 會計原則變動。例如：在計算期末存貨的時候，從「先進先出法」改為「加權平均法」；或是長期工程的收益認列，從「完工比例法」改為「全部完工法」，而通常會計原則的變動，需要將以前的年度的報表，重新計算採用新的會計原則下的情況，並放在比較報表中揭露給報表使用者。

② 會計估計變動。例如：折舊方法從「加速折舊法」改為「年數合計法」；估計壞帳費用時，下一年度採用不同的比例估計，這時候採用既往不究的方式就可以了，也就是說，只要將採用新政策的年度用新的方法計算並入帳就好了，不用像會計原則變動的處理一樣，將以前年度的報表重編製、比較。

③ 帳務處理錯誤更正。這一部分，基本上就是來自於公司在記錄日常交易時所犯的錯誤，例如：數字看錯、寫錯；科目放錯；忘了入帳，等等都是可能在帳務處理時發生的錯誤，這時候只需要在發現的時候，另外做一個更正分錄就可以了。

五、綜合損益表的會計處理及範例

而發表於對外的財務報表裡，綜合損益表的正式格式，國際會計準則允許企業自行選擇以下兩種。

1. 單一綜合淨利表

東吳公司
綜合淨利表
1月1日到12月31日

	2010	2009
經由營業產生		
收入		
銷貨收入	$3,650,000	$2,750,000
服務收入	1,655,000	1,495,000
費用		
銷貨成本	(2,555,000)	(1,925,000)
銷售費用		
廣告費用	(365,000)	(245,000)
運費	(323,000)	(287,000)
行銷人員薪資費用	(653,000)	(568,000)
管理費用		
廠房設備折舊費用	(261,000)	(227,000)
行政人員費用	(441,000)	(431,000)
水電費	(16,000)	(14,500)
雜項費用	(18,000)	(12,500)
研究與發展費用	(528,000)	(447,000)
經由投資產生		
收入		
以成本法投資權益證券已實現利益	764,000	659,000
長期投資債務證券的利息收入	340,000	294,000
費用		
以成本法投資權益證券的已實現損失	(565,000)	(518,000)
經由融資產生		
公司債利息費用	(544,000)	(443,000)
稅前損益	$140,000	$80,000
所得稅費用	(25,000)	(15,000)
繼續營業部門稅後損益	$115,000	$65,000
與停業部門相關的稅後淨損益	(30,500)	-
當年度損益	$ 84,500	$65,000
其他綜合損益		
外國營業交易兌換損益	5,000	10,000
備供出售金融資產未實現損益	2,400	3,500
現金流量避險損益	1,200	2,200
資產重估價損益	8,000	7,000
應計退休金計畫未實現損益	(667)	1,333
應認列聯屬公司綜合損益	400	(700)
其他綜合損益項目相關所得稅	(4,000)	(3,900)
當年度其他綜合損益稅後淨額	$12,333	$19,433
當年度綜合淨利	$96,833	$84,433
當年度損益分配：		
母公司權益（90%）	$76,271	$58,890
非控制權（10%）	8,229	6,110
	$84,500	$65,000
綜合淨利分配：		
母公司權益（90%）	$86,604	$75,123
非控制權	10,229	9,310
	$96,833	$84,433
每股盈餘（在外發行流通加權平均普通股股數100,000股）		
從繼續營業部門	$1.15	$0.65
從停業部門（稅後淨額）	(0.31)	-
每股盈餘	$0.84	$0.65

2. 分成兩張報表表示：當期損益表與綜合淨利表

東吳公司
損益表
1月1日到12月31日

	2010	2009
經由營業產生		
收入		
銷貨收入	$3,650,000	$2,750,000
服務收入	1,655,000	1,495,000
費用		
銷貨成本	(2,555,000)	(1,925,000)
銷售費用		
廣告費用	(365,000)	(245,000)
運費	(323,000)	(287,000)
行銷人員薪資費用	(653,000)	(568,000)
管理費用		
廠房設備折舊費用	(261,000)	(227,000)
行政人員費用	(441,000)	(431,000)
水電費	(16,000)	(14,500)
雜項費用	(18,000)	(12,500)
研究與發展費用	(528,000)	(447,000)
經由投資產生		
收入		
以成本法投資權益證券已實現利益	764,000	659,000
長期投資債務證券的利息收入	340,000	294,000
費用		
以成本法投資權益證券的已實現損失	(565,000)	(518,000)
經由融資產生		
公司債利息費用	(544,000)	(443,000)
稅前損益	$140,000	$80,000
所得稅費用	(25,000)	(15,000)
繼續營業部門損益	$115,000	$65,000
與停業部門相關的稅後淨損益	(30,500)	-
當年度損益	$ 84,500	$65,000
當年度損益分配：	$76,271	$58,890
母公司權益	8,229	6,110
非控制權	$84,500	$65,000
每股盈餘（在外發行流通加權平均普通股股數100,000股）		
從繼續營業部門	$1.15	$0.65
從停業部門（稅後淨額）	(0.31)	-
每股盈餘	$0.84	$0.65

東吳公司 綜合淨利表 1月1日到12月31日		
	20×8	20×7
當年度損益	$84,500	$65,000
其他綜合損益		
外國營業交易兌換損益	5,000	10,000
備供出售金融資產未實現損益	2,400	3,500
現金流量避險損益	1,200	2,200
資產重估價損益	8,000	7,000
應計退休金計畫未實現損益	(667)	1,333
應認列聯屬公司綜合損益	400	(700)
其他綜合損益項目相關所得稅	(4,000)	(3,900)
當年度其他綜合損益稅後淨額	12,333	19,433
當年度綜合淨利	$96,833	$84,433
綜合淨利分配：		
母公司權益	$86,604	$75,123
非控制權	10,229	9,310
	$96,833	$84,433

六、權益變動表的定義及概念介紹

　　除了綜合損益表之外，公司另外需要提供的是「權益變動表」。權益指的是股東權益或個人或合夥所投入的資本，而在權益變動表裡面，報表使用者可以看到在目標會計期間內，各種組成權益的項目及權益變動的部分。

　　權益的組成項目包括三個部分：

1. 當期綜合淨利總額。這部分就是直接把綜合損益表的計算結果轉到這邊來，係指公司將當期繼續營業損益、停業部門損益及各個項目的調整數，經由加減過後得到的當期經營成果。

2. 業主或股東的投入或提出。在一個公司或不論獨資、合夥的經營模式下，業主或股東都會有再投入資本、提出資本，或是領取股利等等的行為，這一段內容的揭露就是將這些業主或股東的直接影響，呈現在

權益變動表上。

3. 權益組成分非來自業主影響的調整項目，從期初到期末之間的差額彙總。例如：追溯適用或追訴重編的影響數；外國營業活動兌換損益等等，在這一部分就要揭露出來，告訴報表使用者這些資訊。

　　經由這三個部分依序排列下來，權益變動表就可以讓我們清楚地看到，在這一段會計期間內，屬於業主、股東的權益，不論是與業主有關或與業主無關的影響數，在一會計期間的變化到底是如何發生的，這就是權益變動表的功用。

　　而這個部分算出來的權益期末餘額，就跟綜合損益表的經營成果——淨利一樣，必須轉到財務狀況表內的股東或業主權益項下，使原本屬於流量的觀念經由這兩張報表，最後跑到靜態的概念，讓使用者可以用來評估企業在某一時間點下公司的財務狀況。

東吳公司
權益變動表
2010年1月1日到12月31日

	在外發行流通股本	保留盈餘	外國營業活動貨幣兌換損益	資產重估價	現金流量避險未實現損益	備供出售證券未實現損益	總權益金額
期初餘額	$1,265,000	$280,250	$50,200	$37,000	$31,000	$6,000	$1,669,450
在外發行流通股本	78,000	-	-	-	-	-	78,000
股利	-	(80,000)	-	-	-	-	(80,000)
綜合淨利總額	-	448,039	(1,942)	(1,300)	1,690	15,275	461,762
期末餘額	$1,343,000	$648,289	$48,258	$35,700	$32,690	$21,275	$2,129,212

七、總結

　　在本章的介紹內容裡，我們瞭解到，綜合損益表報導了公司在一段期間的經營成果，報表使用者經由閱讀綜合損益表，可以掌握到公司的經營狀況大約

八、九成，包括產生多少營收、相對應的直接成本有多少、產生的毛利、或是花在銷售管理上面的費用佔營收的比重、到後面的其他報導項目……等等，這些公司日常的經營、交易狀況，都是可以透過綜合損益表觀察到的。然而，我們不能忘記，在這章開宗明義所提到有關報表數字呈現的限制，在我們做決策的時候，勢必要考慮進去，因為這些限制可能導致我們最後做出錯誤的決定，因此，當我們利用綜合損益表得到公司經營情形的同時，應該多加考慮到其他報表的內容，以綜合考慮整體公司的財務與現金流量狀況，接下來就要看到第三章，我們繼續介紹財務狀況表與現金流量表。

習 題

一、選擇題

(　　) 1. 下列敘述何者正確？ (A)綜合損益表的資訊比起財務狀況表的資訊較不可衡量公司的營運狀況 (B)盈餘管理讓綜合損益表的資訊更為可靠有用 (C)綜合損益表所揭露的是一段時間之內公司的營運狀況 (D)綜合損益表的主要資訊僅包含繼續營業部門盈餘即可，不用揭露停業部門相關資訊。

(　　) 2. 綜合損益表計算繼續營業部門淨利的主要科目為 (A)收入、銷貨成本、銷售費用、一般費用 (B)營業內收入、非營業內收入、停業部門、累計影響數 (C)收入、費用、利益、損失 (D)以上皆是。

(　　) 3. 綜合損益表的限制以下何者為非？ (A)僅能揭露以貨幣衡量之影響因素 (B)所列數字皆為實際發生之數額 (C)所列數字部分由分攤計算而來 (D)所分攤的數額取決於公司的政策。

(　　) 4. 綜合損益表所列的科目屬於？ (A)一時間點上的企業淨資產 (B)一段時間的企業淨資產變化 (C)一時間點上的盈餘 (D)一段時間的盈餘變化。

(　　) 5. 投資人及債權人利用綜合損益表來評斷公司，除了以下何項？ (A)預測公司未來的營業表現 (B)評估企業過去的經營成果 (C)兩者皆是 (D)兩者皆非。

(　　) 6. 以下何種會計方法或估計變動需要追溯調整？ (A)折舊資產的使用年限估計改變 (B)存貨方法改變 (C)壞帳估計變動 (D)以上皆需要追溯調整。

(　　) 7. 以下何項事件發生時不會影響企業2011年的淨利？（假設所有項目皆重大）(A)售出1980年由股東所捐贈的辦公大樓 (B)收到以成本法衡量之投資公司所發的股利 (C)更正前一年漏調整的利息費用 (D)存貨價值發生減損。

(　　) 8. 利息費用應計入綜合損益表中的何者計算？ (A)銷貨成本內 (B)非控制權內 (C)其他收入及費用 (D)其他綜合損益。

(　　) 9. 當企業編製合併報表時存在非控制權，國際會計準則要求淨利應該報導分配予以下何者？ (A)僅母公司 (B)僅非控制權 (C)應分配予母公司及非控制權 (D)以上皆是。

(　　) 10.每股盈餘與何者最為相關？ (A)特別股股東 (B)普通股股東 (C)公司債權人 (D)以上三者皆是。

(　　) 11.每股盈餘之計算不需考慮 (A)特別股股利 (B)淨利 (C)繼續營業部門淨利

　　　　(D)出售停業部門損益。

(　　) 12.以下何者並不包含在其他綜合損益項內計算？　(A)非常項目　(B)固定資產重估增值變動　(C)備供出售金融資產公平價值變動　(D)退休金計畫經算損益。

(　　) 13.綜合損益表包含下列項目，何者除外？　(A)收入及利益　(B)費用及損失　(C)特別股股利　(D)備供出售金融資產未實現損益。

(　　) 14.長頸鹿公司今年有以下會計科目餘額：

銷貨收入	$ 120,000
銷貨成本	60,000
薪資費用	20,000
折舊費用	20,000
股利收入	3,000
租金收入	20,000
利息費用	12,000
銷貨退回	11,000
廣告費用	13,000

請問長頸鹿公司今年表達在綜合損益表上的其他收入及費用之淨額為何？
(A)$11,000　(B)$7,000　(C)$0　(D)($8,000)。

(　　) 15.大向公司今年銷貨收入為$1,582,000，銷貨退回$320,000，銷貨讓價$175,000，銷貨運費$230,000，試問大向公司今年的淨銷貨收入金額為
(A)$857,000　(B)$1,087,000　(C)$1,177,000　(D)$1,032,000。

(　　) 16.假設其他收入及費用除利息費用之外無其他項目，試計算融資成本。

銷貨收入	¥1,500,000
繼續營業淨利	150,000
淨利	135,000
營業淨利	330,000
銷售及管理費用	750,000
稅前淨利	300,000

(A)$180,000　(B)$150,000　(C)$30,000　(D)$750,000。

(　) 17.試計算停業部門項目金額。

銷貨收入　　　　　　¥ 1,500,000
繼續營業淨利　　　　　 150,000
淨利　　　　　　　　　 110,000
營業淨利　　　　　　　 330,000
銷售及管理費用　　　　 750,000
稅前淨利　　　　　　　 300,000

(A)($40,000)　(B)($220,000)　(C)($190,000)　(D)($150,000)。

(　) 18.中直公司2011年相關的交易如下，稅率40%：

2009年折舊低估$30,000

公司捲入一訴訟案件導致損失$25,000

2009年年底存貨高估$40,000

公司處分其停業部門導致損失$500,000

試計算以上項目影響2011年繼續營業部門稅後淨利的數額。

(A)$15,000　(B)$33,000　(C)$57,000　(D)$357,000。

(　) 19.惠儀公司有停業部門稅後損失$1,000,000，今年發給特別股股利$100,000、普
通股股利$300,000。今年惠儀公司加權平均在外流通股數為400,000股。試計
算停業部門稅後損失計算出每股盈餘金額為？　(A)$3.50　(B)$3.00　(C)$2.50
(D)$2.00。

(　) 20.試計算特別股股利總額。

淨利$600,000

每股盈餘$4.00

普通股每股股利$2.00

在外流通普通股股數120,000

(A)$90,000　(B)$360,000　(C)$120,000　(D)$240,000

(　) 21.路米公司今年有停業部門損失$50,000、非常利益$35,000，稅率30%，試問路
米公司今年應揭露在其他綜合淨利的稅後金額應為多少？　(A)($35,000)
(B)($10,500)　(C)($24,500)　(D)($59,500)。

( ) 22.保保公司有以下 資訊

前期折舊費用低估更正　　$ 460,000
宣告股利　　　　　　　　320,000
淨利　　　　　　　　　1,000,000
2011/1/1帳上保留盈餘　2,100,000

試計算2011/1/1調整後的保留盈餘。

(A)$2,320,000　(B)$1,780,000　(C)$1,320,000　(D)$1,640,000

( ) 23.2011/1/1一定發公司有現金跟股東權益$4,000,000，沒有其他的資產、負債
及股東權益，2011/1/2購買了備供出售權益證券$1,800,000，2011年收到現金
股利$300,000，此外2011年底有備供出售權益證券為實現損益$200,000，所得
稅率為30%。試計算2011年淨利。　(A)$210,000　(B)$240,000　(C)$350,000
(D)$140,000。

( ) 24.承上題，試計算2011年其他綜合損益。　(A)$210,000　(B)$240,000　(C)$350,000
(D)$140,000。

( ) 25.洛衣公司2011/12/31的試算表資料如下：

	借方	貸方
銷貨收入		$120,000
銷貨成本	$40,000	
廣告費用	25,000	
出售設備損失	9,000	
佣金費用	9,000	
利息收入		6,000
銷貨運費	3,000	
處分部門損失	10,000	
壞帳費用	3,000	
總計	$99,000	$126,000

稅率30%。試計算洛衣公司2011年綜合損益表上表達的停業部門損失金額。

(A)$27,000　(B)$18,900　(C)$10,000　(D)$7,000

二、計算題

1.芬妮公司有以下資訊：

銷貨收入　　　　　　$950,000
繼續營業部門淨利　　120,000

其他綜合損益	140,000
淨利	105,000
營業淨利	260,000
銷售及管理費用	600,000
稅前淨利	240,000

試計算(1)其他收入及費用；(2)融資成本；(3)所得稅費用；(4)停業部門；(5)其他綜合損益。

2.請計算出以下空格應有的金額。

	甲公司	乙公司	丙公司
銷貨收入	(1)	$343,400	$540,000
期初存貨	$ 52,600	(4)	90,000
淨進貨	175,300	255,600	(7)
期末存貨	108,000	52,200	63,000
銷貨成本	(2)	(5)	407,000
銷貨毛利	85,300	98,000	(8)
營業費用	(3)	50,000	48,000
稅前淨利	6,000	(6)	(9)

3.以下是全全公司相關資訊：

2010/12/31保留盈餘餘額	$ 650,000
銷貨收入	1,400,000
銷售及廣告費用	240,000
部門出售損失（稅前）	290,000
普通股現金股利	33,600
銷貨成本	780,000
前期折舊費用錯誤調整（稅前）	520,000
租金收入	120,000
減損損失	90,000
利息費用	10,000

請編製全全公司2011年的綜合損益表，假設所得稅率30%，在外流通普通股股數為80,000。

解答：

一、選擇題

1.C	2.C	3.B	4.D	5.A	6.B	7.C	8.C	9. C	10.B
11.D	12.A	13.C	14.A	15.B	16.A	17.A	18.A	19.C	20.C
21.A	22.D	23.A	24.D	25.D					

二、計算題

1.(1)其他收入及費用=$950,000-$600,000-$260,000=$90,000

(2)融資成本=$260,000-$240,000=$20,000

(3)所得稅費用=$240,000-$105,000=$135,000

(4)停業部門=$120,000-$105,000=($15,000)

(5)其他綜合損益=$140,000-$105,000=$35,000

2.

(1) $261,000	(2) $175,700	(3) $79,300
(4) $97,800	(5) $245,400	(6) $48,000
(7) $380,000	(8) $133,000	(9) $85,000

3.

全全公司

綜合損益表

2011/1/1至2011/12/31

銷貨收入	$1,400,000
銷貨成本	780,000
銷貨毛利	620,000
銷售及廣告費用	240,000
其他收入及費用	120,000
減損損失	90,000
營業淨利	410,000
利息費用	10,000
稅前淨利	400,000
所得稅費用	(120,000)
繼續營業部門淨利	280,000
停業部門	(203,000)
淨利	$ 77,000
每股盈餘	

繼續營業部門淨利	$3.50
停業部門	(2.54)
淨利	$0.96

第三章

財務狀況表與現金流量表

2008年9月美國投資銀行雷曼兄弟宣告破產，引發全球的金融海嘯，造成世界各國及其金融體系大大的傷了元氣，使得油價與金價紛紛破歷史新高，美國更式宣布了兩次的貨幣寬鬆政策以挽救其國內低迷的景氣，至今2011年全球的經濟才正在開始初步的復甦……。

銀行乃是一個國家非常重要的金融機構，因為其牽涉到一般民眾的財富存放，當銀行的財務及經營狀況出問題的時候，非常容易造成金融體系的崩潰，所以每個國家無不對銀行採用較一般產業來得嚴格的查核標準，並透過制定法令、施行政策等手段來加強對及金融機構的管制。對於一個銀行的風險及財務健全度，一般常用的標準稱為「駱駝分析」（Camels），係針對銀行的資本適足率（Capital Adequacy）、資產品質（Assets Quality）、管理（Management）、盈餘（Earnings）、流動性（Liquidity）及敏感度（Sensitive）等六項指標，來為銀行的財務狀況及經營成果評分。

而這六項指標內，最常用於計算的是平均資產、平均孳息資產、權益等數據，例如資本適足率即是以中國民國法定的自有資本除以風險性資產而得，對於銀行業來說是一個非常重要的財務健全度的指標；又例如存放比率，其代表的是銀行民眾存放於銀行的存款及匯款給予較低的利息，再將取得的錢貼現或放款給企業或個人，收取較高的利息，從中賺取利差，視為銀行的本業收益，但放款的比率必然不能高過存款的比率，否則銀行就會出現資金短缺的問題，因此存放比率也是一個很重要的指標。

然而不論是資本適足率、存放比率或是其他的評分標準，都要用到財務報告裡財務狀況表內的資料，因此一個合理公平的評分標準係建立於一個合理公平的財務狀況表，因為可以藉由財務狀況表及裡面的資訊，瞭解銀行的財務狀況、流動性及償債能力等等指標。

一、財務狀況表的定義及基本概念介紹

一個公司的組成，分成三個部分：資產、負債及股東權益。資產代表的是一個公司所擁有、具有權利可使用、可支配的資源，並能產生未來經濟效益的經濟資源，範圍很廣，可以是有形的實體，如現金、票據、存貨及一般的廠

房、設備；也可以是金融性質的，例如長期投資權益證券或債權證券；又可以是無形的，像是專利權、客戶名單等等，這些都是資產的型態。取得這些資產的資金來源，不外乎是向業主及股東以外的人舉債所得的資金，或是經由業主及股東投入的資金而得，這兩項資金來源，分別是負債及股東權益。負債就是向外舉債產生的，業主與股東投資的部分就成為股東權益。由財務狀況表可以看出，一個公司的資本結構，如上述的資產、負債及權益，就是財務狀況表的三個組成大項，而且這三類之間存在一個恆等式的關係：

$$資產 = 負債 + 股東權益$$

財務狀況表就是用這三者之間存在的恆等式，去表現一個靜態的、累積存量的報表，報導公司在某一特定時間點下，資產的配置情形，與購置這些資產的來源資金其取得的結構如何，這些在財務狀況表裡面，都可以直接藉由數字或透過百分比率的方式，清楚看到這三者之間的分布情況。

財務狀況表利用其資產、負債及權益等三項資訊的揭露，提供了企業計算報酬率及資本結構的一個基準點，也常常被用來分析企業存在的財務風險——例如流動性、償債能力、財務槓桿及彈性——及企業未來可能的現金流量。

1. 何謂流動性與償付能力的概念？

一個款項從資產到變成現金，或以其他方式轉換成現金，負債或義務被支付與償還，其中預計將經過的時間，而這個時間若是越短，則稱為流動性越強，反過來就是流動性越差。舉例來說，要賣出一件存貨，可能只需要兩、三天的時間，而賣出一間工廠，可能就需要兩、三個月的時間，這樣我們就可以說，存貨相較於工廠，流動性較大、較強。相反的，工廠的流動向相對於存貨，就稱作流動性較小、較差。根據國際會計準則第1號中表示，企業編製財務狀況表，必須將各個資產及負債區分為流動或非流動。

償付能力指一個公司在負債到期的時候，是否有償還的能力。舉例來說，如果一個公司擁有很高比例的長期負債存在在帳上，它的償付能力會相較另外一個公司，擁有較低比例的長期負債，因為長期負債會有每期固定的利息跟最後的本金要支付，這關係到公司經營的風險，若是無法將這些每期固定的利

息，或是最後的本金如期償付，可能就會發生資金周轉的問題，就會將公司經營的風險提高，嚴重的話，甚至可能導致公司倒閉。

　　流動性與償付能力，都是衡量公司的財務彈性，意思就是當公司面臨突發的機會或需要時，是否有能力採取有效的應對，例如改變時間長短或時間點，或是改變現金流量。若一個公司的財務彈性大，它的經營就會較安全、較穩當，較有能力去承擔各式各樣的經營風險，如：景氣不好所導致的銷售驟減、客戶惡意倒帳等等；反之，如果財務彈性小，它的經營風險就會大。因此，透過流動性與償付能力，我們可以觀察到公司的財務彈性狀況。

2. 財務狀況表在內容上的限制

　　如同前面一章所講到的綜合損益表，也有其先天的限制，就算再怎麼細心地計算，財務報告永遠沒有辦法滿足所有報表使用者的需求，也無法做到完全表達企業的實際財務狀況與經營績效。很多的情況下，基於觀念架構與假設原則，不得不採用應計基礎衡量許多的項目入帳。以下三種為財務狀況表主要的限制：

(1) 多數的資產與負債使用歷史成本衡量入帳。用歷史成本入帳，常常使得財務狀況表上的資訊無法對應到較為攸關的市價上。當真實的價值有變動，沒有辦法讓報表使用者知道，而必須要等到有一天要將資產或負債處分的時候，才會知道價值可能有增加或減少。

(2) 公司利用估計與主觀評鑑的方法，去決定財務狀況表上報導的一些項目。雖然很多時候，估計或評鑑的方法，是有公式或一般處理的行情，希望讓這些過程跟結果盡可能的客觀，但往往還是存在主觀的意識，這樣就會影響到報導在財務狀況表上的數字，是否真的能夠達到公允表達。

(3) 出現在財務狀況表上的項目，都必須能夠用貨幣衡量，才會有一個比較的基礎或標準，但是其實有很多可能會影響公司經營、運作的事件，事實上無法一一用貨幣去衡量。舉例來說，公司的重要主管在一件意外中喪生，對公司來說，當下必定有一定程度上，政策或運作的問題發生，那這個就很難用具體的貨幣數據來衡量。

二、財務狀況表的內容及名詞解釋

(一) 資產

公司經由過去的事件取得，預期未來會為公司帶來經濟利益的流入，稱為資產。

1. 非流動資產

當要將一資產變現或耗用，必須在超過一年或一個營業週期之後才會達成，這樣的資產就稱為非流動資產。可分為確定以投資、交易為目的而持有的資產及供企業自用的資產。我們通常將非流動資產分為以下三大類：長期投資、有形資產與無形資產，接著就分別介紹這三大類非流動資產。

(1) 長期投資：包含權益證券投資、債務證券投資及長期票據投資，其中權益證券投資的部分，依據持有的目的與期間，又可分為三種：

　i. 持有到到期日的證券：指的是公司投資證券或票據，有意圖且有能力持有該證券或票據至到期日，以折現、攤銷過後的帳面價值為入帳基礎，一般指的是債務證券投資及長期票據投資，因為權益投資證券不會有到期的問題存在。

　ii. 交易目的證券：顧名思義，就是以交易為目的的證券及票據投資，而且持有是以賺取短期的價差為目的，因為如此，交易目的的證券與票據投資是以市價為入帳的衡量基礎，才能表現出短期的價差對這個資產的變動影響，也因為這樣，有關交易目的證券的交易損益，都列入綜合損益表內當期損益段去計算。

　iii 非以交易為目的的證券：凡是不能分類為以上兩種類別的證券及票據投資項目，都會放到這個項目底下，但是要特別注意，根據國際會計準則第39號規定，非以交易目的的證券仍然以公平價值入帳，而且每期期末都要衡量他的市價增減變動，變動的部分則是不能像交易目的的證券一樣，列入綜合損益表內當期損益的部分，則是要列到綜合損益表裡面有關其他綜合損益段去，因為仍然是非以交易

為目的的證券，不能將它的損益列到當期損益裡。

(2) 財產、廠房及設備（有形資產）：當一個資產是具體存在可見的實體，而且持有的目的是為了公司本身，用以經營、運作、自用的資產，就會被分到這個類別來，包括：土地、大樓、機器、設備、廠房或是無法再生的消耗資源，如：石油、煤炭、鐵礦……等等，都是屬於這個類別的範圍。而這類別的資產，除了土地沒有使用年限之外，其他的都會以攤銷折舊或折耗的方法，計算該資產的帳面價值，做為入帳金額。

(3) 無形資產：相對於前面提到的有形資產，這個部分的資產就是無法以一個具體的、實體的狀態存在，而是一種權利或價值。過去這些抽象的權利或價值，會對公司未來的經營與現金流量產生影響，卻因為貨幣衡量的問題，導致這些資產被忽略或要認列、入帳是有困難存在的，例如：專利權、商標、版權、品牌、特許經營權、客戶名單、商譽……等等，但是現在，有些因為法律或契約的保障，所以有一個定義出來的經濟年限，得以入帳衡量，如專利權、版權，有些則是沒有經濟年限，而且難以明確辨認，如商譽。因此這一部分的資產，仍然還是現存的會計方法上，受到先天限制很多的一塊。

2. 流動資產

　　一個資產公司意圖在一年或一個營業週期內變現、賣出、處分或耗用的資產，或是用這個資產去償還流動負債，我們就稱為流動資產。所謂一個營業週期就是從現金投入，到產生存貨後，賣出得到應收款，然後應收款實現，又回到現金的整個過程，我們就稱為營業週期。有時候營業週期會比一年來得長，那麼我們就用一個營業週期來衡量這個資產。常見的五大類流動資產有：存貨、應收款、預付費用、短期投資與現金。我們要特別注意，流動資產應該扣除掉限制用途，或指定為非流動用途的流動資產，舉例來說：當我們有一部分的現金，是用於固定償還某個負債，而這筆現金不能有其他別的用途，那這部分的現金，儘管就本身來說是流動資產，卻仍然不能分類到流動資產裡面，以下就分別介紹五大類流動資產。

(1) 存貨：我們的存貨可能來自於向外購買，也可能來自於自己製造，但不論來源爲何，存貨總是以一批一批來作爲計算的單位，因此衡量存貨的時候，先以「成本與淨變現價值孰低法」評估每批的價值，再利用「存貨流動假設」去計算存貨最後應該出現在帳上的金額。

(2) 應收款：一般來說，應收款主要是經由與客戶之間的信用交易而產生，稱之爲應收帳款或應收票據，兩者加起來應該佔應收款的很大一部分比例，而兩者的差別只在，應收帳款就是一個信用保證收款權利，應收票據則是有強制性的法律去保障收款權利。另外還有一種應收款項，這個項目包含的內容就比較雜亂一點，舉例來說：當出售附有追索權的應收帳款，預先提列一定比例的壞帳保證費用，就可以列爲應收款項，但通常這個科目的金額不大，也比較不重大，所以常常會被忽略。

(3) 預付費用：從名字上面看，預付就是將公司未來用於營業或營運上，必須使用到的一些保障或需要，提前到本期付款並認列。其實這個部分，就是把未來必須花的一些費用，因爲付出了代價，卻未必使用了，所以先放在資產裡面，視爲你所擁有的使用權，這項權利會隨著營業使用，漸漸轉成費用，直到結束。因此這項資產的認列，用類似有形資產的評價方式一樣，將成本攤到以後各期，並且用提列過費用後的帳面價值入帳。

(4) 短期投資：與前面提過長期投資相似，其實幾乎是一樣的東西，只是這邊特別強調，若是你持有一證券，並意圖持有它不超過一年或一營業週期，例如：你的持有到到期日證券，明年以內就要到期了；或是你打算在一年內出售交易目的證券；也有可能因爲市場或經濟環境的因素，導致你原本分類爲非以交易爲目的的證券，你現在決定要在明年以內把它出售或處分掉。這些原本可能屬於長期投資的項目，就會因爲你的這些意圖，改變了他的性質與在企業內的功能，那就應該把這些資產列爲短期投資項下的科目了。這些資產應該用市價來衡量它的入帳價值。

(5) 現金與約當現金：我們說的流動性，是以變現的速度來看，而在這個

項目，現金與約當現金，本身其實就是現金，所以就只要用它的帳面價值去衡量就可以了，因為它的帳面價值就是市價。

(二) 負債

公司經由過去的事件，產生目前的義務，而這個義務必須要在未來，利用公司的經濟利益流出來償還它，就稱為負債。這個部分一樣有分非流動與流動負債，一樣也是用流動性來分類，接下去就來分項介紹。

1. 非流動負債

公司的償還義務，不預期或不需要，在未來一年或一營業週期內履行或結算支付，這樣的負債就稱為非流動負債。非流動負債可分為以下三種類型：

(1) 負債的產生是來自於特定目的，例如為了支付長期租賃資產，而特別發行的公司債。

(2) 負債來自於公司營運而產生，卻又不是直接因為營業產生，而是間接因為法律或其他因素附帶發生，例如退休金給付義務、遞延所得稅負債，都是屬於這種類型。

(3) 因為現在的事件，因而導致未來的事件發生，這個未來的事件又可以確定金額及性質，例如薪資、環境負債、或是保固費用……等等，通常這一類型，我們又可以稱之為「準備」。

2. 流動負債

公司的償付義務，不一定是還款，也有可能是償還商品或服務，重點是，公司意圖或預期在未來一年或一營業週期內償還或履行，或者是必須動用流動資產償還，這樣一來，我們就將這樣的負債分類為流動負債。以還款來說，常見的就是因為日常的營業與交易，而產生的應付帳款或應付票據，應付帳款跟應收帳款一樣，就是一種信用保證；同理，應付票據也跟應收票據一樣，與應付帳款的差別就是，它是法律或契約保障的強制約束力。以還商品或服務來說，意思就是我們可能先跟客戶收了錢，可是還沒履行我們的義務，那這個義務就有可能是商品或服務。

(三) 權益

當資產減去負債之後，剩餘的價值就是屬於權益的部分。在這個部分，可以分為以下：

1. 業主或股東的實際投入資本，基本上就是業主或股東可以實際控制的，有「股本」與「資本公積」兩項，而這兩項又區分為特別股與普通股兩種籌資的條件。

2. 是公司經由營業賺得、累積來的，就是從綜合淨利表的當期盈餘，每期結帳過後轉過來的，再扣掉分配的股利，剩下來的未分配盈餘，大致上是公司的管理階層可以控制的，就稱它叫做「保留盈餘」。

3. 指的是公司的管理階層基本上很難去控制，跟保留盈餘類似，是經由綜合淨利表裡面的其他綜合損益結轉過來的，因為也是累積的概念，所以就叫做「累積其他綜合損益」。

4. 是經由公司的政策與操作，做一個投入資本的控管，將已發行在外流通的普通股買回或再賣出，而買回後這些已發行卻未在外流通的普通股，就叫做「庫藏股」，做為權益的減項。

5. 「非控制權」，這一部分只會發生在擁有兩個以上股東的公司，而且這兩個以上的股東，彼此之間存在持股比例的差異，導致一個是持股比例較高的股東，享有公司絕大部分的權利義務，但是另外持股比例較小的股東，也是公司的股東，也應該要想有公司一小部分的權利義務，因此這一段特別把它列出來，並且相對於擁有控制權的大股東，稱之為非控制權。

三、財務狀況表的會計處理及範例

根據國際會計準則第1號中表示，公司的財務狀況表沒有格式的限制，也沒有要求內容擺放的順序，可依國情或地區的情況，自行調整、更動，名稱也可以更改，不用一定要用「財務狀況表」這個名詞，只是意思仍然要維持相似，以便瞭解。但是內容提及的範圍，仍然是不出前面一節提到的資產、負債

及權益為準,定義與衡量方式也不可自行更改。由於國際會計準則第1號公報並沒有規定財務狀況表的格式,因此衍生出兩種表達財務狀況的格式:

1. 根據資產的資金來源區分為負債及權益,利用會計恆等式的概念,將資產置於報表的半部,將負債及權益置於報表的另外半部,以此為平衡的標準。

2. 企業的資產減負債我們稱之為淨資產,一樣利用會計恆等式的概念,淨資產將等於權益的金額,因此此種方法係將淨資產置於報表前半部,將權益置於報表的另外半部,以此為平衡的標準。

以下我們將針對兩種不同的邏輯所編製的報表,各給予讀者一範例參考。

1. 利用資產等於負債加權益的概念編製者。

東吳公司
財務狀況表
2010年12月31日
資產

非流動資產			
長期投資			
持有到到期日證券投資		$820,500	
土地持有用於未來開發		545,000	
總長期投資			$1,365,500
財產、廠房及設備			
土地		125,000	
大樓	$9,875,000		
減:累計折舊	(5,255,000)	4,620,000	
總財產、廠房及設備			4,745,000
無形資產			
專利權	840,000		
減:累計攤銷	(620,000)	220,000	
商譽		4,536,000	
總無形資產			4,756,000
總非流動資產			
流動資產			
存貨		1,189,000	
預付費用		125,600	
應收帳款	3,974,500		
減:備抵壞帳	(568,000)	3,406,500	
短期投資		1,280,500	
遞延所得稅資產		356,000	
現金及約當現金		659,800	
總流動資產			7,017,400
總資產			$17,883,900

權益及負債

權益		
股本—特別股	$1,600,000	
股本—普通股	2,000,000	
資本公積—特別股	960,000	
資本公積—普通股	1,850,000	
保留盈餘	2,346,000	
累計其他綜合損益	1,657,000	
減：庫藏股	(445,000)	
屬於母公司權益（80%）		$9,968,000
非控制權權益		2,492,000
總權益		$12,460,000
負債		
非流動負債		
公司債於2009/12/31到期	$2,000,000	
退休金負債	825,000	
總非流動負債		$2,825,000
流動負債		
應付票據	$ 625,000	
應付帳款	1,045,400	
利息費用	100,000	
薪資費用	765,000	
產品保證費用	63,500	
總流動負債		2,598,900
總負債		5,423,900
總權益及負債		$17,883,900

2. 利用資產減負債得到的淨資產與權益相等的方式編製者。

東吳公司
財務狀況表
2010年12月31日

商業經營		
營運		
存貨	$1,189,000	
預付費用	125,600	
應收帳款(淨額)	3,406,500	
總流動資產		$4,721,100
土地	$　125,000	
大樓(淨額)	4,620,000	
專利權(淨額)	220,000	
商譽	4,536,000	
總非流動資產		9,501,000
應付帳款	$1,045,400	
利息費用	100,000	
薪資費用	765,000	
產品保證費用	63,500	
總流動負債		(1,973,900)
公司債於2009/12/31到期	$2,000,000	
退休金負債	825,000	
總非流動負債		(2,825,000)
淨營運資產		$9,423,200
投資		
持有到到期日證券投資	$　820,500	
短期投資	1,280,500	
總投資資產		2,101,000
淨商業經營資產		$11,524,200
財務融資		
融資資產		
現金及約當現金	659,800	
總融資資產		$659,800
融資負債		
應付票據	625,000	
總融資負債		625,000
淨財務融資產		$34,800
停業部門營運		
土地持有用於未來開發		545,000
所得稅		
遞延所得稅資產		356,000
合計		$935,800
淨資產		$12,460,000

權益		
股本—特別股	$1,600,000	
股本—普通股	2,000,000	
資本公積—特別股	960,000	
資本公積—普通股	1,850,000	
保留盈餘	2,346,000	
累計其他綜合損益	1,657,000	
減：庫藏股	(445,000)	
屬於母公司權益(80%)		$9,968,000
非控制權權益		2,492,000
總權益		$12,460,000

　　利用二種方法編製出來的財務狀況表，其結果雖然相同也都有平衡，但第二種方法無法清楚地得知總資產金額及總負債金額，因為資產跟負債被劃分到各個不同的區塊，如營業、投資、融資、停業項目及所得稅項目裡面去，這樣的做法將產生幾個問題，如下：

1. 利用營業、投資、融資等活動區分資產及負債的資訊，是否真能讓財務報表使用者更容易做出決策決定？
2. 停業部門及所得稅影響的資產負債項目，是否真的需要特別列示於財務狀況表中？

　　這些狀況仍然必須等到國際會計準則第1號公報於未來當企業實際執行後，持續觀察才會得知其是否對報表使用者做出決策決定有所影響，現在我們只能確定，多了這樣的一個選項，將會使得未來財務狀況表的格式產生一個很大的變化。

四、現金流量表的定義與基本概念介紹

　　從第二章開始，我們依序介紹了三張報表：綜合損益表、權益變動表以及財務狀況表。三張報表各提供了報表使用者，在這一年中，公司整體狀況不同的資訊，舉例來說：綜合損益表提供它們，有關於公司的營業狀況；權益變動表告訴它們，公司發放了多少股利；財務狀況表則是讓那些報表使用者知道，公司現在擁有什麼資產，有什麼負債，……。但是這三張報表都沒有辦法完整提供一個有關於「現金」這個帳戶的資料。

「現金」這個帳戶很特別，因為一個公司，一個企業，它經營的目的，不論是使得淨利增加或是淨資產增加，最後都是為了賺到現金；而在經營的過程中，購買機器設備，或是進貨、賣出，不論是經由直接、間接的交易，最後都會回到現金這個帳戶，因此，現金這個帳戶，關乎一個公司的流動性、周轉的靈活度、風險評估……等等，所有方面最終都會牽涉到現金，因此現金的運用就變得非常重要。所以在這一節，我們就要來介紹國際會計準則中，所要求的第四張報表：現金流量表。

　　儘管綜合損益表裡面，已經將公司的營業狀況表達清楚，是經營的成功或者是失敗，但裡面提供的資訊，不一定與現金的收付吻合。賺到的淨利，通常不等於收到的錢；折舊費用雖然是費用，但其實也不會造成現金流出。

　　一個公司要是沒有現金，就不能續存，因為進貨要支付貨款，貸款每期也要攤還利息，或是投資廠房設備也要有現金支付，所以現金流量表的功用，就像上一段所講的，為了把公司在一個會計期間內，所有有關現金變動的部分，一一表達出來，讓報表使用者知道，這段期間，公司花了什麼錢，花在哪裡；收到了什麼錢，從哪裡的來源得到，整個會計期間裡，公司收到的錢是比花掉的錢多，還是比花掉的錢少，最後統計出來，這一會計期間現金是的淨流出還是淨流入……等等的資訊，都要透過現金流量表才會知道。

　　現金的變動，不外乎就是收到現金跟付出現金，我們再將這些收現跟付現的交易，依性質區分為三種類型：

1. 現金的變動來自會計期間內的營業活動；
2. 或來自投資的交易；
3. 又或者是經由融資活動而來。

現金流量表	
營業活動產生的現金流量	$××××
投資活動產生的現金流量	××××
融資活動產生的現金流量	××××
淨現金增加（減少）	××××
期初現金餘額	××××
期末現金餘額	$××××

　　另外,在現金流量表裡面,仍然有些性質特殊、影響重大的項目,可能不是一定用現金交易,例如在有些情況下,公司會利用發行股票給供應商,然後取得一些必要的機器設備,這樣就沒有牽涉到現金交易,但是這樣的交易,對於公司整體,仍然存在實質的影響,大概有以下的幾種情況:

1. 發行普通股以取得資產;
2. 可轉換公司債轉換成普通股;
3. 舉債來購買資產;
4. 長期資產的交換。

　　因此當我們揭露完所有有牽涉到現金的交易後,就要再將這一部分的資訊揭露,讓報表使用者知道。

五、其他報告項目——財務狀況表附註揭露項

　　一個公司完整的財務報表,不只是單純的四張報表而已,正如第二章與本章提到的,所有的財務報表都有先天的限制,而這些先天的限制導致財務報表無法百分之百呈現公司完整的經營樣貌。基於這個原因,我們必須要在以貨幣數據表達的報表後面,加上一些非財務的資料,或是補充說明報表中內容的附註揭露事項,讓整體財務報表能夠更完整、允當的表達。所以一個完整的財務報告,應該是包含:我們在第二章與本章提到的四張報表:綜合損益表、權益變動表、財務狀況表及現金流量表,以及最後一部分:附註揭露事項,如此才能算是一份完整的財務報告。

　　附註揭露的事項,所表達的是,總結公司重大的會計政策及其他的補充說明資訊,大致上包含以下的內容:

1. 公司的經營、管理階層狀況;
2. 公司的會計政策;
3. 財務報表內科目的定義與簡略說明;
4. 關於財務報表內容的其他補充資料;
5. 於現在無法確定未來狀況或結果的或有事項;

6. 聯屬公司的持有權分狀況。

六、總結

　　我們在第二章與本章，將財務報表的主要四大報表以及最後的附註揭露事項都介紹了。我們瞭解到，四大報表各有各的目的與功用，而各大報表間的連接，雖然看似沒有緊密的關係，但其實環環相扣，根本就是一體地呈現公司的經營樣貌。財務狀況表是表達整體公司的體質及資產狀況、資金來源，但是由於財務狀況表是時間「點」的概念，只能告訴報表使用者，這個公司目前這一個時間點的財務狀況，但是如果要瞭解到，這一個會計「期間」內，公司是經由什麼交易，經由什麼樣的運作，取得這些權利或是產生這些義務，就要透過綜合損益表、權益變動表及現金流量表來觀察，觀察這個公司以各個不同的角度，來表達它的營業成果、投資成果與融資結果。

　　介紹了報表之後，對於這些科目的細部內容，接下來我們會以各個科目為主角，一一說明這些報表上所要求表達的事項，應該如何表達，用什麼評價方法，而這些科目最後都要在財務報表上出現。那怎樣的入帳基礎與衡量方式，對該資產、負債及股東權益來說，才是最被大眾所接受、信賴且允當表達的，就在接下來的章節依序介紹。

習 題

一、選擇題

（ ） 1. 財務狀況表用來分析以下資訊，除了： (A)流動性　(B)償債能力　(C)獲利
能力　(D)財務彈性。

（ ） 2. 以下何項不是財務狀況表與綜合損益表共同的限制？ (A)使用分攤及估計
的方法取得某些數字　(B)使用歷史成本評價　(C)僅入帳可以貨幣衡量的項
目　(D)受到所使用的會計方法影響。

（ ） 3. 下列何項不是財務狀況表的科目對財務報告分析的貢獻？ (A)作為計算週
轉率的基礎　(B)評估公司的資本結構　(C)取得公司營運所產生現金流量的
資訊　(D)評估公司流動性及財務彈性。

（ ） 4. 公司的淨資產等於： (A)總資產減總負債　(B)非流動資產減非流動負債
(C)流動資產減流動負債　(D)總資產減總權益。

（ ） 5. 決定財務狀況表內分類流動或非流動的條件係根據： (A)一年或一營業週
期取長者　(B) 一年或一會計期間取長者　(C)一年或一會計期間取短者
(D)一年或一營業週期取短者。

（ ） 6. 以下何者屬於非流動資產項下的內容？ (A)商譽　(B)存貨　(C)預付款項
(D)短期投資。

（ ） 7. 以下何者屬於流動資產？ (A)預收收入　(B)備供出售權益證券　(C)應付款
項　(D)應收款項。

（ ） 8. 以下何者應屬於流動負債？ (A)一年內到期之長期公司債　(B)長期票據
(C)長期公司債　(D)以上皆非。

（ ） 9. 庫藏股票在財務狀況表上應如何表達？ (A)列在權益的減項　(B)列為權益
項下的普通股　(C)列為非流動資產下的長期投資　(D)列為權益項下的資本
公積。

（ ） 10.關於現金流量表的敘述何者錯誤？ (A)有直接法與間接法兩種編製方法
(B)國際會計準則鼓勵企業採用直接法編製現金流量表　(C)現金流量表與其
他三張報表最大的不同在於採用現金基礎編製而非應計基礎　(D)現金流量
表所揭露的資訊僅與財務狀況表發生關聯，而並未與綜合損益表發生關連。

（ ） 11.財務狀況表之權益段所揭露的普通股股本之股數係： (A)主管機關核准發

行之股數　(B)在外流通的股數　(C)所發行的股數　(D)以上皆非。

（　）12.現金流量表主要的分類有：　(A)現金流量來自營業活動　(B)現金流量來自投資活動　(C)現金流量來自融資活動　(D)以上皆是。

（　）13.附註揭露的功用以下何者錯誤？　(A)可以藉由附註揭露取得無法以貨幣單位衡量的公司資訊　(B)可以藉由附註揭露了解財務報表中較細部的資料　(C)可以從附註揭露得知企業未來明確的經營成果及財務狀況　(D)可以藉由附註揭露說明財務報表中的科目性質及定義。

（　）14.真真公司有融資租賃資產$200,000、商標權$50,000、長期應收款$170,000，試問真真公司財務狀況表上所表達的無形資產金額為？　(A)$420,000　(B)$170,000　(C)$200,000　(D)$50,000。

（　）15.匯發財公司的資料如下：

普通股股本　　　　$200,000
普通股資本公積　　　520,000
特別股股本　　　　　300,000
特別股資本公積　　　360,000
庫藏股　　　　　　　 80,000
保留盈餘　　　　　　320,000

試問匯發財公司的權益金額為？

(A)$1,780,000　(B)$900,000　(C)$740,000　(D)$1,620,000

（　）16.信易公司有以下投資科目：

短期投資權益證券（以公平價值衡量）　　$600,000
備供出售權益證券（以公平價值衡量）　　 400,000
持有到贖回日證券（以分攤後成本衡量）　 300,000

試問信易公司於財務狀況表上所表達非流動資產的金額。

(A)$700,000或小於$700,000，視狀況而定　(B)$600,000　(C)$700,000　(D)$1,300,000。

（　）17.以下為安安公司的資訊，試回答第17至20題：

	2011	2012	2013
1/1資產	$2,000	$3,000	?
1/1負債	1,400	?	1,600
1/1權益	?	?	2,100
當期股利	200	350	500
普通股股本增加	400	600	1,000
12/31權益	?	?	3,000
當期淨利	600	450	?

試問安安公司2011/1/1的權益金額為？

(A)$1,000　(B)$600　(C)$1,400　(D)$2,100

( )18.承17題，安安公司2012/1/1的負債金額為？　(A)$1,400　(B)$1,500　(C)$1,600　(D)$2,100。

( )19.承17題，安安公司2012/12/31的權益金額為？　(A)$1,600　(B)$3,700　(C)$2,100　(D)$1,400。

( )20.承17題，安安公司2013年的淨利為？　(A)$700　(B)$600　(C)$500　(D)$400。

( )21.在現金流量表中，發行20,000股取得現金$1,000,000應如何揭露？　(A)營運活動現金流量增加$1,000,000　(B)投資活動現金流量增加$1,000,000　(C)融資活動現金流量增加$1,000,000　(D)融資活動現金流量減少$1,000,000。

( )22.眾中公司有以下資訊：

現金增加藉由營運活動	$520,000
現金支出由於投資活動	360,000
現金增加來自融資活動	320,000
期初現金餘額	100,000

試計算眾中公司期末現金餘額。

(A)$1,300,000　(B)$380,000　(C)$580,000　(D)$480,000

( )23.以下為柴客公司2011/12/31財務狀況表的資訊，包含齊全的資產及負債資料及部份權益資料，試回答第23至25題：

應收帳款淨額	$600,000
短期投資	420,000
累計折舊—設備	350,000
設備總額	700,000

存貨	260,000
備抵呆帳	120,000
預付費用	60,000
一年內到期之長期公司債	720,000
預收收入	80,000
庫藏股	1,100,000

　　請問柴客公司2011/12/31之資產總額為：

　　(A)$1,570,000　(B)$1,690,000　(C)$1,610,000　(D)$2,710,000

(　) 24.承23題，柴客公司2011/12/31的流動負債為：　(A)$80,000　(B)1,900,000

　　　(C)$800,000　(D)資料不足無法計算。

(　) 25.承23題，柴客公司2011/12/31的淨資產金額為：　(A)$1,100,000　(B)$970,000

　　　(C)$890,000　(D)590,000。

二、計算題

1.以下為財務狀況表的分類代號：

a. 投資	g. 資本公積
b. 財產、廠房及設備	h. 保留盈餘
c. 無形資產	i. 非流動負債
d. 其他資產	j. 流動負債
e. 流動資產	k. 附註揭露
f. 股本	l. 不屬於財務狀況表之項目

試將以下情況分類並填入代號。

1. 應計薪資	14. 商譽
2. 預收租金	15. 90天到其應付票據
3. 廠房預訂地	16. 持有至到期日債券投資
4. 交易目的證券投資	17. 以投資為目的持有之土地
5. 現金	18. 公司總裁死亡
6. 30天內到期之應計利息	19. 一年內到期之公司債
7. 特別股資本公積	20. 應付帳款
8. 特別股累積股利	21. 特別股
9. 零用金	22. 預付租金
10. 普通股	23. 版權
11. 公司債契約	24. 累計攤銷
12. 備抵呆帳	25. 未分配盈餘
13. 累計折舊	

2. 克里斯公司有以下財務狀況表:

克里斯公司
財務狀況表
2011/12/31

投資	$ 76,300	權益	$218,500
設備(淨額)	96,000	非流動負債	100,000
專利權	32,000	應付帳款	75,000
存貨	57,000		
應收帳款(淨額)	52,200		
現金	80,000		
	$393,500		$393,500

另外還有以下資訊:

(1)現金包含被保險人中途解約時的退保金額$9,400及銀行透支$2,500。

(2)應收帳款淨額表達包含以下項目:

    (a)應收帳款借方餘額$60,000

    (b)應收帳款貸方餘額$4,000

    (c)備抵呆帳$3,800

(3)存貨並不包含在外寄銷的商品成本$3,000。應收款項包含了這些商品$3,000。

(4)投資包含列為交易目的的普通股$19,000及備供出售$48,300及經銷權$9,000。

(5)設備成本$5,000有累計折舊$4,000不打算繼續使用,列為待出售設備。而其他的折舊資產有累計折舊$40,000。

試作:克里斯公司2011年的財務狀況表,權益細項可忽略考慮。

3. 現金流量表分類如下:

  a. 營業活動現金流量   c. 融資活動現金流量

  b. 投資活動現金流量   d. 非現金交易

將以下情況分類並填入應歸屬的現金流量表分類代號。

1. 支付長期債券	7. 支付員工薪資
2. 溢價發行公司債	8. 現金增資
3. 應收帳款收現	9. 支付應付所得稅
4. 宣告現金股利	10. 購買設備
5. 發行股票取得土地	11. 買回庫藏股
6. 賣出備供出售證券	12. 出售長期投資土地

解答：

一、選擇題

1. C	2. B	3. C	4. A	5. A	6. A	7. D	8. A	9. A	10. D
11. B	12. C	13. C	14. D	15. D	16. A	17. B	18. C	19. C	20. D
21. C	22. C	23. B	24. C	25. C					

二、計算題

1.

1. j	2. j	3. b	4. e	5. e	6. j	7. g	8. k	9. e	10. f
11. k	12. e	13. b	14. c	15. j	16. a	17. a	18. l	19. j	20. j
21. f	22. e	23. c	24. c	25. h					

2.

克里斯公司
財務狀況表
2011年12月31日

資產			
投資			
	備供出售證券投資	$48,300	
	被保險人中途解約的退保金額	9,400	$57,700
財產廠房及設備			
	設備(1)	135,000	
	累計折舊	40,000	95,000
無形資產			
	專利權	32,000	
	經銷權	9,000	41,000
流動資產			
	待出售設備(2)	1,000	
	存貨(3)	60,000	
	應收帳款(4)	57,000	
	備抵呆帳	(3,800)	
	交易目的證券投資	19,000	
	現金(5)	73,100	
總流動資產			206,300
總資產			$400,000
權益及負債			
權益			$218,500
負債			
非流動負債			100,000
流動負債			
	應付帳款(6)	$79,000	
	銀行透支	2,500	
總流動負債			81,500
總負債			181,500
總權益及負債			$400,000

(1)$96,000+$40,000−$5,000+$4,000

(2)$5,000−$4,000

(3)$57,000+$3,000

(4)$60,000−$3,000

(5)$80,000−$9,400+$2,500

(6)$75,000+$4,000

3.

1. c	2. c	3. a	4. d
5. d	6. b	7. a	8. c
9. a	10. b	11. c	12. b

第四章

會計與貨幣時間價值

——美國一位學者Sidney Homer曾經提出一個理論，若四百年前投資$1,000元到一個利率為8%的資本市場，經過了四百年後，這$1,000元將會變成23京又60萬元！

——假設你有$20,000元免稅請求權，將一半的錢$10,000元投入利率為12%的股票市場投資；另一半$10,000元投入8%的債券市場，經過了十年後，你擁有的債券價值變成了$22,080元，是你投入債券市場本金的兩倍。但你的股票價值卻變成了$32,620元，是你投入股票市場本金的三倍之多，不過4%的差距，股票卻比債券多賺了一筆本金。

每個月領了薪水以後，我們會讓它存在銀行裡，而不是領出來回家放在床底下，因為我們知道放在銀行裡面，不管活期存款還是定期存款，銀行多少都會給我們一點利息，所以經過了時間，一個月或一年，這樣就讓我們的財產比原來多了一些，我們可以稱此為：錢經過時間後所產生的價值。

由上段的例子我們可以知道，時間跟錢之間的關係，存在一個概念：今天賺到的錢比明天跟未來拿到的錢更有價值。為什麼我們可以有這樣的概念？就像上段的例子一樣，因為我們今天拿到的錢，都假設有機會拿去存款或者是拿去投資，假設不考慮投資賺賠的問題，基本上，至少我們都可以藉由存款取得利息，使得我們的財富增加。因此，我們可以得到這樣的推論，由於加上利息的緣故，我們今天賺到的錢會比未來賺到的錢來得更有價值，於是我們得到一個結論，經由時間過去，使得錢的價值增加了，因為錢又叫貨幣，所以又可以稱這樣的情形為「貨幣時間價值」。

一、貨幣時間價值的定義與概念介紹

現在我們將「貨幣時間價值」的觀念，放在財務跟會計的角度去看，因為會計上常常會需要去衡量一個設備或廠房的價值，最直接可以用來衡量的就是，看這個設備或廠房在未來能夠為企業帶來怎麼樣的現金流入或現金流出，利用未來預計發生的事件，去評估一個資產或負債。

我們用一個火車來舉例。假設台鐵公司新買了一台自強號，我們預期這台

自強號可以用10年，每年可以提供25萬人次搭乘，所以一年的票價收入約有2千5百萬，10年後，這台自強號就有2億5千萬元的收入。但是前面每年賺的錢，台鐵公司不會把每年賺的2千5百萬元放在董事長的枕頭底下，而會用來投資買新車，或是放在銀行存款，所以我們要用利息的觀念，反推來計算，這個自強號目前應該是台鐵公司帳上認列的價值，這個價值就稱為現值；而這個反推的計算過程，我們就稱它為折現，所以只要涉及到未來的概念，我們就要用折現值來評價相關的資產、負債。

二、貨幣時間價值概念在會計上的運用與範例

會計入帳的金額，如何決定，依據不同類型的資產，有很多不同的衡量方法。舉例來說，有成本法決定設備價值、淨變現價值法決定存貨餘額或公平價值決定投資的項目。以公平價值來說，又分成三種決定公平價值的方法：

- **第一級標準**：當相同的資產或負債，存在一個活絡的公開交易市場，這時候市價是最好的認定價值，因為客觀又可靠。
- **第二級標準**：用類似的資產或負債，利用估算的模型去衡量，觀察我們所要入帳的資產或負債，它的公平價值。這樣的方法比第一級標準，可信度較低，但基本上不會差距很多，所以仍然可以拿來替代用。
- **第三級標準**：我們所要評估的資產或負債，不但本身沒有，甚至沒有類似的資產或負債，存在公開的交易市場，這時候就只能用這個資產或負債，本身的條件跟當時可取得最可靠的資料，去估算它應該入帳的公平價值。

因為資產跟負債的型態跟類型非常多樣，而且各行各業都不一樣，所以第三級標準常常會使用到。這時候就需要利用評估後，資產或負債的未來現金流入或流出來折現，以計算這個資產或負債，應該入帳的金額。

會計上需要用到折現值的資產、負債或情況：

票據	未附有票面利率或當票面利率不同於市場利率時的應收票據、應付票據應入帳的金額。
租賃	長期租賃資產、負債的資本化金額及每期租金跟租賃物折舊。
退休金及給付義務	計算退休金負債、費用的服務成本及相關的組成分子。
長期資產	需要用未來的現金流量折現，來衡量一個資產現在的價值時。
股份基礎酬勞計畫	用現值來計算，員工的選擇權獎酬制度。
企業合併	在合併時，去計算帳上的應收款、應付款、應計費用等等資產、負債的帳戶，應該有的金額。
揭露	提供一個可靠的資訊，有關於資產或負債未來的現金流量。
環境負債	牽涉到公司在未來必須付出的現金。

這樣的情況很多，所以折現這個做法，在會計上用的地方也很多，本章我們就來好好介紹一下，折現的方法跟種類。

(一) 利息

利息就是本金之外增加的部分，是我們所付出的借款代價其中一部分，只是本金是一次還清，利息是分年、分期攤還。組成利息的因子有三個：本金、利率、時間。舉例來說：東吳公司於民國99年向銀行貸款新台幣$100,000元，年利率為6%，所以一年東吳公司付給銀行的利息，就是$100,000×6% = $6,000。一般來說，利率代表的也是風險，我們必須知道一個通則，利率越高，風險越高；利率越低，風險也就越低，這是相對應的。而一個公司在投資跟舉債決策上，利率往往是列入考量的一個非常重要的判斷因子，因為這代表著公司取得資金的代價，或者是收穫的多寡。所以公司的決策，常常都會建立在利率考量的基礎上。

但是利率如何決定呢？上段我們有提到，影響利率的因子有三個，這裡就簡單的介紹一下這三個因子。

本金	我們在決策的基準上，目標所借或所投資的金額。
利率	就是一個百分比率，用來計算我們每期要付出的利息費用，是本金乘上百分之幾。
時間（期間）	我們所借或所投資的本金，在什麼時間內應該要償還或回收；也代表利息收付的期間。

針對這三個因子對利息費用的影響，我們整理一個通則如下：

$$利息 = 本金 \times 利率 \times 時間(期間)$$

‧當本金越高，其他兩個條件不變，利息越高。

‧當利率越高，其他兩者條件不變，利息越高。

‧當時間(期間)越長，其他兩者條件不變，利息越高。

1. 單利

釋例一

桃園公司99年1月1日向銀行借款\$30,000，年利率4%，則桃園公司到99年12月31日必須支付一年的利息，如下所示：

$$\$30,000 \times 4\% \times 1 = \$1,200$$

釋例二

承釋例一，若桃園公司借款\$60,000，其他條件不變，利息費用計算如下：

$$\$60,000 \times 4\% \times 1 = \$2,400$$

釋例三

承釋例一，若桃園公司借款年利率為6%，其他條件不變，利息費用為：

$$\$30,000 \times 6\% \times 1 = \$1,800$$

釋例四

承釋例一，若桃園公司借款兩年，其他條件不變，則利息費用是：

$$\$30,000 \times 4\% \times 2 = \$2,400$$

2. 複利

釋例一

桃園公司99年1月1日向銀行借款$30,000，年利率4%，則桃園公司到99年12月31日必須支付一年的利息，如下所示：

$$\$30,000 \times 4\% \times 1 = \$1,200$$

釋例二

承釋例一，若其他條件不變，在複利的情況下，桃園公司100年12月31日必須支付的利息費用計算如下：

$$(\$30,000 + \$1,200) \times 4\% \times 1 = \$1,248$$

釋例三

承釋例一，若其他條件不變，桃園公司101年12月31日必須支付的利息費用為：

$$(\$30,000 + \$1,200 + \$1,248) \times 4\% \times 1 = \$1,298$$

釋例四

承釋例一，若桃園公司借款兩年，其他條件不變，則利息費用是：

$$(\$30,000 + \$1,200 + \$1248 + \$1,298) \times 4\% \times 1 = \$1,350$$

3. 複利的問題

我們在決定報表上的入帳數字時，常常需要去考慮到這個資產或負債未來的價值，通常我們會有以下兩種分類去計算資產、負債的價值：

(1) 未知的終值：我們現在投資一個已知的金額，在一個特定利率下，一段期間後應該是多少的價值。若要利用此法，我們就要累計所有的現金流量到未來的時間點去，然後經由利率一直往上加乘，因為利息的關係，算出未來的價值比現在的價值高。

(2) 未知的現值：我們希望未來的一段時間後，投資金額是這麼多，那在一個特定利率下，現在應該投資多少錢。若要利用此法，我們要將未來所有的現金流量折現，因為少了利息的堆疊，累計起來應該比未來的終值來得低。

釋例一　複利終值

東吳公司想要投入一個本金（現值）$50,000，年利率為10%，為期5年的投資案，5年後的終值為：

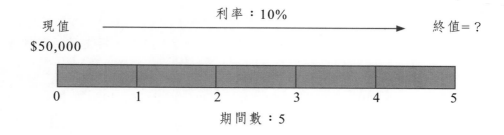

期間數：5

終值 ＝ 現值 × （複利終值因子）

$\qquad$ ＝ $50,000 × 1.61 （查表一）

$\qquad$ ＝ $80,500

釋例二　複利終值

中立公司想要投入一個本金（現值）$250,000，年利率為12%，為期10年的投資案，10年後的終值為：

終值 ＝ 現值 × （複利終值因子）

$\qquad$ ＝ $250,000 × 3.11 （查表一）

$\qquad$ ＝ $777,500

釋例三　複利現值

若假設釋例一的情況，東吳公司已知未來投資終值為$80,500，年利率10%，且這個投資案為期5年，則我們計算原始投資本金（現值）為以下：

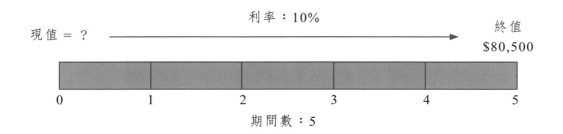

$$現值 = 終值 \times （複利現值因子）$$
$$= \$80,500 \times 0.62_{(查表二)}$$
$$= \$50,000（尾數差）$$

釋例四　複利現值

若假設釋例二的情況，中立公司已知未來投資終值為$777,500，年利率12%，且這個投資案為期10年，則我們計算原始投資本金（現值）為以下：

$$現值 = 終值 \times （複利現值因子）$$
$$= \$777,500 \times 0.322_{(查表二)}$$
$$= \$250,000（尾數差）$$

釋例五　複利現值

承範例四，假設中立公司已知這個投資案未來的終值為$777,500，現值投入是$250,000，投資案為期10年，則這個投資案的利率為：

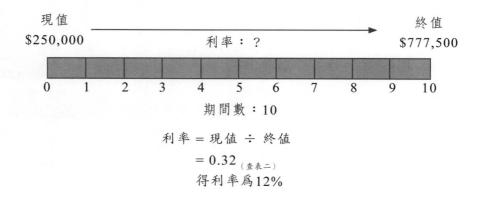

$$利率 = 現值 \div 終值$$
$$= 0.32_{(查表二)}$$
$$得利率為12\%$$

釋例六　複利現值

承釋例四，假設中立公司已知這個投資案未來的終值為$777,500，現值投入是$250,000，年利率為12%，則這個投資案的期間計算如下：

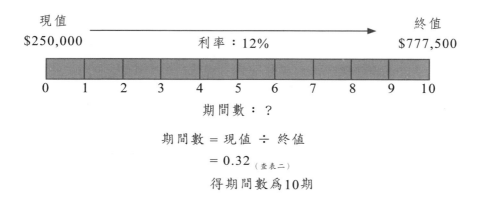

期間數 ＝ 現值 ÷ 終值

＝ 0.32 (查表二)

得期間數為10期

(二) 年金的問題

前面我們討論的問題較為簡單，只有一個單一的金額(本金)投入或收到，但常常我們的投資，是每隔一段時間就要投入一筆新的資金或是收到一筆新的現金，這樣就會變成投入或收到的金額不只單一筆，可能有第一筆的原始投資額或現金款，再加上後面每期另外投入或取得的現金，這時候我們就稱這種情況叫做「年金」。而年金的計算，其實就是將每期投入的金額都視為複利處理，所以每個投入的金額都會加上利息再繼續滾利息。

年金又分為：

1.年金終值

(1)普通年金：指每期期末才產生現金流量，再利用這些累計的現金流量去計算年金終值。

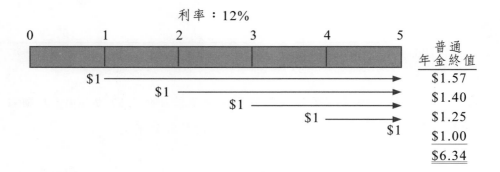

(2)到期年金：每期期初就會產生現金流量，一樣利用這些累計的現金流
量去計算年金終值。

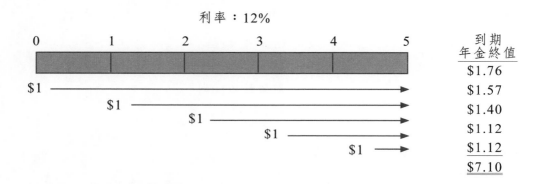

2. 年金現值

(1) 普通年金：每期期末產生的現金流量，累計後折現計算年金現值。

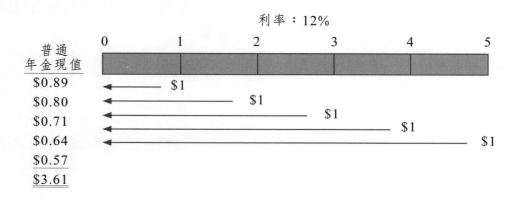

(2) 到期年金：累計每期期初產生現金流量，再折現去計算年金現值。

利率：12%

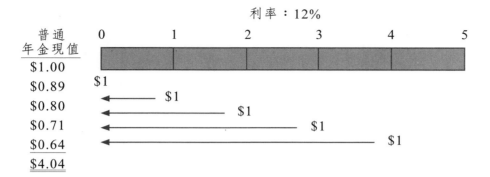

普通
年金現值
$1.00
$0.89
$0.80
$0.71
$0.64
$4.04

釋例一　年金終值──普通年金

　　假設貴陽公司有一個工程投資案，需要每年年底投入$16,000，而且工程持續有5年的時間，在年利率8%的情況下，5年過後工程投資案的終值為：

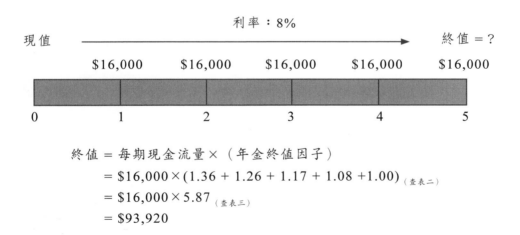

利率：8%

現值　　　　　　　　　　　　　　　　　　　　　　　終值＝？

$16,000　　$16,000　　$16,000　　$16,000　　$16,000

0　　　1　　　2　　　3　　　4　　　5

終值＝每期現金流量×（年金終值因子）
　　　＝$16,000×(1.36 + 1.26 + 1.17 + 1.08 + 1.00) (查表二)
　　　＝$16,000×5.87 (查表三)
　　　＝$93,920

釋例二　年金終值──到期年金

　　假設貴陽公司有一個工程投資案，需要每年年初投入$16,000，而且工程持續有5年的時間，在年利率8%的情況下，5年過後工程投資案的終值為：

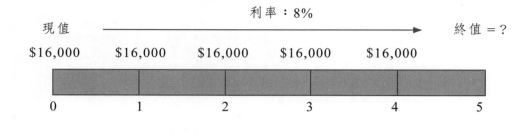

利率：8%
現值 → 終值＝？

$16,000 $16,000 $16,000 $16,000 $16,000

0   1   2   3   4   5

終值 ＝ 每期現金流量×（年金終值因子）
　　 ＝ $16,000×(1.47 ＋ 1.36 ＋ 1.26 ＋ 1.17 ＋ 1.08) (查表一)
　　 ＝ $16,000×6.34 (查表三)
　　 ＝ $101,440

釋例三　年金現值──普通年金

假設貴陽公司有一個工程投資案，需要每年年底投入$16,000，而且工程持續有5年的時間，在年利率8%的情況下，5年過後工程投資案的現值為：

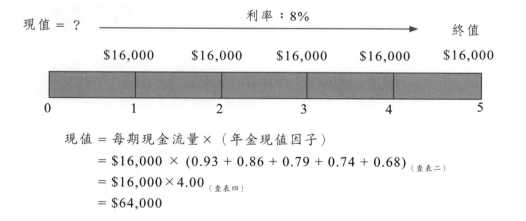

利率：8%
現值 ＝ ？ → 終值

$16,000 $16,000 $16,000 $16,000 $16,000

0   1   2   3   4   5

現值 ＝ 每期現金流量×（年金現值因子）
　　 ＝ $16,000 × (0.93 ＋ 0.86 ＋ 0.79 ＋ 0.74 ＋ 0.68) (查表二)
　　 ＝ $16,000×4.00 (查表四)
　　 ＝ $64,000

釋例四　年金現值──到期年金

假設貴陽公司有一個工程投資案，需要每年年初投入$16,000，而且工程持續有5年的時間，在年利率8%的情況下，5年過後，工程投資案的現值為：

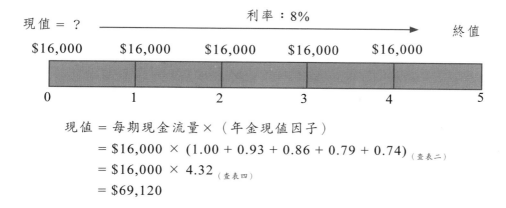

現值 = 每期現金流量 × （年金現值因子）
$$= \$16,000 \times (1.00 + 0.93 + 0.86 + 0.79 + 0.74)_{(\text{查表二})}$$
$$= \$16,000 \times 4.32_{(\text{查表四})}$$
$$= \$69,120$$

(三) 現值相關綜合題

釋例一

　　假設東吳公司於101年1月1號開始投入一個長期工程，預計在105年12月31日完工，每期期初投入資金 $19,200 ，已知年利率為7%，請計算若東吳公司於99年1月1日認列此長期工程則現值為多少？

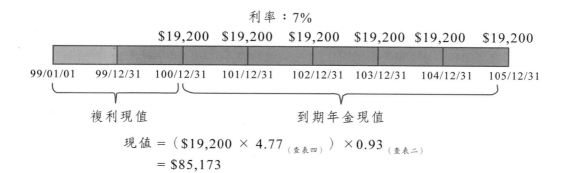

現值 =（$19,200 × 4.77_{(查表四)}）× 0.93_{(查表二)}
$$= \$85,173$$

釋例二

假設東吳公司於101年12月31號開始投入一個長期工程，預計在105年12月31日完工，每期期末投入資金 $19,200 ，已知年利率爲7%，請計算東吳公司於99年1月1日認列此長期工程的現值爲多少？

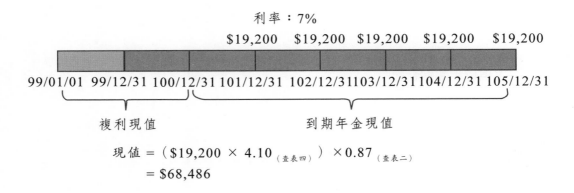

現值＝（$19,200 × 4.10 (查表四)）×0.87 (查表二)
　　＝$68,486

釋例三

假設東吳公司於101年12月31號開始投入一個長期工程，每期期初投入資金 $19,200，已知年利率爲7%，且東吳公司於99年1月1日就認列此長期工程的現值爲 $85,173，請問這個長期工程從99年1月1日決定執行開始，總花費期間爲幾年？

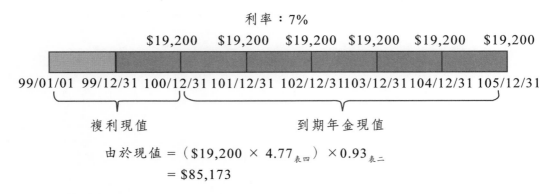

由於現值＝（$19,200 × 4.77 表四）×0.93 表二
　　　　＝$85,173

所以我們經由查表二、表四得到施工期間爲7年。

釋例四

假設東吳公司於101年12月31號開始投入一個長期工程，預計於105年12月31日完工，每期期初投入資金 $19,200 ，且東吳公司於99年1月1日就認列此長期工程的現值為 $85,173，請問年利率是多少？

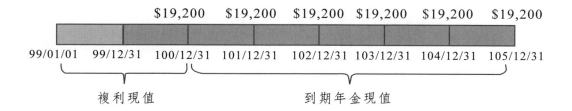

由於現值 ＝（$19,200 × 4.77 $_{(查表四)}$）×0.93 $_{(查表二)}$
　　　　　＝ $85,173

所以我們經由查表二、表四得到年利率為7%。

表一　複利終值表

	1%	2%	3%	4%	5%	6%	7%	8%	9%	10%	11%	12%	13%	14%	15%	16%	17%	18%	19%	20%
1	1.01	1.02	1.03	1.04	1.05	1.06	1.07	1.08	1.09	1.10	1.11	1.12	1.13	1.14	1.15	1.16	1.17	1.18	1.19	1.20
2	1.02	1.04	1.06	1.08	1.10	1.12	1.14	1.17	1.19	1.21	1.23	1.25	1.28	1.30	1.32	1.35	1.37	1.39	1.42	1.44
3	1.03	1.06	1.09	1.12	1.16	1.19	1.23	1.26	1.30	1.33	1.37	1.40	1.44	1.48	1.52	1.56	1.60	1.64	1.69	1.73
4	1.04	1.08	1.13	1.17	1.22	1.26	1.31	1.36	1.41	1.46	1.52	1.57	1.63	1.69	1.75	1.81	1.87	1.94	2.01	2.07
5	1.05	1.10	1.16	1.22	1.28	1.34	1.40	1.47	1.54	1.61	1.69	1.76	1.84	1.93	2.01	2.10	2.19	2.29	2.39	2.49
6	1.06	1.13	1.19	1.27	1.34	1.42	1.50	1.59	1.68	1.77	1.87	1.97	2.08	2.19	2.31	2.44	2.57	2.70	2.84	2.99
7	1.07	1.15	1.23	1.32	1.41	1.50	1.61	1.71	1.83	1.95	2.08	2.21	2.35	2.50	2.66	2.83	3.00	3.19	3.38	3.58
8	1.08	1.17	1.27	1.37	1.48	1.59	1.72	1.85	1.99	2.14	2.30	2.48	2.66	2.85	3.06	3.28	3.51	3.76	4.02	4.30
9	1.09	1.20	1.30	1.42	1.55	1.69	1.84	2.00	2.17	2.36	2.56	2.77	3.00	3.25	3.52	3.80	4.11	4.44	4.79	5.16
10	1.10	1.22	1.34	1.48	1.63	1.79	1.97	2.16	2.37	2.59	2.84	3.11	3.39	3.71	4.05	4.41	4.81	5.23	5.69	6.19
11	1.12	1.24	1.38	1.54	1.71	1.90	2.10	2.33	2.58	2.85	3.15	3.48	3.84	4.23	4.65	5.12	5.62	6.18	6.78	7.43
12	1.13	1.27	1.43	1.60	1.80	2.01	2.25	2.52	2.81	3.14	3.50	3.90	4.33	4.82	5.35	5.94	6.58	7.29	8.06	8.92
13	1.14	1.29	1.47	1.67	1.89	2.13	2.41	2.72	3.07	3.45	3.88	4.36	4.90	5.49	6.15	6.89	7.70	8.60	9.60	10.70
14	1.15	1.32	1.51	1.73	1.98	2.26	2.58	2.94	3.34	3.80	4.31	4.89	5.53	6.26	7.08	7.99	9.01	10.15	11.42	12.84
15	1.16	1.35	1.56	1.80	2.08	2.40	2.76	3.17	3.64	4.18	4.78	5.47	6.25	7.14	8.14	9.27	10.54	11.97	13.59	15.41
16	1.17	1.37	1.60	1.87	2.18	2.54	2.95	3.43	3.97	4.59	5.31	6.13	7.07	8.14	9.36	10.75	12.33	14.13	16.17	18.49
17	1.18	1.40	1.65	1.95	2.29	2.69	3.16	3.70	4.33	5.05	5.90	6.87	7.99	9.28	10.76	12.47	14.43	16.67	19.24	22.19
18	1.20	1.43	1.70	2.03	2.41	2.85	3.38	4.00	4.72	5.56	6.54	7.69	9.02	10.58	12.38	14.46	16.88	19.67	22.90	26.62
19	1.21	1.46	1.75	2.11	2.53	3.03	3.62	4.32	5.14	6.12	7.26	8.61	10.20	12.06	14.23	16.78	19.75	23.21	27.25	31.95
20	1.22	1.49	1.81	2.19	2.65	3.21	3.87	4.66	5.60	6.73	8.06	9.65	11.52	13.74	16.37	19.46	23.11	27.39	32.43	38.34
21	1.23	1.52	1.86	2.28	2.79	3.40	4.14	5.03	6.11	7.40	8.95	10.80	13.02	15.67	18.82	22.57	27.03	32.32	38.59	46.01
22	1.24	1.55	1.92	2.37	2.93	3.60	4.43	5.44	6.66	8.14	9.93	12.10	14.71	17.86	21.64	26.19	31.63	38.14	45.92	55.21
23	1.26	1.58	1.97	2.46	3.07	3.82	4.74	5.87	7.26	8.95	11.03	13.55	16.63	20.36	24.89	30.38	37.01	45.01	54.65	66.25
24	1.27	1.61	2.03	2.56	3.23	4.05	5.07	6.34	7.91	9.85	12.24	15.18	18.79	23.21	28.63	35.24	43.30	53.11	65.03	79.50
25	1.28	1.64	2.09	2.67	3.39	4.29	5.43	6.85	8.62	10.83	13.59	17.00	21.23	26.46	32.92	40.87	50.66	62.67	77.39	95.40
26	1.30	1.67	2.16	2.77	3.56	4.55	5.81	7.40	9.40	11.92	15.08	19.04	23.99	30.17	37.86	47.41	59.27	73.95	92.09	114.48
27	1.31	1.71	2.22	2.88	3.73	4.82	6.21	7.99	10.25	13.11	16.74	21.32	27.11	34.39	43.54	55.00	69.35	87.26	109.59	137.37
28	1.32	1.74	2.29	3.00	3.92	5.11	6.65	8.63	11.17	14.42	18.58	23.88	30.63	39.20	50.07	63.80	81.13	102.97	130.41	164.84
29	1.33	1.78	2.36	3.12	4.12	5.42	7.11	9.32	12.17	15.86	20.62	26.75	34.62	44.69	57.58	74.01	94.93	121.50	155.19	197.81
30	1.35	1.81	2.43	3.24	4.32	5.74	7.61	10.06	13.27	17.45	22.89	29.96	39.12	50.95	66.21	85.85	111.06	143.37	184.68	237.38

表二　複利現值表

	1%	2%	3%	4%	5%	6%	7%	8%	9%	10%	11%	12%	13%	14%	15%	16%	17%	18%	19%	20%
1	0.99	0.98	0.97	0.96	0.95	0.94	0.93	0.93	0.92	0.91	0.90	0.89	0.88	0.88	0.87	0.86	0.85	0.85	0.84	0.83
2	0.98	0.96	0.94	0.92	0.91	0.89	0.87	0.86	0.84	0.83	0.81	0.80	0.78	0.77	0.76	0.74	0.73	0.72	0.71	0.69
3	0.97	0.94	0.92	0.89	0.86	0.84	0.82	0.79	0.77	0.75	0.73	0.71	0.69	0.67	0.66	0.64	0.62	0.61	0.59	0.58
4	0.96	0.92	0.89	0.85	0.82	0.79	0.76	0.74	0.71	0.68	0.66	0.64	0.61	0.59	0.57	0.55	0.53	0.52	0.50	0.48
5	0.95	0.91	0.86	0.82	0.78	0.75	0.71	0.68	0.65	0.62	0.59	0.57	0.54	0.52	0.50	0.48	0.46	0.44	0.42	0.40
6	0.94	0.89	0.84	0.79	0.75	0.70	0.67	0.63	0.60	0.56	0.53	0.51	0.48	0.46	0.43	0.41	0.39	0.37	0.35	0.33
7	0.93	0.87	0.81	0.76	0.71	0.67	0.62	0.58	0.55	0.51	0.48	0.45	0.43	0.40	0.38	0.35	0.33	0.31	0.30	0.28
8	0.92	0.85	0.79	0.73	0.68	0.63	0.58	0.54	0.50	0.47	0.43	0.40	0.38	0.35	0.33	0.31	0.28	0.27	0.25	0.23
9	0.91	0.84	0.77	0.70	0.64	0.59	0.54	0.50	0.46	0.42	0.39	0.36	0.33	0.31	0.28	0.26	0.24	0.23	0.21	0.19
10	0.91	0.82	0.74	0.68	0.61	0.56	0.51	0.46	0.42	0.39	0.35	0.32	0.29	0.27	0.25	0.23	0.21	0.19	0.18	0.16
11	0.90	0.80	0.72	0.65	0.58	0.53	0.48	0.43	0.39	0.35	0.32	0.29	0.26	0.24	0.21	0.20	0.18	0.16	0.15	0.13
12	0.89	0.79	0.70	0.62	0.56	0.50	0.44	0.40	0.36	0.32	0.29	0.26	0.23	0.21	0.19	0.17	0.15	0.14	0.12	0.11
13	0.88	0.77	0.68	0.60	0.53	0.47	0.41	0.37	0.33	0.29	0.26	0.23	0.20	0.18	0.16	0.15	0.13	0.12	0.10	0.09
14	0.87	0.76	0.66	0.58	0.51	0.44	0.39	0.34	0.30	0.26	0.23	0.20	0.18	0.16	0.14	0.13	0.11	0.10	0.09	0.08
15	0.86	0.74	0.64	0.56	0.48	0.42	0.36	0.32	0.27	0.24	0.21	0.18	0.16	0.14	0.12	0.11	0.09	0.08	0.07	0.06
16	0.85	0.73	0.62	0.53	0.46	0.39	0.34	0.29	0.25	0.22	0.19	0.16	0.14	0.12	0.11	0.09	0.08	0.07	0.06	0.05
17	0.84	0.71	0.61	0.51	0.44	0.37	0.32	0.27	0.23	0.20	0.17	0.15	0.13	0.11	0.09	0.08	0.07	0.06	0.05	0.05
18	0.84	0.70	0.59	0.49	0.42	0.35	0.30	0.25	0.21	0.18	0.15	0.13	0.11	0.09	0.08	0.07	0.06	0.05	0.04	0.04
19	0.83	0.69	0.57	0.47	0.40	0.33	0.28	0.23	0.19	0.16	0.14	0.12	0.10	0.08	0.07	0.06	0.05	0.04	0.04	0.03
20	0.82	0.67	0.55	0.46	0.38	0.31	0.26	0.21	0.18	0.15	0.12	0.10	0.09	0.07	0.06	0.05	0.04	0.04	0.03	0.03
21	0.81	0.66	0.54	0.44	0.36	0.29	0.24	0.20	0.16	0.14	0.11	0.09	0.08	0.06	0.05	0.04	0.04	0.03	0.03	0.02
22	0.80	0.65	0.52	0.42	0.34	0.28	0.23	0.18	0.15	0.12	0.10	0.08	0.07	0.06	0.05	0.04	0.03	0.03	0.02	0.02
23	0.80	0.63	0.51	0.41	0.33	0.26	0.21	0.17	0.14	0.11	0.09	0.07	0.06	0.05	0.04	0.03	0.03	0.02	0.02	0.02
24	0.79	0.62	0.49	0.39	0.31	0.25	0.20	0.16	0.13	0.10	0.08	0.07	0.05	0.04	0.04	0.03	0.02	0.02	0.02	0.01
25	0.78	0.61	0.48	0.38	0.30	0.23	0.18	0.15	0.12	0.09	0.07	0.06	0.05	0.04	0.03	0.02	0.02	0.02	0.01	0.01
26	0.77	0.60	0.46	0.36	0.28	0.22	0.17	0.14	0.11	0.08	0.07	0.05	0.04	0.03	0.03	0.02	0.02	0.01	0.01	0.01
27	0.76	0.59	0.45	0.35	0.27	0.21	0.16	0.13	0.10	0.08	0.06	0.05	0.04	0.03	0.02	0.02	0.01	0.01	0.01	0.01
28	0.76	0.57	0.44	0.33	0.26	0.20	0.15	0.12	0.09	0.07	0.05	0.04	0.03	0.03	0.02	0.02	0.01	0.01	0.01	0.01
29	0.75	0.56	0.42	0.32	0.24	0.18	0.14	0.11	0.08	0.06	0.05	0.04	0.03	0.02	0.02	0.01	0.01	0.01	0.01	0.01
30	0.74	0.55	0.41	0.31	0.23	0.17	0.13	0.10	0.08	0.06	0.04	0.03	0.03	0.02	0.02	0.01	0.01	0.01	0.01	0.00

引用自http://mplwt0715.pixnet.net/blog/post/24204860

表三　年金終值表

N	1%	2%	3%	4%	5%	6%	7%	8%	9%	10%	11%	12%	13%	14%	15%	20%
1	1.00	1.00	1.00	1.00	1.00	1.00	1.00	1.00	1.00	1.00	1.00	1.00	1.00	1.00	1.00	1.00
2	2.01	2.02	2.03	2.04	2.05	2.06	2.07	2.08	2.09	2.10	2.11	2.12	2.13	2.14	2.15	2.20
3	3.03	3.06	3.09	3.12	3.15	3.18	3.21	3.25	3.28	3.31	3.34	3.37	3.41	3.44	3.47	3.64
4	4.06	4.12	4.18	4.25	4.31	4.37	4.44	4.51	4.57	4.64	4.71	4.78	4.85	4.92	4.99	5.37
5	5.10	5.20	5.31	5.42	5.53	5.64	5.75	5.87	5.98	6.11	6.23	6.35	6.48	6.61	6.74	7.44
6	6.15	6.31	6.47	6.63	6.80	6.98	7.15	7.34	7.52	7.72	7.91	8.12	8.32	8.54	8.75	9.93
7	7.21	7.43	7.66	7.90	8.14	8.39	8.65	8.92	9.20	9.49	9.78	10.09	10.40	10.73	11.07	12.92
8	8.29	8.58	8.89	9.21	9.55	9.90	10.26	10.64	11.03	11.44	11.86	12.30	12.76	13.23	13.73	16.50
9	9.37	9.75	10.16	10.58	11.03	11.49	11.98	12.49	13.02	13.58	14.16	14.78	15.42	16.09	16.79	20.80
10	10.46	10.95	11.46	12.01	12.58	13.18	13.82	14.49	15.19	15.94	16.72	17.55	18.42	19.34	20.30	25.96
11	11.57	12.17	12.81	13.49	14.21	14.97	15.78	16.65	17.56	18.53	19.56	20.65	21.81	23.04	24.35	32.15
12	12.68	13.41	14.19	15.03	15.92	16.87	17.89	18.98	20.14	21.38	22.71	24.13	25.65	27.27	29.00	39.58
13	13.81	14.68	15.62	16.63	17.71	18.88	20.14	21.50	22.95	24.52	26.21	28.03	29.98	32.09	34.35	48.50
14	14.95	15.97	17.09	18.29	19.60	21.02	22.55	24.21	26.02	27.97	30.09	32.39	34.88	37.58	40.50	59.20
15	16.10	17.29	18.60	20.02	21.58	23.28	25.13	27.15	29.36	31.77	34.41	37.28	40.42	43.84	47.58	72.04
16	17.26	18.64	20.16	21.82	23.66	25.67	27.89	30.32	33.00	35.95	39.19	42.75	46.67	50.98	55.72	87.44
17	18.43	20.01	21.76	23.70	25.84	28.21	30.84	33.75	36.97	40.54	44.50	48.88	53.74	59.12	65.08	105.93
18	19.61	21.41	23.41	25.65	28.13	30.91	34.00	37.45	41.30	45.60	50.40	55.75	61.73	68.39	75.84	128.12
19	20.81	22.84	25.12	27.67	30.54	33.76	37.38	41.45	46.02	51.16	56.94	63.44	70.75	78.97	88.21	154.74
20	22.02	24.30	26.87	29.78	33.07	36.79	41.00	45.76	51.16	57.27	64.20	72.05	80.95	91.02	102.44	186.69
21	23.24	25.78	28.68	31.97	35.72	39.99	44.87	50.42	56.76	64.00	72.27	81.70	92.47	104.77	118.81	225.03
22	24.47	27.30	30.54	34.25	38.51	43.39	49.01	55.46	62.87	71.40	81.21	92.50	105.49	120.44	137.63	271.03
23	25.72	28.84	32.45	36.62	41.43	47.00	53.44	60.89	69.53	79.54	91.15	104.60	120.20	138.30	159.28	326.24
24	26.97	30.42	34.43	39.08	44.50	50.82	58.18	66.76	76.79	88.50	102.17	118.16	136.83	158.66	184.17	392.48
25	28.24	32.03	36.46	41.65	47.73	54.86	63.25	73.11	84.70	98.35	114.41	133.33	155.62	181.87	212.79	471.98
26	29.53	33.67	38.55	44.31	51.11	59.16	68.68	79.95	93.32	109.18	128.00	150.33	176.85	208.33	245.71	567.38
27	30.82	35.34	40.71	47.08	54.67	63.71	74.48	87.35	102.72	121.10	143.08	169.37	200.84	238.50	283.57	681.85
28	32.13	37.05	42.93	49.97	58.40	68.53	80.70	95.34	112.97	134.21	159.82	190.70	227.95	272.89	327.10	819.22
29	33.45	38.79	45.22	52.97	62.32	73.64	87.35	103.97	124.14	148.63	178.40	214.58	258.58	312.09	377.17	984.07
30	34.78	40.57	47.58	56.08	66.44	79.06	94.46	113.28	136.31	164.49	199.02	241.33	293.20	356.79	434.75	1181.88

表四　年金現值表

N	1%	2%	3%	4%	5%	6%	7%	8%	9%	10%	11%	12%	13%	14%	15%	16%	17%	18%	19%	20%
1	0.99	0.98	0.97	0.96	0.95	0.94	0.93	0.93	0.92	0.91	0.90	0.89	0.88	0.88	0.87	0.86	0.85	0.85	0.84	0.83
2	1.97	1.94	1.91	1.89	1.86	1.83	1.81	1.78	1.76	1.74	1.71	1.69	1.67	1.65	1.63	1.61	1.59	1.57	1.55	1.53
3	2.94	2.88	2.83	2.78	2.72	2.67	2.62	2.58	2.53	2.49	2.44	2.40	2.36	2.32	2.28	2.25	2.21	2.17	2.14	2.11
4	3.90	3.81	3.72	3.63	3.55	3.47	3.39	3.31	3.24	3.17	3.10	3.04	2.97	2.91	2.85	2.80	2.74	2.69	2.64	2.59
5	4.85	4.71	4.58	4.45	4.33	4.21	4.10	3.99	3.89	3.79	3.70	3.60	3.52	3.43	3.35	3.27	3.20	3.13	3.06	2.99
6	5.80	5.60	5.42	5.24	5.08	4.92	4.77	4.62	4.49	4.36	4.23	4.11	4.00	3.89	3.78	3.68	3.59	3.50	3.41	3.33
7	6.73	6.47	6.23	6.00	5.79	5.58	5.39	5.21	5.03	4.87	4.71	4.56	4.42	4.29	4.16	4.04	3.92	3.81	3.71	3.60
8	7.65	7.33	7.02	6.73	6.46	6.21	5.97	5.75	5.53	5.33	5.15	4.97	4.80	4.64	4.49	4.34	4.21	4.08	3.95	3.84
9	8.57	8.16	7.79	7.44	7.11	6.80	6.52	6.25	6.00	5.76	5.54	5.33	5.13	4.95	4.77	4.61	4.45	4.30	4.16	4.03
10	9.47	8.98	8.53	8.11	7.72	7.36	7.02	6.71	6.42	6.14	5.89	5.65	5.43	5.22	5.02	4.83	4.66	4.49	4.34	4.19
11	10.37	9.79	9.25	8.76	8.31	7.89	7.50	7.14	6.81	6.50	6.21	5.94	5.69	5.45	5.23	5.03	4.84	4.66	4.49	4.33
12	11.26	10.58	9.95	9.39	8.86	8.38	7.94	7.54	7.16	6.81	6.49	6.19	5.92	5.66	5.42	5.20	4.99	4.79	4.61	4.44
13	12.13	11.35	10.63	9.99	9.39	8.85	8.36	7.90	7.49	7.10	6.75	6.42	6.12	5.84	5.58	5.34	5.12	4.91	4.71	4.53
14	13.00	12.11	11.30	10.56	9.90	9.29	8.75	8.24	7.79	7.37	6.98	6.63	6.30	6.00	5.72	5.47	5.23	5.01	4.80	4.61
15	13.87	12.85	11.94	11.12	10.38	9.71	9.11	8.56	8.06	7.61	7.19	6.81	6.46	6.14	5.85	5.58	5.32	5.09	4.88	4.68
16	14.72	13.58	12.56	11.65	10.84	10.11	9.45	8.85	8.31	7.82	7.38	6.97	6.60	6.27	5.95	5.67	5.41	5.16	4.94	4.73
17	15.56	14.29	13.17	12.17	11.27	10.48	9.76	9.12	8.54	8.02	7.55	7.12	6.73	6.37	6.05	5.75	5.47	5.22	4.99	4.77
18	16.40	14.99	13.75	12.66	11.69	10.83	10.06	9.37	8.76	8.20	7.70	7.25	6.84	6.47	6.13	5.82	5.53	5.27	5.03	4.81
19	17.23	15.68	14.32	13.13	12.09	11.16	10.34	9.60	8.95	8.36	7.84	7.37	6.94	6.55	6.20	5.88	5.58	5.32	5.07	4.84
20	18.05	16.35	14.88	13.59	12.46	11.47	10.59	9.82	9.13	8.51	7.96	7.47	7.02	6.62	6.26	5.93	5.63	5.35	5.10	4.87
21	18.86	17.01	15.42	14.03	12.82	11.76	10.84	10.02	9.29	8.65	8.08	7.56	7.10	6.69	6.31	5.97	5.66	5.38	5.13	4.89
22	19.66	17.66	15.94	14.45	13.16	12.04	11.06	10.20	9.44	8.77	8.18	7.64	7.17	6.74	6.36	6.01	5.70	5.41	5.15	4.91
23	20.46	18.29	16.44	14.86	13.49	12.30	11.27	10.37	9.58	8.88	8.27	7.72	7.23	6.79	6.40	6.04	5.72	5.43	5.17	4.92
24	21.24	18.91	16.94	15.25	13.80	12.55	11.47	10.53	9.71	8.99	8.35	7.78	7.28	6.84	6.43	6.07	5.75	5.45	5.18	4.94
25	22.02	19.52	17.41	15.62	14.09	12.78	11.65	10.67	9.82	9.08	8.42	7.84	7.33	6.87	6.46	6.10	5.77	5.47	5.20	4.95
26	22.80	20.12	17.88	15.98	14.38	13.00	11.83	10.81	9.93	9.16	8.49	7.90	7.37	6.91	6.49	6.12	5.78	5.48	5.21	4.96
27	23.56	20.71	18.33	16.33	14.64	13.21	11.99	10.94	10.03	9.24	8.55	7.94	7.41	6.94	6.51	6.14	5.80	5.49	5.22	4.96
28	24.32	21.28	18.76	16.66	14.90	13.41	12.14	11.05	10.12	9.31	8.60	7.98	7.44	6.96	6.53	6.15	5.81	5.50	5.22	4.97
29	25.07	21.84	19.19	16.98	15.14	13.59	12.28	11.16	10.20	9.37	8.65	8.02	7.47	6.98	6.55	6.17	5.82	5.51	5.23	4.97
30	25.81	22.40	19.60	17.29	15.37	13.76	12.41	11.26	10.27	9.43	8.69	8.06	7.50	7.00	6.57	6.18	5.83	5.52	5.23	4.98

引用自 http://mplwt0715.pixnet.net/blog/post/24204863

習　題

一、選擇題

( ) 1. 以下何種會計處理未使用現值的觀念？ (A)預付費用 (B)租賃 (C)退休金及給付義務 (D)長期應收票據。

( ) 2. 計算利息應考慮下列何者？ (A)期間 (B)本金 (C)利率 (D)以上皆是。

( ) 3. 何者非採用年金方式計算現值的特性？ (A)每期間長短相等 (B)每期現金流量相等 (C)折現的現金流量以年為一期，不可利用季、月或其他相等之期間作為計算現值之期間 (D)同樣的期間、本金及利率的情況下，年金現值等於每期複利現值之加總。

( ) 4. 何謂現值？ (A)未來現金流量現在的價值 (B)為了產生未來可預期的現金流量現在所投入的價值 (C)總是小於或等於未來現金流量 (D)以上皆是。

( ) 5. 複利現值與年金現值的主要差異在於： (A)利率 (B)期間 (C)本金 (D)以上皆非。

( ) 6. 以下何者敘述為真？ (A)假設租賃資產之每期租金發生在期初，則使用複利現值計算一筆租金即可 (B)假設租賃資產之每期租金發生在期末，則使用複利現值計算一筆租金即可 (C)假設租賃資產之每期租金發生在期末，則使用到期年金現值計算所有租金即可 (D)假設租賃資產之每期租金發生在期初，則使用到期年金現值計算所有租金即可。

( ) 7. 股超公司有一長期應收票據，年利率12%，票據期間為4年，每季付息一次，則股超公司的折現因子應選擇： (A)16期，3%，年金現值因子 (B)4期，12%，年金現值因子 (C)16期，3%，複利現值因子 (D)4期，12%，複利現值因子。

( ) 8. 複利現值因子與複利終值因子之間的關係，以下何者為真？ (A)複利現值因子＝複利終值因子+1 (B)複利現值因子＝1+複利終值因子少一期 (C)複利現值因子＝1÷複利終值因子 (D)複利現值因子＝1+複利終值因子多一期。

( ) 9. 下列敘述何者正確？ (A)折現利率越高時，現值越高 (B)複利利息的累積稱為貼現 (C)有一10%利率之存款$1,000，一年後的價值為$1,100 (D)現值隨著時間的經過，越接近到期日越偏離未來現金流量價值。

（　）10.邦尼先生想知道如果他未來想存到一筆金額，則每個月應該固定存多少錢，他可以使用哪個方式計算？ （A)複利終值 (B)複利現值 (C)年金終值 (D)年金現值。

（　）11.惠知兩個月後要去日本玩，她預計旅費\$30,000，利率12%，則今天她應存入多少錢？ (A)\$30,000 (B)\$29,409 (C)\$23,916 (D)\$26,786。

（　）12.楷崴今年開始工作，希望在40年之後可以存到\$50,000,000，目前的利率水準為3%，則每年楷崴應該存多少錢？ (A)\$1,250,000 (B)\$2,750,000 (C)\$2,163,119 (D)\$1,287,500。

（　）13.你有一筆投資，每年底取得\$10,000的利息收入，十年後歸還投入的本金\$120,000，請問該筆投資之現值為多少？假設利率9%。 (A)\$114,866 (B)\$220,000 (C)\$50,689 (D)\$64,177。

（　）14.安安目前手上有\$500,000的現金，她需要\$1,000,000的現金支付購屋的自備款，假設她將\$500,000存入銀行可以取得8%的利率，則她需要多少年才可以累積超過所需的\$1,000,000？ (A)9年 (B)10年 (C)11年 (D)12年。

試根據以下資訊回答第15至17題：

期間（年）	複利終值8%
1	1.08000
2	1.16640
3	1.25971
4	1.36049
5	1.46933
6	1.58687

（　）15.若今天存\$10,000進入銀行，三年後的終值為： (A)\$10,000×1.25971×3 (B)\$10,000/1.25971×3 (C)\$10,000×1.25971 (D)\$10,000/1.25971。

（　）16.若希望三年後可以有終值\$10,000，則今年應存入多少錢？ (A) \$10,000×1.25971×3 (B) \$10,000×1.25971 (C)\$10,000/1.25971 (D) \$10,000/1.25971×3。

（　）17.若每年存入\$10,000共存三年，三年後的終值為： (A)\$10,000/1.25971 (B)\$10,000/(1.08000+1.16640+1.25971) (C)\$10,000×1.25971×3 (D)\$10,000×(1.08000+1.16640+1.25971)。

試根據以下資訊回答第18至20題：

期間（年）	複利現值10%
1	0.09091
2	0.82645
3	0.75131
4	0.68301
5	0.62092
6	0.56447

（　）18.若手上有一張5年後到期的票據$40,000的現金，則該票據今天應入帳的金額為：(A)$40,000×0.62092　(B)$40,000/0.62092　(C)$40,000×(0.09091+0.82645+0.75131+0.68301+0.62092)　(D)$40,000×0.62092×5。

（　）19.承上題，假若該票據每年另外給予$2,000的利息，則該票據應入帳的現值金額為：　(A)$40,000×0.62092+$2,000×5　(B)$40,000×0.62092+$2,000×(0.09091+0.82645+0.75131+0.68301+0.62092)　(C)$40,000+$2,000×5　(D)($40,000+$2,000)×(0.09091+0.82645+0.75131+0.68301+0.62092)。

（　）20.假設第二年底開始至第五年底，每年存$10,000，則今天應入帳之現值金額為(A)$10,000×(0.09091+0.82645+0.75131+0.68301)×0.82645　(B)$10,000×(0.09091+0.82645+0.75131+0.68301+0.62092)　(C)$10,000×(0.09091+0.82645+0.75131+0.68301)/0.82645　(D)$10,000/(0.09091+0.82645+0.75131+0.68301+0.62092)。

二、計算題

1.請將以下的數線圖與終值現值因子相配合

(1) 複利終值　　　　　a.　

(2) 普通年金終值　　　b.　

(3) 到期年金終值　　　c.　

(4) 複利現值　　　　　d.　

(5) 普通年金現值　　　e.　

(6) 到期年金現值　　　f.

2.倍透公司有兩個租賃合約。

甲租賃合約：該租賃合約為一辦公設備的租賃合約，該辦公設備的現值為 $36,048，倍透公司決定以每年支付$10,000的金額承租該辦公設備五年，請計算該合約的利率。

乙租賃合約：此租賃合約為一機器的租賃合約，該機器可以在今天以$57,489的價格買入，但倍透公司決定以每年底支付$12,000的方式租賃該機器，假設利率為10%，請問租賃合約為幾年？

3.傑米公司承租了一個小型的商業用電腦，租期10年，每年底付$4,000，傑米公司的借款條件為8%，以下為終值現值因子資料：

	九期	十期	十一期
複利終值	1.99900	2.15892	2.33164
複利現值	0.50025	0.46319	0.42888
普通年金終值	12.48756	14.48656	16.64549
普通年金現值	6.24689	6.71008	7.13896
到期年金現值	6.74664	7.24689	7.71008

(1)試計算該租賃合約的現值。

(2)承第(1)題，所有條件不變，除了每期租金改為年初支付，試計算租賃合約的現值。

4.崔媽媽公司計畫10年後買房子，自備款必須有$3,000,000，利率為8%，請問崔媽媽每一年的年初應至少存多少錢才夠？(8%，10期普通年金現值因子=6.71008；8%，9期普通年金現值因子=6.24689)

5.楊爸爸公司有一長期應付票據，本金$1,000,000，為期5年，利率12%，每年初支付利息$5,000，試計算該應付票據之現值。(五年12%複利現值因子=0.56743；五年12%普通年金現值因子=3.60478；四年12%普通年金現值因子=3.03735)

解答：

一、選擇題

1. A	2. D	3. C	4. D	5. B	6. D	7. A	8. C	9. C	10. D
11. B	12. C	13. A	14. B	15. C	16. C	17. D	18. A	19. B	20. A

二、計算題

1.

(1) e	(2) b	(3) f
(4) a	(5) d	(6) c

2.甲租賃合約：

五年普通年金現值因子＝$36,048/$10,000=$3.6048

可藉由差補法得到利率為12%

乙租賃合約：

普通年金現值因子＝$57,489/$12,000=4.79075

由利率10%可得到租賃期間為6年

3.(1)現值＝$4,000×6.71008=$26,840

(2)現值＝$4,000×7.24689=28,988

4.假設每年初至少應存X元

X×(6.24689+1)≧$3,000,000

X≧$413,971

每年應至少存$431,971元

5.本金$1,000,000×0.56743=$567,430

利息$5,000×(3.03735+1)=$20,187

現值＝$567,430+$20,178=$587,608

第五章
現金與應收款項

Nortel Network（加拿大）是一家歷史超過百年的網路公司，股價於2000年時達到每股$124.50，但是到2009年破產時只剩下1.2分錢。Nortel Network究竟發生了什麼事？為什麼忽然會有這麼大的轉變？首先是在產業環境競爭激烈的情況下，公司管理階層制定出錯誤的決策，導致在2000年網路科技泡沫化發生時，公司營運開始遭遇到重大的打擊。其次是從公司內部發生的財務醜聞，使三位高階管理階層將面臨法律訴訟。

財務醜聞的起因是來自於管理階層操縱應收帳款的備抵壞帳（Allowance for doubtful account）項目而發生，操縱的結果，確使這幾位高階管理階層可以領取額外的紅利，這究竟是怎麼操縱的呢？原來Nortel使用了「糖果罐」（cookie jar）讓公司「獲利」！公司在2002年營運良好的會計年度時，提高備抵壞帳的金額，造成當年度提列大量的壞帳費用。然後2003年營運較不佳時，在賒銷金額與前年度相比幾乎無變化之下，卻大幅削減壞帳費用認列的額度，使Nortel公司於2003年的淨利大幅提升。Nortel公司在2002年備抵壞帳占應收帳款的金額為19%，2003年時卻大幅降至10%！

備抵壞帳在這兩年間的變化雖然如此巨大，但其實我們很難武斷地解釋就2002年當時的狀況來說，備抵壞帳確實太高，或2003年時確實太少，因為還需要同時分析當時的外在因素。但無論如何，藉由對備抵壞帳的控制確實讓Nortel公司在2003年時取得較高的獲利。

因此分析師們建議，在閱讀財務報表的時候，應該特別注意公司每年的壞帳費用變化。Nortel公司還是屬於非金融業（non-financial）的案例，金融業壞帳費用的問題才是更讓人提心吊膽！直到2009年中為止，應收款的品質依然非常不佳！而且相信還會持續一段時間。美國的銀行平均備抵貸款損失（Loan-loss Allowance）為1~2%，這個項目在美國前四大金融機構的數據為：花旗集團（Citigroup）：5.6%；摩根富利明（J.P.Morgan）：5.0%；美國銀行（Bank of America）：3.6%；富國銀行（Wells Fargo）：2.9%。

一、定義與概念基本介紹

人與人之間的交易是從最原始的以物易物開始，藉由交易來換取彼此所需

要的商品或勞務以滿足需求。但是很快的，人們發現這樣的交易方式太沒有效率了，因為除了交易的速度慢外，還會增加許多無謂的交易成本，反而不利於貿易的發展，因此人們發展出用貨幣來取代過去的以物易物交易方式，使交易的過程更為便捷。因此憑藉著貨幣具有的高度流動的特性而增加了交易的速度，也降低了交易的成本。漸漸的，商品與勞務都以貨幣作為計價的單位。

但隨著貿易的擴張，貨物與勞務的交易量急速增加下，人們對交易的效率又更進一步要求，因此建立了信用制度，並發展形成了應收款（receivable），在貨幣不足的情況下，也可以迅速地完成交易。

在IAS 39的定義下，放款及應收款（Loans and receivables）為具有固定或已決定支付款的非衍生性金融資產，並不會在活絡市場上公開報價。因此根據公報的歸類，將應收款歸類為金融商品。一般來說，應收款的發生，應是來自於企業的一般正常交易，金融資產如股票、債券等，都有活絡市場的公開報價，所以會被分類為企業的投資項目而非應收款。

二、會計問題與制度沿革

在概念中提到人們以貨幣作為交易的媒介，基本上，以貨幣進行的交易不會產生太大的問題，主要問題會發生在應收款的部分。由於企業交易是以賺取現金的流入為目的，因此當企業以賒銷方式完成交易時，未來現金流量最後是否會流入企業，就會有風險存在。所以企業應該對應收款的可回收性做合理的評估，畢竟未來的事誰也沒有百分之百的把握。但這時問題就來了，準則僅對壞帳認列的方式做規範，但是在壞帳估計的方式上是讓企業管理階層自行判斷，其實準則也無法對這方面強制規定，因為各行各業都有其特性，很難以統一的標準規定企業認列壞帳的金額。

但一般企業判斷的方式，除了外在客觀環境的因素外，就是依照歷史經驗的判斷，也因此讓管理階層有操作盈餘的空間，這個問題也成為財務報表使用者需特別注意的地方。

另外在應收款的減損議題上也有爭論，由於放款及應收款屬於金融資產的一種，按照目前的做法是採「已發生損失模式」，即減損要在有充分的證據下

才得以認列，但這樣的減損認列方式在金融海嘯時遭到了嚴重批評，因爲有人認爲該法可使企業要等到危機幾乎要發生時才認列減損，這在資訊不對稱的環境裡，會使財務報表使用者在根本來不及反應的情況下遭受損失。因此IASB在承受相當大的壓力下，預計將減損的做法改爲「預計損失模式」，該法是在金融資產形成時，即要求企業對未來的現金流量做出充分的估計，並考慮未來發生減損的可能，然後就未來的現金流量設算該金融資產的利率。

IASB規定的減損模式似乎立意良善，但未來若施行了，在效果上還需要再研究與觀察。因爲雖然企業一開始就預計未來的現金流量，但若借款的期間長達一、二十年，企業又如何能準確判斷未來發生的事？又如何才能驗證估計的結果是合理的？最後是否還會成爲管理階層操作盈餘的工具？如果是這樣的話，那麼改變使用的模式又顯得不必要了。

三、相關名詞解釋

(一) 現金及約當現金

「現金」包含了硬幣、貨幣及銀行存款，在金融資產中具有高度流動的特性，而高流動性也使其成爲交易的媒介，因此也成爲了會計上作爲衡量入帳的基礎。就會計上來說，現金還包含了匯票、本票、支票或個人支票等短期內可轉換成現金且流動性極高的票據，因此可以發現到，在會計上強調的是標的物的特性，繼而賦予其定義，而不限於其外在的型態。

正因爲會計強調的是特性，因此在考慮公司現金的存量時，也會一併考慮其他具有高度流動特性的金融資產。諸如某些短期投資，因爲短期內可轉換成現金且交易成本低，或利率的變動對其本身價值的影響較小等特性，而爲了與一般交易用的現金做區別，我們稱這些短期投資爲「約當現金」（Cash equivalence），在財務狀況表中視爲現金項目，但是在現金流量表時會嚴格區分開來。

(二) 現金管理對企業的重要性

現金對企業的重要性，可以從財務狀況表的負債與股東權益來解釋。以負債來看現金持有的目的，即是為了債務到期時企業能夠有足夠的現金償還能力，以維持其誠信；以股東權益來看，企業必須以獲利來對廣大投資者有所交代，而這就牽涉到資金運用的有效性。

因此現金管理的目的，便是以「流動性」與「有效運用」作為管理的指標。為了維持適當的現金流量，就有賴於「現金規劃」的設計，其方法則為「現金預算」的編製，這部分就牽涉到成本會計的範疇，在此便不多做說明。

另外，現金由於流動性極大，容易發生舞弊情事，因此完善的職能分工就顯得相當重要，而這就有賴於企業良好的「內部控制制度」加以避免。這部分因牽涉到審計的範疇，在此也就不多加描述。

(三) 現金的表達與揭露

現金的報導通常相當直接，但是以下與現金有關的事項，是在對現金科目做評估時須納入考慮的因素：

1. 限定用途

現金通常依據其用途而有不同的分類。非限定用途現金可使用於各種營業活動。限定用途現金是則被指定為具特殊目的或使用用途的現金（例如：指定用來購買廠房設備），在財務報表上也應附註揭露其性質、金額以及限制的期間。以下為限定用途現金的分類方法：

(1) 若限定原因與流動資產或負債有關，則該筆限制用途現金應分類為流動資產，且與非限定用途現金分開列示。

(2) 若限定原因與非流動資產或負債有關，則該筆限制用途現金應分類為非流動資產且與長期投資及其他資產項目分開列示。

(3) 若有任何部分的現金或約當現金遭企業管理階層限制用途，則該筆金額應依其預定支付的時間列為流動或長期資產。

2. 銀行透支（Bank Overdraft）

　　企業交易不一定都使用現金支付，更經常使用支票付款，因此企業就必須有足夠的銀行存款，使賣方可以提領兌現。當存款不足時，銀行會將企業的支票退票，就是俗稱的「跳票」，此時若企業還有一定的信用額度，銀行就會幫企業先代墊，則公司帳上會產生貸方餘額，此即銀行透支。

　　至於銀行透支是否能與現金科目直接合併？目前的做法是，除非在企業透支的銀行中還開有另一個帳戶，且該帳戶仍有餘額可以支付透支部分，此時才允許相互抵銷。否則，依據會計上資產和負債間無法相互抵銷的原則，銀行透支是無法直接與其他存款餘額相互抵銷的。

3. 借款回存（Compensating Balance）

　　企業向銀行借款時，銀行可能會要求企業回存一部分的借款金額，而且該部分依據契約通常不能隨意動用，此回存部分即稱之為「借款回存」或「補償性存款」。

　　可以發現，回存的結果將使企業可以動用的現金減少，而使實際負擔的利息增加，等於是變相補償銀行的放款利息，所以才會有「補償性存款」之稱。

　　例如假設企業借款$100,000，年利率10%，銀行也同時要求企業回存借款金額的10%，存款利率為4%，則該筆借款的有效利率為多少呢？答案當然不是10%，因為實際可以動用的資金並非$100,000，而只有$90,000，其所需支付的利息只有$9,600，因為還要扣除回存部分產生的利息收入。因此利息支出的部分除以實際可動用的資金，得出的有效利率就是10.67%，而非契約上所約定的10%。

　　在瞭解借款回存的情況後，那應該如何將其表達在財務報表呢？若借款屬短期借款，則借款回存部分就列為流動資產，並且附註揭露；若是長期借款，則列為其他資產或長期投資，並且附註揭露。

　　若是契約另有其他協定，例如在還款前該金額是否可以動用的約定，這些都應該在財務報表上做附註揭露。

4. 約當現金

係指流動性高的短期投資，而且符合兩項條件才可稱之爲約當現金，即隨時可轉換成定額現金，或即將到期且利率變動對其價值影響甚小者。例如：投資日起三個月內，到期或清償的國庫券、商業本票、銀行承兌匯票……等。

需特別注意的是，投資三個月內到期是指原始投資日開始起算三個月內到期的投資，才算約當現金。若原始投資日起算爲三個月以上到期，但剩餘日期不到三個月之投資者，並不算是約當現金。

(四) 零用金（Petty Cash）制度

一般企業交易通常以支票支付居多，但一般的零星支付倘若仍以支票支付，對企業而言將缺乏效率且不經濟。試想，購買文具用品掏出一張支票支付時，可想而知老闆臉上所出現的三條線。因此針對小額支出，企業內部通常會設置零用金制度，並交由專人管理。

零用金的儲備量通常視公司情況而定，一般以用罄的時間爲依據。當用罄時，保管人員便將該期間零用金支付後所得的憑證、單據彙總整理至適當科目後，再送至會計部門並請其撥補零用金回原來額度。

 釋例

A公司於1月1日開始設置零用金，一個月後零用金管理人員提出以下付款單據並請求會計部門撥補：

文具用品$1,500、郵資費$1,300、計程車費用$1,200、加班誤餐費$900，而此時手頭零用金尚存$50。則有關分錄如下：

1/1 設置日：

零用金	5,000	
銀行存款		5,000

1/31 撥補時：

文具用品	1,500	
郵資費	1,300	
車馬費	1,200	
誤餐費	900	
現金短溢	50	
銀行存款		4,950

　　注意分錄中的零用金科目從頭到尾都不會變動，於撥補時變動的是銀行存款，而非零用金。至於現金短溢的部分，由於零用金支出金額小但數量多，難免會有出錯的時候，這時只要不是刻意舞弊等情事都可以接受，但是若短絀金額龐大時，就應該追查短絀原因。

　　若零用金需辦理報銷撥補時，此時零用金的餘額減少，則分錄為借記「銀行存款」，貸記「零用金」，以減少零用金的餘額。

(五) 銀行調節表

　　正常來說，企業在銀行的現金餘額會與企業帳上的現金餘額相同，但我們前面提到過，企業大部分都以支票來從事交易，所以交易頻繁下可能導致錯誤外，雙方記帳的時間差異也會導致雙方餘額不符，因此銀行每個月都會寄予企業銀行調節表，以供其核對雙方餘額上的差異。從這裡我們可以發現到，調節銀行調節表對企業而言，是為了發現錯誤求出正確餘額，並進而追查是否有舞弊情事發生。所以該法也是企業對現金內部控制制度的手段之一。

　　值得一提的是，對銀行存款的記帳方式，企業與銀行剛好相反。對企業而言，是資產的增加，因此在存入時借記銀行存款。但對銀行而言，企業存款的存入是負債，因為必須支付利息，所以銀行會貸記企業的支票存款。

　　餘額不同，除了因錯誤所導致外，我們還提到雙方記帳時間上的差異，應注意到這並非錯誤，但在調節時仍應將其調回正確餘額，因此我們必須瞭解下列項目以幫助我們調節：

1. 在途存款（銀行未記）

企業將支票存入銀行後便借記銀行存款，但是銀行卻未記錄，其原因通常是銀行已過票據交換期間或超過營業時間，導致該筆支票存款要等到下個月才會記入銀行帳上。

2. 未兌現支票（銀行未記）

企業簽發支票支付價款後會貸記銀行存款，但是銀行卻未記錄，其原因可能爲時間性的差異，即支票尚未交付予受款人，或受款人尚未持票至銀行兌現，導致該筆支票支付要等到下個月才會記入銀行帳上。

3. 銀行借記項目（企業未記）

銀行借記表示企業存款的減少，原因像銀行代墊公司的付款（如代付股息、轉帳費用）或向公司收取的作業手續費用，或是之前我們提到的跳票，這些都使企業在銀行的存款減少，但是企業在收到銀行通知前並不會知道。因此在調節時，應該從企業帳上的存款餘額減少，以得出正確數字。

4. 銀行貸記項目（企業未記）

銀行貸記表示企業存款的增加，原因像是銀行代收企業款項，或支付存款利息，這時企業在收到銀行通知前並不會知道。因此在調節時應該企業帳上的存款餘額增加，以得出正確數字。

上述的調節表項目對企業而言，會影響企業帳上數字的，當然都是企業尚未記錄的項目，而這些項目與發生的錯誤應於企業帳上做適當的調整分錄，使帳上的餘額會與銀行帳上餘額相同。

(六) 簡單銀行調節表格式

大東公司在2010年10月31日的現金帳上餘額爲$25,550。同時，銀行寄給大東公司的對帳單如下：

現金餘額：20,500

銀行手續費用：$50

存款不足退票：$2,500

　　另外在途存款金額爲$4,000且未兌現支票金額爲$1,500，則試編2010年10月31日之大東公司銀行調節表。

大東公司
銀行調節表
2010年10月31日

銀行帳面餘額	$20,500	公司帳面餘額		$25,500
加：在途存款	4,000	減：銀行手續費用	$50	
	$24,500	存款不足退票	$2,500	(2,550)
減：流通在外支票	(1,500)			
調整後餘額	$23,000	調整後餘額		$23,000

四、應收帳款

　　應收款（Receivable）也是屬於金融資產的一種，主要爲公司對於顧客或他人（如員工、政府）的現金、商品或勞務的請求權。應收款在財務上的目的而言，首先會區分爲「流動」或「非流動」，公司會將預期在一年內或一個營業週期內到期的應收款（取長期者）分類爲流動應收款，而其他則分類爲非流動應收款。接著依其發生的原因而進一步分類爲屬於交易（trade）發生或是非交易（non-trade）發生的應收款。

　　交易發生的應收款來自於公司對顧客提供商品或勞務，進而產生應收帳款（Account receivable）或應收票據（Notes receivable），兩者差別在於應收帳款僅爲口頭承諾支付的義務且收現期間短，通常爲30至60天之間。應收票據則有書面的支付承諾且收現期間通常超過一年並有特定的到期日。

　　非交易發生的應收款爲交易發生的應收款以外因素而產生，其原因眾多。如員工的墊付款、支付股利、訴訟，或支付的保證金等。這些原因導致公司對

他人產生對現金、商品或勞務的請求權，但並非因為交易才產生的。會計上特別注意交易發生的應收款，畢竟公司因主要營業活動而產生的應收款還是占最大宗，為此，我們將以應收帳款作為本章討論的重點，並會一併介紹應收票據的相關內容。

會計上對應收帳款主要探討的議題是認列（Recognition）與評價（Valuation），我們將進一步探討這些問題。

(一) 應收帳款認列時間

應收帳款認列時間通常於公司銷貨完成，且所有權、風險皆已移轉於買方，或勞務提供時認列。而且通常也與銷貨收入同時認列。

(二) 應收帳款原始認列

應收帳款的原始認列應按照交易時的公允市價入帳，收款期間超過一年以上者，則該應收帳款的價值應按照現值入帳，但會計為了成本與效率上的考量，允許收款期間一年以內的應收帳款可不以現值入帳。

影響入帳金額的因素除了金額大小與收款時間外，還有現金折扣與商業折扣

1. 現金折扣（Cash Discount）

公司提供現金折扣的目的是希望顧客能盡快支付帳款，以早日取得現金。一般表達的方式為2/10，n/30，這樣表示顧客若在十天內付款，將可以享受到2%的折扣，超過十天則無折扣，至遲應在三十天內付款。

應特別注意的是，這2%對於公司而言是為了提早收款，但對顧客而言，若未取得該折扣，其實付出的資金成本是相當重的，因為換算成年利率後可以發現，其實年利率高達37.2%（$= 2 \div 98 \div 20 \times 365$）。所以這看似不重要的2%實際上有著相當高的利息代價。因此公司一般都會假設顧客相當願意取得現金折扣，除非他們本身也有財務上的困境。

但也有說法是，公司提供現金折扣的目的是為了鼓勵顧客採用現金付款的方式交易，因此對同一件商品採用賒銷的價格會訂的比現銷的價格來的高。

從這種說法來看，公司的現金折扣似乎也有對未迅速付款的顧客帶有懲罰的作用，並不是說賒銷本身不好，而是站在賣方的立場總是希望能早日實現獲利，畢竟入袋爲安。

　　會計上處理現金折扣有兩種做法，即總額法及淨額法。

釋例

　　東東公司於99/1/1銷售$10,000的商品予西西公司。且賒銷條件爲2/10，n/30，在總額法下分錄爲：

應收帳款	10,000	
銷貨收入		10,000

　　顧客若於十天內付款時，分錄爲：

現金	9,800	
銷貨折扣	200	
應收帳款		10,000

　　銷貨折扣爲綜合損益表裡銷貨收入的抵銷科目，即意味著銷貨收入的減少。但若顧客超過十天後才付款時，則應支付全數金額，分錄如下：

現金	10,000	
應收帳款		10,000

　　採用總額法會有些許缺點，即有可能會高估銷貨。例如到了期末結帳時，有些帳款可能尚未屆滿折扣期限，若顧客可能會享受時，則會使應收帳款及銷貨收入虛增，不過其實並非全部帳款都會如期取得折扣，且應收帳款折扣的估計不會太大，因此通常並不加以處理。

　　題目假設不變，爲總額法改爲淨額法時，銷貨的分錄如下：

應收帳款	9,800	
銷貨收入		9,800

若顧客在期限內取得折扣時，分錄為：

現金	9,800	
應收帳款		9,800

若顧客在期限內未取得折扣，分錄為：

現金	10,000	
顧客未取得折扣	200	
應收帳款		9,800

　　顧客未取得折扣視為企業的收入項目，因此也可以說淨額法是站在顧客必定取得折扣的角度進行會計處理。

　　淨額法之下可以避免銷貨收入及應收帳款高估。但是當顧客取得折扣時，需再回去查對當初銷貨的金額，會計處理上較費時費力，因此雖然理論上淨額法較能準確呈現帳款的可時現價值（Realizable value），但是實務上較多公司採取的是總額法，因為對於超過取得現金折扣顧客的會計處理，前者需再回頭分析且另設帳目，後者則不需要。

2. 商業折扣（Trade Discount）

　　公司往往對於商品價格的訂價會編印價目表，以供顧客參考，但為了避免因顧客不同或銷售時間的差異而導致需時常調整定價，企業往往會給予顧客一定程度的折扣誘使其前來購買。像百貨公司的年終慶，往往給予尚品優惠的折扣，或是顧客的購買數量大而給予其數量折扣等。而這些商品的定價扣除商業折扣後，才是真正的成交價格。例如定價$200元的商品，打九折後以$180元成交，則商品入帳應收帳款及銷貨收入的金額便是$180元，商業折扣並不入帳。

3. 銷貨退回與讓價（Sales Return and Allowance）

　　企業銷貨的商品有時候會有瑕疵，因此顧客退貨於企業稱為銷貨退回。若企業要求顧客一方接受貨物，但同時會降低價款，則稱為銷貨讓價。但不論是退回還是折讓發生，一律稱為銷貨退回與讓價，有時折價亦會一併加入，便統

稱爲銷貨退回與折讓。

　　理論上不論是讓價或退回，皆視爲該部分銷貨從來沒發生。因此企業通常會依據經驗，於銷貨發生時預估將來可能發生的銷貨退回與讓價，以避免高估銷貨收入與應收帳款。若依據經驗企業預估其銷售的$40,000元商品將發生5%的退回，則應做以下分錄：

銷貨退回與讓價	2,000	
應收帳款		2,000

銷貨退回與讓價爲綜合損益表裡銷貨收入的抵減項目。

(三) 應收帳款評價

　　站在公司的立場，最理想的狀況是投資、銷貨的每一分錢都能夠如期回收，能不發生壞帳是最好的，但實際上有衆多風險會使公司的美夢無法成眞。因爲受到景氣循環、政治風險或決策錯誤等因素，可能會造成顧客未來的還款能力不足。因此公司在認列應收帳款的同時，應該合理估計可能無法收回的帳款，以反映出眞實的狀況。

　　在財務狀況表上，報導應收帳款時應該以現金的可實現價值（cash realizable value）入帳，指應收帳款中預期所有可回收的現金淨額。目前有兩種認列無法收回帳款的方式，分別是直接沖銷法及備抵法，但是在應記基礎下，IFRS僅允許使用備抵法做會計處理。

1. 直接沖銷法（Direct Write-off Method）

　　該法目前僅爲稅法所採用，會計上強調應記基礎，即在收入認列的同時，相關的費用也要同時認列，因此壞帳費用應該在銷貨時就先估計認列，而非眞正發生時才入帳。所以該法的缺點會使應收帳款高估，因爲其並未估計應收帳款未來可能無法收回的部分。

釋例

南南公司於10月1日銷售商品$10,000元,並於10月30日得知帳款有50%無法收回,則以直接沖銷法做壞帳沖銷的分錄

10/30

壞帳費用	5,000	
應收帳款		5,000

2. 備抵法（Allowance Method）

備抵法下,壞帳的估計建立在企業過去的經驗上,估計出來一段期間的銷貨收入或期末應收帳款餘額無法回收的比例,而結果得出壞帳費用及屬於貸方的評價科目-備抵壞帳。備抵法下壞帳費用有三種估計方式,以下一一介紹。

(1) 銷貨收入百分比法（綜合損益表法）

在該法下,壞帳的估計方式是以一段期間發生的賒銷的銷貨收入為基準來估計壞帳費用。該法的觀念較強調收入費用配合原則,估計銷貨收入發生時相對應應認列的費用,以合理報導當期的經營績效。

釋例

南南公司估計壞帳的做法是以其賒銷銷貨收入為基礎估計,今南南公司估計其$200,000賒銷銷貨將有2%無法收回。而備抵壞帳目前有貸方餘額$2,000元,試算本期期末備抵壞帳金額。

壞帳費用增加分錄:

壞帳費用	4,000	
備抵壞帳		4,000

期初備抵壞帳餘額	$2,000
本期新增壞帳	4,000
期末備抵壞帳餘額	$6,000

(2) 應收帳款百分比法（財務狀況表法）

該法是以財務狀況表上期末應收帳款餘額為基礎，估計本期備抵壞帳的餘額。應注意的是，本法下以期末應收帳款計算出來的金額，即直接為整體應收帳款無法回收之金額，也就是備抵壞帳的餘額。

釋例

南南公司今估計壞帳的做法是以期末應收帳款餘額為基礎估計，今南南公司估計其$200,000的應收帳款餘額有2%無法收回。而備抵壞帳目前有貸方餘額$2,000元，試算比其應認列之壞帳費用。

本期應增加壞帳費用計算方式：

期末應有備抵壞帳餘額（$200,000×.02）	$4,000
期初備抵壞帳餘額	(2,000)
本期新增壞帳費用	$2,000

壞帳費用增加分錄：

壞帳費用	2,000	
備抵壞帳		2,000

若期初備抵壞帳餘額為借方餘額$1,000，則本期新增壞帳費用就應該為$5,000。

(3) 帳齡分析法

該法與應收帳款百分比法相同，都是直接針對應收帳款本身做評估，因此也是財務狀況表法的一種。但帳齡分析法是以更精細的方式將應收帳款做分類，並對各類帳款的回收可能做評估，可以合理預期的是，欠款時間愈長的帳款，無法回收的可能性愈高。

釋例

南南公司今備抵壞帳餘額為$1,000元，以下為以帳齡分析法得出的期末備抵壞帳餘額。

帳齡	金額	無法回收比例	無法回收金額
30天內	$10,000	1%	$100
31-61天	6,667	3%	200
61-90天	5,000	10%	500
超過九十天	4,000	20%	800
	$25,667		$1,600

因此本期備抵壞帳餘額就是各類應收帳款分析出來的總和為$1,600，而壞帳費用應認列600元。

(四) 減損評估的程序

公司認列應收帳款時應評估未來無法回收的風險並認列壞帳費用，但是當有客觀的證據顯示該風險已確實發生成損失的事件時，公司應該認列減損損失（Impairment loss）。

IASB提供了一套指導方針來幫助公司評估應收帳款是否已經發生減損。每一個報導期間，公司應該考慮是否有客觀的證據顯示發生損失的事件已經發生，進而評估應收帳款應認列減損的金額。可能的損失包括：

1. 顧客有顯著的財務困境

2. 付款違約

3. 顧客因財務困境採用了債務重整

4. 即使個別衡量沒有減損時，群組衡量應收帳款的現金流量時相較於期初認列的金額有顯著減少。

　　另外IASB要求公司應按照下列方法，評估減損應收款為個別顯著重大（individually significant）的應單獨考慮是否發生減損。若非個別顯著重大的應收款也可使用單獨評估，但不必要。

1. 個別評估後無減損的重大應收款，仍應該用相似的信用風險與其他應收款共同評估。

2. 任何無採用個別評估（individually assessed）的應收款，應採用共同評估（collectively assessed）的方式評估是否減損。

　　關於個別評估後無減損的重大應收帳款，仍要採用共同評估的方式認列減損的理由，是因為會計上認為縱然公司已根據既有的資訊做出無減損的判斷，但是通常既有的資訊，仍不足以使公司對應收帳款的評估做出完全正確的決定，因此再採用共同評估的方式以為穩健。

五、應收票據

　　前面介紹的應收帳款是公司在交易後於短期內收現，且為口頭承諾的請求權，但若顧客突然發生財務困難，或公司與不熟悉的顧客交易或付款的期間長達一年以上時，由於交易的（違約）風險提高，口頭承諾已不足以支應，公司此時會開立應收票據，以降低違約後的風險。

　　應收票據也是屬於企業對外的現金請求權，但他是一項書面的無條件支付承諾，在製票人簽名承諾後，將會於未來特定時間支付一定金額予特定人或指定人士，在商業上稱之為「本票」（Promissory Note）。而在票據到期前，倘若持票人有立即的現金需求，便有權力將該應收票據合法地出售或任何方式移轉於他人，以獲得現金。會計上對應收票據的議題，就如同應收帳款也是認列與評價。

(一) 應收票據原始認列

應收票據在考慮貨幣的時間價值下，會有利息產生，因此票據會分成「付息票據」及「不付息票據」。前者是在票據上會有票面利率（stated interest rate），借款方依據借貸的憑證載明定期（半年或一年）付息一次；後者並非如字面上的意思不用支付利息，而是利息已經算入面額中，因此雖然未來不用再分期支付利息，但是一開始借到的現金就會比較少，因為先被利息扣掉了。以下我們先介紹應付票據在會計上的認列方式，但在介紹前應該先了解計算貨幣價值的工具-利率。

票面利率是登載在票據或債券上的利率，是持票人要定期支付的金額；市場利率（effective interest rate）則是市場上的實際利率，是用來計算票據的現值。在會計帳上票據是以現值入帳。因此當兩利率不同時，由於票據是以總額法記帳，因此就會產生折溢價的科目，這在之後會有詳細的介紹，但重點是票據是以市場利率計算出來的現值入帳，而非票面利率。

釋例

東東公司銷貨給北北公司時收了一張應收票據，該票據為3年期，面額 $200,000，期末付息。試算東東公司的應收票據金額及分錄。

〔假設一〕：

付息票據： 票面利率 = 市場利率 = 6%

票據面額	$200,000
票據本金現值	
$200,000 \times PVIF$（3，6%）=$200,000 \times 0.86384 = $167,924$	
票據利息現值	
$12,000 \times PVIFA$（3，6%）=$12,000 \times 2.67301 = 32,076$	
票據現值	200,000
差額	$ -0-

在票面利率等於市場利率下，票據面額會等於現值，因此會有下列分錄：

應收票據	200,000	
現金		200,000

每年年底收到利息時，會有以下分錄：

現金	12,000	
利息收入		12,000

〔假設二〕：

不付息票據：票面利率 =0%，市場利率6%

票據面額	$200,000
票據本金現值	
$200,000 × PVIF（3，6%）	
= $200,000 × 0.86384 = $167,924	
票據利息現值	0
票據現值	167,924
差額	$ 32,076

在票面利率不等於市場利率時，我們會發現會有差額產生，在本例題下，該差額就稱應收票據折價，因此會有以下分錄：

應收票據	200,000	
應收票據折價		32,076
現金		167,924

應收票據折價科目是一項評價科目，記在應收票據科目項下作為其減項，因此在財務狀況表下的應收票據金額就是現值。至於續後攤銷的部分，我們用有效利率法攤銷，以下為攤銷表：

	收取現金	利息收入	折價攤銷	票據帳面價值
發行日				$167,924
第一年年底	$-0-	$10,075	$10,075	177,999
第二年年底	$-0-	10,680	10,680	188,679
第三年年底	$-0-	11,321	11,321	200,000
	$-0-	$32,076	$32,076	

按照有效利率法的攤銷結果，可以發現票據最後的帳面價值會回到票面金額$200,000，而每一年仍然還是會有利息收入。

從這裡發現，雖然不付息票據使持票人沒有每一年收到利息，但其實在會計上還是會認列利息收入，而入到損益表裡，增加當年淨利。

(二) 應收票據續後評價

評估應收款有個別衡量與共同衡量兩種方式，應收票據由於金額通常較大、流通在外的期間較長，且攤銷後成本與公允價值間會有顯著差異，所以一般以個別衡量的方式來評估減損。因此，減損損失是以衡量時間點的帳面價值，與票據重新評估後的估計未來現金流量折現值兩者比較後得出，特別注意的是，未來現金流量是以原始認列時採用的有效利率折現，而非衡量減損時點的有效利率。

六、應收款之公允價值選擇（Fair value option）

應收款屬於金融工具（financial instrument）的一種，IASB認為以公允價值認列，可使金融工具的金額對於使用者來說更具攸關性與可了解性，因為公允價值反映了金融工具在當時的約當現金價值（current cash equivalent value）。

因此公司可指定應收款開始認列時以公允價值評價，但一經指定就必須以公允價值評價直到應收款除列為止，不可改變。另外期初認列時未選擇以公允價值評價，則後續期間將不允許再改以公允價值評價。總而言之，應收款期初認列時，一經選定評價方式後便不可無故改變。

以公允價值評價之應收款應於每一會計期間，針對公允價值的變動認列損益，且應收款科目也隨損益數字變動，損益科目為未實現持有損益（unrealized holding gain or loss）。

假設東東公司持有一應收票據，且指定以公允價變動列入損益評價，於2010年12月31日之公允價值為$200,000，而應收票據之帳面金額為185,000，則東東公司於12月31日應做以下調整分錄

應收票據	15,000	
未實現持有損益		15,000

此時應收票據之帳面數字為$200,000，且東東公司於損益表的「其他費用或損失」認列$15,000的未實現持有損益。

七、應收帳款及應收票據之除列（De-recognition）

公司因賒銷產生應收帳款或應收票據且同時認列收入，但是實際上並還沒收到現金。對公司而言，能盡快將銷售或投資的結果轉換為現金最重要，基於這個觀點，公司可能會在有迫切資金需求下因為資金調度困難，或是取得正常信貸上有困難或成本太高，而迫使公司提早將應收款實現。而且相較於借款，出售應收款還可以不提高負債比率，使公司有更多籌碼再去取得其他融資。另外出售之後，在風險或報酬都移轉予買方之下，還可免除未來收款所需花費的時間及資源。

(一) 應收帳款擔保借款（Assignment and Pledging of Accounts Receivable）

隨著公司商業活動的增長，有時會因有大量交易而產生的應收帳款，倘若此時企業急需使用資金，但顧客尚未付款時，便會向銀行借款並以應收帳款作為指定擔保，以獲得資金紓困。此時會計帳上的應收帳款金額不變，但會被指定為用來償付借款，因此針對這項擔保事項，公司需在財務報表上做附註揭露。以下為擔保借款的會計做法。

釋例

東東公司於2010年10月31日以其應收帳款的$800,000,設定擔保向大眾銀行借款$600,000,並且同時開立$600,000本票,由東東公司負責收款。另外大眾銀行向東東公司收取設定擔保應收帳款的1%做為財務費用,票據利率10%,而且東東公司需將每期收到的質押應收帳款金額定期償還給大眾銀行。

質押設定當天(2010/10/31):

東東公司		大眾銀行	
現金 592,000		應收票據 600,000	
財務費用 8,000		財務收入	8,000
應付票據	600,000	現金	592,000

(註:應收帳款設定擔保情形須附註揭露)

十月份擔保應收帳款收現$540,000,須扣除現金折扣$7,000,此外發生銷貨退回$15,000:

現金	533,000	
銷貨折扣	7,000	(不做分錄)
銷貨退回	15,000	
設定擔保應收帳款		555,000

($540,000 + $15,000 = $555,000)

在11月1日將十月份收款加上應計利息交給第一銀行:

利息費用	5,000		現金	538,000	
應付票據	533,000		利息收入		5,000
現金		538,000	應收票據		533,000

($600,000 \times 0.1 \times 1/12 = $5,000)

在11月份收回其餘擔保應收帳款,並沖銷了$3,000壞帳:

現金	242,000		
備抵壞帳	3,000	（不做分錄）	
設定擔保應收帳款	245,000		

（$800,000 − $555,000 = $245,000）

在12月1日將該票據餘額$67,000加上應計利息匯交銀行：

利息費用	558	現金	67,558
應付票據	67,000	利息收入	558
現金	67,558	應收票據	67,000

（$67,000 × 0.1 × 1/12 = $558）

(二) 應收帳款之出售（Factoring Accounts Receivable）

企業急需運用資金時，除了設定質押擔保借款以外，還可以直接將應收帳款出售。最普遍出售的方式為出售給銀行或金融機構，我們稱之為客帳代理商。而出售予客帳代理商的方式，又可分為附追索權（With recourse）與不附追索權（Without recourse）兩種基礎。至於債務人的部分可以通知也可以不通知。

A.無追索權的出售：買受人承擔所有收款風險並自行吸收任何的違約損失。

　出售分錄：

現金	91,000	
應收款項	5,000	
出售應收帳款損失	4,000	
應收帳款		100,000

B.附追索權的出售：收款風險仍由出售人承擔並由出售人吸收任何違約損失。

　出售分錄：

現金	91,000	
應收款項	5,000	
財務費用	4,000	
追索權負債		100,000

附有追索權條件的應收帳款在違約的情況下仍由出售人吸收損失，風險與報酬應該視為尚未移轉較為恰當，因此性質上與擔保借款相像，並於出售當天認列負債，後續當應收帳款收回時再減少帳上負債直至還清。若為出售狀況，則應符合以下條件：

1. 應收帳款債權已與出售人分離。
2. 出售人已放棄應收帳款對買受人產生的未來經濟效益。
3. 出售人於無須被要求到期前再買回該已出售應收帳款，但可被要求以其他相似性質的應收帳款取代賣出的應收帳款。

在IASB的觀點認為，決定應收款是否符合出售的狀況必須看雙方協議內容，是否符合賣方已將金融資產的所有顯著風險與報酬移轉於買方，而詳細符合的條件可參考上方三條件，若未符合，則可視應收帳款之移轉為抵押借款性質。

(三) 應收票據之貼現（Discounting Notes Receivable）

企業倘若急需使用資金而無法等到票據到期時，便可在到期前將應收票據向金融機構先行貼現，之後由金融機構負責票據之收現，而企業立即獲得了資金。

企業雖然獲得了資金，但是因為金融機構的貼現率通常會比較高，因此企業獲得的資金將比未貼現時減少了一部分。

 釋例

東東公司於2010年9月30日持有一張$40,000且90天期應收票據，利率12%。10月31日時，因為急需資金紓困，因此向大眾銀行貼現應收票據，貼現利率為15%。12月31日時，東東公司的債務人付清了債務。

貼現當天：

1. 計算應收票據到期日價值（本金+利息）

票據面額	$40,000
票據到期日利息（40,000×90/360×12%）	1,200
到期日價值	$41,200

2. 以貼現率來計算票據剩餘天數應給銀行的利息

15%×41,200×60/360 = $1,030

3. 計算銀行貼現給東東公司的現金

到期日價值	$41,200
減：銀行貼現利息	(1,030)
銀行貼現金額	$40,070

4. 計算屬於東東公司的利息收入

到期日價值	$40,070
減：票據面額	(1,030)
東東公司認列利息收入	$ 170

從以上計算可以發現，原本東東公司可以收到一共1,200的利息，但貼現的情況下，其中的$1,030變成付給銀行，而東東公司就只剩下$170的利息收入。

八、表達與分析

表達應收款的基本原則：

1. 分開報導不同類別應收款的帳面金額。
2. 在財務狀況表上標示出分類為流動或非流動的應收款。
3. 適當的將評價科目與已減損的應收款互相抵銷。包含揭露在決定個別評估或共同評估減損時的討論內容。
4. 揭露採用公允價值評價的應收款。
5. 揭露用來評估應收款固有信用風險的資訊，且針對應揭露的應收款項應包括：

  A. 尚未過期且未曾減損

  B. 已經過重新協商（renegotiate）之應收款

  C. 曾經發生逾期或減損之應收款，其帳齡分析表

6. 應收款作為質押用的抵押品。

7. 揭露應收款有顯著的風險集中（concentration of credit risk）者。

應收款的分析

  應收帳款週轉率（receivables turnover ratio）是表示應收帳款流動性的強弱，週轉率越高，代表公司收回現金的能力愈強，反之愈弱。該比率是以該會計年度發生的賒銷金額除以當年度應收帳款的平均數

  公式為：

$$賒銷金額 / 應收帳款平均數 = 應收帳款週轉率$$
$$360 / 應收帳款週轉率 = 平均收款天數$$

  應收帳款是公司未來對顧客收取現金的權利，當金額越高時，可能代表公司的銷售能力越強，但也可能表示公司的授信政策出了問題，因為當每期銷售金額無顯著變化，但是應收帳款的金額卻有愈來愈高的趨勢時，表示應收帳款的現金約當價值可能出了問題。因此在分析時，不應僅單獨考慮週轉率的變化，而應與其他外在因素或其他比率交叉分析，才能正確解讀出公司的經營狀況。但是原則上，平均收款的天數不應超過授信期間，否則會容易使公司發生資金調度上的困難。

習 題

一、選擇題

( ) 1. 預支差旅費應歸類為財務報表的：　(A)一般用品　(B)現金　(C)投資　(D)以上皆非。

( ) 2. 銀行透支的會計表達方式應為：　(A)現金減項　(B).流動資產減項　(C)流動負債　(D)以上皆非。

( ) 3. 來自公司員工或關係企業的應收款應如何在報表上表達？　(A)權益抵減項目　(B)僅附註揭露　(C)作為資產，但單獨於其他應收款　(D)若屬於流動資產，則與一般應收款合併。

( ) 4. 若以總額法記錄應收帳款時，則銷貨折扣應如何記錄？　(A)銷貨科目的減項　(B)損益表上的其他收入與費用　(C)應收帳款的減項　(D)銷貨成本的減除項目。

( ) 5. 公司為何會提供客戶商業折扣？　(A)鼓勵客戶大量購買　(B)促使客戶盡快付款　(C)加速資金周轉　(D)以上皆非。

( ) 6. 使用備抵法時，應如何記錄收到以沖銷的壞帳項目？　(A)借：備抵壞帳　貸：應收帳款　(B)借：備抵壞帳　貸：壞帳費用　(C)借：壞帳費用　貸：備抵壞帳　(D)借：應收帳款　貸：備抵壞帳。

( ) 7. 應收帳款應以折現值入帳，但未將一年內到期的應收款以折現值入帳，也不會使報表產生誤導的原因是？　(A)短期應收款大多不會計息　(B)備抵壞帳科目已包含了抵減的因素　(C)短期應收款折現與否通常並非重大　(D)大部分的應收款可以直接賣給銀行。

( ) 8. 下列何種決定壞帳費用的方式較不符合收入與費用配合原則？　(A)銷貨百分比法　(B)應收帳款百分比法　(C)帳齡分析法　(D)直接沖銷法。

( ) 9. 國際會計準則不允許何種壞帳決定方法？　(A)應收帳款百分比法　(B)銷貨百分比法　(C)直接沖銷法　(D)以上方法皆允許。

( ) 10.在應收款的記錄方式中，以下何者並非國際會計準則所要求的內容？
(A) 將應收款分類成流動與非流動性質　(B)揭露可能從應收款中產生的重大信貸風險　(C)揭露已被質押的應收款　(D)以上皆為國際會計準則所要求的內容。

( ) 11.以下何者可能是導致應收帳款週轉率下降的原因？ (A)經濟不景氣下的賒
銷減少 (B)沖銷無法收回之應收帳款 (C)授信部門接受信用品質不佳的客
戶 (D)收款程序的改善。

( ) 12.銀行調節表可能因何種情況產生分錄？ (A)可能因銀行服務費用而「借：
辦公費用」 (B)因存款不足支票而「貸：應收帳款」 (C)因存款不足支票
而「借：應付帳款」 (D)於調節銀行帳的部分。

( ) 13.98年1月1日霖南公司向星峰銀行借款$10,000,000，款利率12%。此外，霖南
公司尚需於星峰銀行存入補償性存款1,000,000，存款利率6%，則實際放款利
率為？ (A)10.4% (B)11.5% (C)12.7% (D)13.2%。

( ) 14.甘迪公司有銀行存款$50,000，受限制用途現金$4,000，以及銀行透之$3,000，
問帳上現金餘額為？ (A)$46,000 (B)$50,000 (C)$53,000 (D)$57,000。

( ) 15.甲公司向乙公司進貨商品$1,000，且乙公司同意甲公司的付款期間為
2/10、n/30，則該期間的隱含利率為？ (A)18.1% (B)37.2% (C)25.3%
(D)9.8%。

( ) 16.畢達公司於100年有淨銷售$500,000該年年底做調整分錄前，公司帳上有應
收帳款餘額$80,000，以及備抵壞帳貸方餘額$5,000，必達公司估計將無法
收回該年度淨銷售的2%，試問該年年底公司帳上之應收帳款淨額為？
(A)$80,000 (B)$75,000 (C)$70,000 (D)$65,000。

( ) 17.威利公司99年底有應收帳款$500,000且該年有$1,000,000賒銷、帳上有備抵壞
帳借餘$15,000，若公司估計該年度有7%的應收帳款無法收回，則公司該年
的壞帳費用為若干？ (A)$35,000 (B)50,000 (C)$70,000 (D)$75,000。

( ) 18.凱利公司該年度之應收帳款餘額為$55,000，且備抵壞帳餘額為$5,000，試問
在沖銷無法收回之應收帳款$6,000後，凱利該年底之應收帳款淨額應為？
(A)$50,000 (B)$49,000 (C)$44,000 (D)$40,000。

( ) 19.以下為藍胖公司之98年、99年之相關會計資訊：

備抵壞帳餘額98年12月31日	$10,000
99年賒銷金額	$200,000
9年認定無法收回之應收帳款	$11,000

99年藍胖公司在經過應收帳款之帳齡分析後，確認99年之備抵壞帳餘額應為

$40,000，試問藍胖公司99年應提列多少壞帳費用？

(A)$40,000　(B)$50,000　(C)$60,000　(D)$120,000。

(　)20.亞解公司從事工具機事業販售，其客戶範圍遍佈亞洲市場，該公司100年12
月31日之之應收帳款內容如下：

單項重大應收帳款

A公司	$　400,000
B公司	800,000
C公司	900,000
D公司	500,000
其他應收帳款	1,000,000
總計	$3,600,000

亞解公司決定A公司之應收帳款減損了$200,000且D公司的應收帳款完全減
損，而B公司及C公司的應收帳款則無減損之狀況。其他應收帳款的綜合減
損率為5%。試問亞解公司100年的應收帳款減損金額總計為何？

(A)$835,000　(B)$750,000　(C)$900,000　(D)$700,000。

(　)21.邦尼公司98年年底之備抵壞帳餘額為$60,000，99年年底之備抵壞帳餘額為
$66,000。99年公司提列$25,000的壞帳費用，試問邦尼公司99年沖銷多少了多
少無法收回之應收帳款？　(A)$15,000　(B)$17,000　(C)$19,000　(D)$22,000。

(　)22.以備抵法處理無法收回之應收帳款時，沖銷分錄會導致：　(A)增加備抵壞
帳餘額　(B)減少應收帳款淨額　(C)對淨利無影響　(D)對備抵壞帳餘額無影
響。

(　)23.漢德公司在處理99年7月份的銀行調節表時，獲得到以下資訊：

銀行帳單餘額99/7/31	$49,360
存款不足支票99/7/31	1,500
在途存款99/7/31	6,500
未兌現支票99/7/31	6,000
7月份銀行服務費用	500

試問漢德公司99年7月份之正確現金餘額為何？

        (A)$48,960 (B)$49,860 (C)$48,690 (D)$46,890。

二、計算題

1.金鋒公司的調整前試算表部分資訊如下：

	借方	貸方
應收帳款	$150,000	
備抵壞帳		$ 4,500
銷貨收入（全賒銷）		600,000
銷貨退回與折讓	50,000	

試作：

(1)記錄金鋒公司之壞帳分錄，並假設壞帳計算條件如下：

    (A)應收帳款總額的8% (B)淨銷貨收入的2%。

(2)假設題目條件如上，但備抵壞帳餘額變為借餘$4,500，則對問題(1)之達案有何影響？

2.99年7月1日，新興公司出售應收帳款$500,000予中華信託公司且無追索權，在此交易下，將由中華信託公司負責後續收帳工作，銷貨折讓以及承擔壞帳風險。中華信託公司向新興公司收取帳款總額5%的手續費，且保留10%以備抵銷貨退回與折讓。

試做：

(1)新興公司99年7月1日時的分錄。

(2)中華信託公司99年7月1日的分錄。

(3)若條件同上，但應收帳款出售係附含追索權時，試做新興公司之分錄。

3.斑得利公司之收款及付款作業皆透過支票，以下為公司與銀行間之現金相關資訊：

銀行調節表–5月31日

銀行帳上餘額	$30,286
加：在途存款	4,900
減：未兌現支票	(3,700)
公司帳上餘額	$31,486

銀行調節資訊-6月份

	銀行	公司
6月30日餘額	$25,940	$27,835
6月份存款	10,423	13,458
6月份付款	11,800	10,480
6月份銀行代收票據	2,500	—
6月份銀行服務費用	60	—
6月份存款不足支票	1,000	—

試問：

(1)計算6月31日之

　　(A)在途存款金額；(B)未兌現支票金額

(2)6月31日之實際現金餘額？

解答：

一、選擇題

1. D	2. C	3. C	4. A	5. A	6. D	7. C	8. D	9. C	10. D
11. C	12. A	13. C	14. B	15. B	16. D	17. B	18. A	19. B	20. A
21. C	22. B	23. B							

二、計算題

1.

(1)(A)

壞帳費用	7,500	
備抵壞帳		7,500

應收帳款總額	$150,000
壞帳率	8%
所需備抵壞帳金額	12,000
目前備抵壞帳金額（貸餘）	(4,500)
提列壞帳費用	$　7,500

(1)(B)

壞帳費用	11,000	
備抵壞帳		11,000

銷貨收入	$600,000
銷貨退回與折讓	(50,000)
淨銷貨收入	$550,000
壞帳率	2%
提列壞帳費用	$ 11,000

(2)

對應收帳款百分比法的影響如下：

應收帳款總額	$150,000
壞帳率	8%
所需備抵壞帳金額	12,000
目前備抵壞帳金額（借餘）	4,500
提列壞帳費用	$ 16,500

影響後的分錄為：

壞帳費用	16,500	
備抵壞帳		16,500

備抵壞帳餘額變成借餘並不會影響銷或百分比法的使用。

2.

(1)

現金	425,000	
出售帳款損失($500,000×5%)	25,000	
應收帳款－中華信託公司($500,000×10%)	50,000	
應收帳款		500,000

(2)

應收帳款	500,000	
應付帳款		50,000
財務收入		25,000
現金		425,000

(3)

現金	425,000	
手續費用($500,000×5\%$)	25,000	
應收帳款－中華信託公司($500,000×10\%$)	50,000	
應收帳款		500,000

3.

(1)(A)

六月份在途存款金額：

$13,458-(\$10,423-\$4,900)=\$7,935$

(1)(B)

六月份未兌現支票：

$10,480-(\$11,800-\$3,700) = \$2,380$

(2)$25,940+\$7,935-\$2,380 = \$31,495$

第六章

存　貨

存貨的控制在財報的表達與財務的計算上占了非常重要的一環，會計師在查核財務報表時，存貨即為一重點科目。因期末存貨的高低通常能直接影響一間公司在財報上所表示之毛利率，若當期之毛利率與前期比較，突然過高或過低，則會計師於查核財務報表時應注意是否有財務報表舞弊之情形。另外選用正確適當的成本計算方式，更能使企業有效地控制存貨成本及計算利潤，通常企業應選用該產業一般可接受之成本計算方式計算存貨，以引導管理階層可就財務報表做出正確且有利之公司決策。

　　若一間企業擁有過高的期末存貨，於報導期間結束日時，需考量到存貨是否有淘汰過時或滯銷的情形，若有此情況時，應採「存貨成本與淨變現價值孰低法」評價存貨是否發生減損，並於當期認列損失，此種情況通常會導致其毛利率下降。以汽車工業為例，通用汽車過度地製造其可銷售之汽車數量，造成存貨逐年上升，後又因油價急速上漲，以致汽車的銷量愈來愈不樂觀。通用汽車及其他汽車業者開始降價出售，故利潤也隨著下降。

　　從以上的例子可以發現到：若銷售速度緩慢相對造成期末存貨上升，則將導致利潤下滑；但若是期末存貨上升速度相對於銷售有逐漸下降的趨勢，則表示銷售表現愈來愈佳。除此之外，若製造業之原料或是在製品期末存貨上升，可能是代表該公司為符合需求而增加產量。因此，不論是買賣業或是製造業，在IFRS下均要求其揭露存貨的組成要素，以利財務報表之使用者對該公司作出適當的決策。

一、存貨的定義、種類及適用範圍

(一) 存貨的定義

存貨係指符合下列任一條件之資產：

1. 持有供正常營業過程出售者；
2. 正在製造過程中且將供前述銷售者；或
3. 將於製造過程或勞務提供過程中消耗之原料或物料（耗材）。

因此，一項資產是否應歸類為存貨，因依該項資產的投入或持有是否係供

企業「主要營業活動之銷售」來加以區別。對於一般企業而言，電腦是廠房及設備資產的一種，但對於Acer、IBM等製造商及全國電子等經銷商而言，便屬於存貨；對於台塑而言，聚乙烯是其提煉以供銷售的商品，同時，對於南亞等塑家製品商而言，聚乙烯亦是不可獲缺的原料，因此二者皆視聚乙烯為存貨。又例如遠雄等營建業將其建案的不動產及建物歸類為存貨，但對於一般公司而言，不動產及建物則屬於廠房及設備資產。即便企業有意圖將這些不動產、廠房及設備資產出售，仍不可以將上述資產歸類為存貨，因為該類資產並非為主要營業活動所欲出售的標的。

(二) 存貨的種類

存貨的種類會隨著行業別的不同而不同。就買賣業而言（例如家樂福），存貨係指購入待售且未加工、改造的商品，而購買商品的成本，會隨著商品的銷售由「存貨」科目轉入至「銷貨成本」科目。

就製造業而言（例如Toyota），存貨係指將所購入的原料加工、組裝後欲於主要營業活動出售的產品，因此在生產的過程中，存貨可依據加工程度的多寡區分為「原料」、「在製品」及「製成品」。

購入材料、物料時，應借記原料，貸記應付帳款或現金。「原料」係指構成產品的主要因素，其成本可以直接歸屬於產品，因此又稱直接材料，例如製成紙張的紙漿、製成鐵窗的鋼料等皆是。其他於製造過程中無法直接歸屬於產品，或是因為金額、數量小而不易單獨辨認的用料，則稱之為物料，又稱間接材料，例如桌椅加工所使用的螺絲釘、接著膠等。

已投入原料、人力進行生產，但尚未完工的產品，稱之為「在製品」。因此，在製品的成本包含可直接歸屬於產品的直接材料、直接人工及按合理方式分攤的製造費用。實際從事操作機器或加工的員工薪資稱為直接人工（例如生產線上員工的薪資），其餘在生產過程中不屬於直接原料及直接人工的成本，則稱為製造費用。製造費用又可區分為間接材料、間接人工及其他製造費用。間接材料便係物料；間接人工則係與生產無直接相關，但是在製造過程中所必須耗用的人工工資，例如廠長的薪資；不屬於物料及間接人工者，則稱為其他製造費用，例如水電費、保險費、廠房的折舊等。由於間接原料及間接人

工會隨著產量而變動，故又稱為變動製造費用，不會隨著產量變動的其他製造費用，則稱為固定製造費用。當原料、人工已投入生產時，應將「原料」科目轉入「在製品」，將已發生的直接人工薪資轉入「在製品」科目，其餘不屬於直接原料及人工的成本則均先記入「製造費用」科目中，於期末，再依據實際產量及正常產能將變動製造費用及固定製造費用分攤至「在製品」科目中。

當產品完工時，成本即由「在製品」科目轉入「製成品」科目中，並且於銷售產品時，將「製成品」科目轉列為「銷售成本」科目。

有關於製造業成本的彙總與記錄屬於成本與管理會計的範疇，因此本章在此僅概述介紹，不再多加著墨。

(三) 存貨的適用範圍

存貨係指持有供正常營業出售者、在製造中以供未來出者或將於製造過程或勞務提供過程中消耗之原料或物料。因此下列範圍不應包含於「存貨」：

1. 建造合約所產生之在製品，包含直接相關之勞務合約
   建造工程的存貨應適用IAS 11號：「建造合約」
2. 金融工具
   金融、證券業的存貨應適用IAS 32號：「金融工具：表達」；IAS 39號：「金融工具：認列與衡量」
3. 農業活動相關之生物資產及收成點之農產品
   農業的存貨應適用IAS 41號：「農業」

下列存貨的衡量方式其存貨價值之變動均於當期認列不適用於本章：

1. 依公認產業慣例以淨變現價值衡量之農產加工品與林產加工品、收成後農產品及礦產品製品之生產者
2. 以公允價值減去出售成本衡量存貨之大宗商品之經紀－交易商

二、存貨的衡量與認列

(一) 存貨的原始衡量與認列

企業取得存貨而欲記錄於帳上時，通常會考慮以下三個問題：

1. **存貨流動假設**：何謂訂期盤存制與永續盤存制？應該採用定期盤存制還是永續盤存制來決定存貨的數量？
2. **存貨的歸屬問題**：究竟何時可以認列存貨？認列的標準又是什麼？
3. **存貨所包含的成本**：向國外進口貨物所繳納的稅金、為購買貨物而向銀行貸款產生的利息，以及貨物配送的運費是否應該包含在存貨的成本中？

以下分別探討上述問題。

1. 存貨流動假設的採用

企業於每一會計年度結束時，均須報導存貨及銷貨成本之金額，要決定此一金額，首先必須取得存貨的進貨、銷售及庫存的數量資訊，通常有兩種盤存制度可以得知上述資訊，亦即定期盤存制及永續盤存制；進一步的，再利用選用的存貨流動假設，核算進貨、銷貨、存貨的成本，以便得知期末存貨與銷貨成本的金額。

(1) 定期盤存制

定期盤存制又稱實地盤存制，平時只記錄每次進貨商品的數量及成本，而未隨時更新存貨耗用或出售的記錄。因此欲知庫存與已出售商品的數量，必須透過實地盤點存貨才可獲知。故在此制之下，期末存貨的金額先決定，而銷售成本則為可供銷售商品總額與期末存貨的差額。

採用此制度應於進貨時，借記「進貨」科目，而非「存貨」科目。「進貨」係屬於損益表科目。在會計期間結束時，依據期末盤點的存貨數量，將視其是否已出售或耗用而結轉至損益表中的銷貨成本內，或資產負債表上的存貨科目，成為下一期的期初存貨。

公式：期初存貨＋本期進貨淨額 = 可供銷售商品

可供銷售商品 － 期末存貨 = 銷貨成本

＊本期進貨淨額 = 本期進貨 － 進貨折扣 － 進貨折讓與退回 ＋ 運費

(2) 永續盤存制

在此制度下，每一次的交易均記錄存貨的變動，採用此制度者通常有以下特色：

(1) 購買商品或原料時，借記「存貨」而非「進貨」

(2) 進貨運費借記為「存貨」而非「進貨」。「進貨退回與折讓」與「進貨折扣」皆貸記「存貨」而非「進貨」

(3) 銷貨成本於每次交易發生時逐筆記錄，借記「銷貨成本」貸記「存貨」

(4) 明細分類帳記錄有關存貨的數量及持有存貨的種類

採用永續盤存制時，每年至少應實地盤點存貨一次，以確定實際存貨數量，若有不符，即發生「存貨盤盈」或「存貨盤損」。

公式：期初存貨＋本期進貨淨額 = 可供銷售商品

可供銷售商品 － 銷貨成本 = 期末存貨

2. 存貨的歸屬問題

企業藉由向外購買或者投入生產來獲得商品，再藉由出售商品獲得利潤讓企業生命得以延續、擴大，因此存貨符合資產的定義，屬於資產項下。資產有四大特性：(1)由企業所控制，(2)未來可產生經濟效益的流入，(3)大多數具有實體，(4)與所有權等法定權利有關，但是否具有實體與所有權，並非決定資產的必要因素，例如專利權及著作權等雖為具有實體形式，若其未來經濟效益預期流入企業且由企業所控制，仍屬於企業的資產，另一例則為資本租賃，雖

然租賃物係屬於出租人的資產，但承租人仍然必須於簽訂租約時認列租賃資產。因此，企業是否具有「經濟效益的控制權」，成了認列資產與否的主要標準。同理而言，在判定存貨之歸屬時，大多是以(1)經濟效益的控制權，(2)所有權，及(3)商品實體的佔有三項標準為參考，不同的情況如下：

(1) 在途存貨（goods in transit）

進貨的條件可分為：

 i. 起運點交貨（FOB shipping point）：

  運送途中，進、銷貨交易已完成，所有權屬於買方，運費應由買方負擔。

 ii. 目的地交貨〔free on board destination，簡稱（FOB destination）〕：

  運送途中，進、銷貨交易尚未完成，所有權屬於賣方，運費應由賣方負擔。

(2) 寄銷品及承銷品（consignment out & consignment in）

 i. 寄銷品：企業之商品寄託於代銷商或零售商之銷售點代銷，貨物雖不在企業裡，其經濟效益和所有權仍屬於企業，故仍視為企業之存貨。

 ii. 承銷品：企業為他人代銷商品，雖然貨物存放在企業裡，但因企業無其所有權及亦不能享有其經濟效益，故不能包含於企業之存貨裡。

(3) 分期收款出售之貨品

未繳清貨款前，商品之所有權仍屬於賣方，但通常不包括在賣方之存貨中，因分期收款銷貨時，因賣方通常不預期顧客會拒絕付款而收回商品，故商品一經出售，其經濟效益移轉給買方，為買方之存貨。

(4) 售後回購（sales with repurchase agreement）

所謂售後回購，是指企業將存貨出售給另一間企業，並於合約上約定一定期間後，按一定價格將該存貨買回。此種交易雖然形式上之所有權已轉移，但實際上為存貨擔保借款，故不得作為銷貨之處理，存貨不得轉銷，並應認列借入款項的負債。

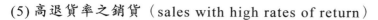
(5) 高退貨率之銷貨（sales with high rates of return）

　　某些行業如出版業、報業等，基於行業慣例，允許經銷商於一定期限內，可將未出售之商品退回，且退貨率可能相當高。此種交易若能合理估計退貨率則於商品出售時，可部分認列銷貨收入（不會退回部分），並將存貨轉入銷貨成本；若無法合理估計退貨率，直至退貨期已過或能合理估計退貨金額時，才能認列銷貨收入並將存貨轉銷。

3. 存貨所包含的成本

(1) 產品成本

　　產品成本即存貨成本，係指企業取得產品並且使之達到可供銷售狀態的一切必要支出，包含：(1)購買成本，(2)加工成本，及(3)為使存貨達到目前之地點及狀態所發生之其他成本。

> 存貨成本＝購買成本＋加工成本＋為使存貨達到目前之地點及狀態所發生之其他成本。

　　i. 購買成本包含：

　　　(a) 購買價格

　　　(b) 進口稅捐與其他稅賦（企業續後可自稅捐主管機關回收之部分除外）；

　　　(c) 運輸、裝卸費用

　　　(d) 其他可以直接歸屬於取得製成品、原料及勞務的成本。

　(2) 加工成本包含直接原料、直接人工及固定及變動製造費用，製造成本的歸屬與分攤已於前一節概述，故本節不再贅述。

　(3) 其他能使存貨達到目前之地點及狀態而與採購或生產直接相關的成本則為其他成本，例如產品的設計費。

　　不同於本章存貨，農產品「收穫」時，才是農業認列與衡量存貨成本的時點，農業係以收穫時的公允價值減去收貨時的估計銷售費用，來衡量該業存貨的成本。

(2) 期間成本

期間成本係指其他與採購或生產無直接相關的成本，例如銷售費用、廣告費用、管理費用等等。這些成本也與運費、購價相同，是爲了讓存貨達到可供銷售狀態所發生的支出，照理而言，也應該比照運費、購價等成本包含在產品成本裡頭，但爲何反倒被產品成本剔除在外呢？因爲這些成本的發生與銷售產品較攸關，例如銷售部門的員工薪資、拍攝廣告的費用及雇請保全確保倉庫的安全等，都是爲了保護、維持並促進產銷售，反而與取得產品較無關連性，因此產品成本不包含期間成本在內。

利息亦是種期間成本，目前對於貸款購買或生產存貨所產生的利息是否可以資本化有兩派說法。支持資本化者認爲，利息的產生和原料及人工相同，都是爲了讓產品可以達到可供出售的狀態的必要投入，因此應該將利息費用視爲產品成本之一；而反對者則認爲，利息爲融資的成本，因此應該費用化。依據IAS 23號：「借款成本」的規定，若爲取得、建造或生產，必須經過一段相當常期間，才可達到預定使用或出售狀態的資產，而產生利息費用可以直接歸屬於該資產，則該利息費用可以資本化，但若企業是生產：(1)以公允價值衡量，如生物性資產；或(2)大量且重複製造或生產的存貨，即使必須花費常時間才可使生產、建造的資產達到可使用或出售的狀態，仍然不可以將利息資本化，而必須在利息發生的當期認列爲費用。因此，僅有在少數情況下，借款成本可以列入存貨成本。但因延遲付款購買的存貨，付款價格實質上包含利息者，該利息的部分應在延遲認列的期間認列爲費用，不得計入存貨成本。

除了期間成本，異常的運費、持有成本及損壞品等「非屬正常情況下」，能讓存貨達到可供銷售狀態的所必需支付的成本，亦不可計入存貨成本中，應於支出發生時立即費用化。

(3) 進貨折扣的處理

爲了提供客戶參考，企業會替各式出售的產品標示價格，甚至編製價目表，讓客戶一目了然。但爲了吸引更多的消費者購買，或者刺激客戶購買更多的商品數量，企業往往會給予客戶折扣，這種在成交前給予的折扣，便稱爲「商業折扣」（trade discount），又因其產生的原因大多數是因購買的數量達一定程度而起，因此又稱之爲「數量折扣」（quantity discount）。此時定

價已非雙方成交價格，因此應以訂價扣除折扣、回饋金及其他類似項目後的淨額，作為企業與客戶認列銷貨與進貨的金額。

　　企業因為商業折扣創造了銷售量，卻也因此必須考慮應收帳款的回收性。為了早日取得客戶的賒款，並且降低壞帳的發生率，企業通常會與客戶另訂銷售條件，表示若企業顧客提早還款，則給予一定的付現折扣，這種因提早付款而產生的折扣，則稱為「現金折扣」（cash discount）或「銷貨折扣」（sale discount），對於買方而言，現金、銷貨折扣也就是所謂的「進貨折扣」（purchase discount）。

　　在定期盤存制下，會計上將取得此一現金折扣計入「銷貨折扣」科目，並列為損益表中「進貨」的減項，因此在取得折扣時應貸記進貨折扣。若在用續盤存制下，現金折扣則視為取得存貨成本的減少，在取得折扣時貸記存貨。

　　進貨折扣之會計處理，一般常用的方法有總額法（gross method）及淨額法（net method）。總額法係以購價記入「進貨」或「存貨」科目，在此法下，取得的「進貨折扣」為損益表中「進貨」科目的減項；淨額法則係以購價減除進貨折扣後的淨額，記入「進貨」或「存貨」科目，在此法中帳上不會有「進貨折扣」科目，惟有在企業超過授信時間仍未付款時，才會有「進貨折扣損失」科目記錄未取得的進貨折扣金額。此科目屬於損益表中「其他收入及費用」項下，而非屬存貨的成本之一。

　　第五章「現金與應收帳款中」是站在賣方的角度說明，本章將從買方的角度說明定期盤存制及永續盤存制下，取得進貨折扣的會計處理。有關於商業折扣與現金折扣的相關議題已於第五章「現金與應收帳款中」詳細介紹，請讀者自行翻閱。

 ## 釋例：進貨折扣之會計處理 —— 總額法 & 淨額法

　　購買成本 $\$10,000$，銷售條件 2/10，n/30。於折扣期限內支付帳單 $\$4,000$ 的款項，其餘 $\$6,000$ 於折扣期限後付清。

(1) 總額法：

· 購買時

定期盤存制			永續盤存制		
進貨	10,000		存貨	10,000	
應付帳款		10,000	應付帳款		10,000

· 支付$4,000款項

應付帳款	4,000		應付帳款	4,000	
進貨折扣		80	存貨		80
現金		3,920	現金		3,920

· 支付剩餘款項

應付帳款	6,000		應付帳款	6,000	
現金		6,000	現金		6,000

(2) 淨額法：

· 購買時

定期盤存制			永續盤存制		
進貨	9,800		存貨	9,800	
應付帳款		9,800	應付帳款		9,800

· 支付$4,000款項

應付帳款	3,920		應付帳款	3,920	
現金		3,920	現金		3,920

· 支付剩餘款項

應付帳款	5,880		應付帳款	5,880	
進貨折扣損失	120		進貨折扣損失	120	
現金		6,000	現金		6,000

理論上淨額法較佳，原因有二：(1)此法可避免將未取得的折扣計入存貨成本，(2)可由「進貨折扣損失」科目評估管理資金之績效。但目前實務上基於帳務處理之方便，多採用總額法。

(二) 成本流動假設的選用

下列為存貨流動假設之方法。若存貨的性質或用途相同，應採用相同之成本公式；若存貨的性質或用途不用，則可採用不同之成本公式。

1. 個別認定法

此種方法係指將特定成本歸屬至可辨認之存貨項目。僅適用於不能替代的存貨項目，以及為專案計生產且加以區隔的貨物或勞務；若存貨為可替換大量生產之存貨，則不適用。

2. 平均法

(1) 定期盤存制：適用「加權平均法」。優點為客觀而有系統，無法操縱損益；缺點為一般企業之商品並非隨機或平均出售。

$$平均單位成本 = \frac{可銷售商品總成本}{可銷售商品總數量}$$

(2) 永續盤存制：適用「移動平均法」。優點為客觀而有系統，不易操縱損益，在實務上相當普遍；缺點為以早期之成本與現在之收益相配合，在物價上升之情況下，銷貨毛利含有存貨利益在內，不易評估管理當局之經營績效。

$$移動平均單位成本 = \frac{進貨後總存貨成本}{進貨後總存貨數量}$$

3. 先進先出法

先購入之商品，先轉為銷貨成本。

釋例一：存貨流動假設

C公司三月的存貨狀況如下：

日期	進貨	銷貨	存貨
3/2	2,000 @ $4.00		2,000
3/15	6,000 @ $4.40		8,000
3/19		4,000	4,000
3/30	2,000 @ $4.75		6,000

1. 個別認定法：

C公司期末存貨6,000單位之組成為：3月2日進貨之1,000單位、3月15日進貨之3,000單位及3月30日進貨之2,000單位。

日期	單位	單位成本	總成本
3/2	1,000	$4.00	$ 4,000
3/15	3,000	4.40	13,200
3/30	2,000	4.75	9,500
期末存貨	6,000		$26,700

可供銷售成本	$43,900
減：期末存貨	26,700
銷貨成本	$17,200

2. 平均法：

(1) 加權平均法：

日期	單位	單位成本	總成本
3/2	2,000	$4.00	$ 8,000
3/15	4,000	4.40	26,400
3/30	2,000	4.75	9,500
可供銷售總成本	8,000		$43,900

平均單位成本 $= \dfrac{\$43,900}{8,000} = \$4.39$

期末存貨 $= 6,000 \times \$4.39 = \$26,340$

可供銷售成本	\$43,900
減：期末存貨	26,340
銷貨成本	\$17,560

(2) 移動平均法：

日期	進貨			銷貨	存貨		
	數量	單位成本	總成本	總成本	數量	單位成本	總成本
3/2	2,000	\$4.00	\$ 8,000		2,000	\$4.00	\$ 8,000
3/15	6,000	4.40	26,400		8,000	\$4.30	34,400
3/19				4,000 @ \$4.30 \$17,200	4,000	\$4.30	17,200
3/30	2,000	4.75	9,500		6,000	\$4.45	26,700

3. 先進先出法：

日期	單位	單位成本	總成本
3/30	2,000	4.75	\$ 9,500
3/15	4,000	4.40	17,600
期末存貨	6,000		\$27,100

可供銷售成本	\$43,900
減：期末存貨	27,100
銷貨成本	\$16,800

釋例二：帳外調整

　　大興公司於95年開始營業，基於內部管理需要，存貨評價方法採先進先出法，但對外財務報表和申報稅捐則採用後進先出法。其95年至98年期末存貨金額

如下：

	95年	96年	97年	98年
先進先出法	$350,000	$360,000	$370,000	$380,000

現悉如採用後進先出法計算存貨成本時，對銷貨毛利之影響如下：

	95年	96年	97年	98年
後進先出法	$(20,000)	$10,000	$(45,000)	$(15,000)

試作：

1. 根據上述資料，計算對外財務報表上，95年至98年度期末存貨之金額。

   95年：$340,000 − $20,000 = $320,000

   96年：$360,000 + ($10,000 − $20,000) = $350,000

   97年：$370,000 − ($10,000 + $45,000) = $315,000

   98年：$380,000 − ($55,000 + $15,000) = $310,000

2. 95年底及96年，公司帳上改用後進先出法時，所需的調整分錄。

   95/12/31

銷貨成本	20,000	
備抵後進先出存貨減少數		20,000

   96/1/1

備抵後進出存貨減少數	20,000	
銷貨成本		20,000

   96/12/31

銷貨成本	10,000	
備抵後進先出存貨減少數		10,000

3. 96年底資產負債表中期末存貨應如何表達。

存貨		$360,000
減：備抵後進先出存貨減少數		(10,000)
存貨淨額		$350,000

・存貨流動假設綜合分析

在物價不斷上漲的情況下，就所得、資產及租稅三方面比較採用先進先出、平均法及後進先出法下之結果：

(1) 就所得而言：先進先出 > 平均法 > 後進先出

(2) 就資產而言：先進先出 > 平均法 > 後進先出

(3) 就租稅而言：先進先出 > 平均法 > 後進先出

釋例三：存貨流動假設之綜合分析── 先進先出法、平均法及後進先出法

期初現金餘額		$7,000
期初保留盈餘		$10,000
期初存貨	4,000 單位 @ $3	$12,000
本期進貨	6,000 單位 @ $4	$24,000
銷貨收入	5,000 單位 @ $12	$60,000
營業費用		$10,000
所得稅率		40%

	平均法	先進先出法	後進先出法
銷貨收入	$60,000	$60,000	$60,000
銷貨成本	18,000	16,000	20,000
毛利	$42,000	$44,000	$40,000
營業費用	10,000	10,000	10,000
稅前淨利	$32,000	$34,000	$30,000
所得稅	12,800	13,600	12,000
本期淨利	$19,200	$20,400	$18,000

	存貨	毛利	所得稅	淨利	保留盈餘	現金
平均法	$18,000	$42,000	$12,800	$19,200	$29,200	$20,200
先進先出法	$20,000	$44,000	$13,600	$20,400	$30,400	$19,400
後進先出法	$16,000	$40,000	$12,000	$18,000	$28,000	$21,000

由上可知，就淨利而言，先進先出法大於平均法大於後進先出法；就租稅而言，先進先出法大於平均法大於後進先出法；就資產而言，先進先出法大於平均法大於後進先出法。

(三) 存貨的後續衡量——成本與淨變現價值孰低法

1. 定義

存貨應以成本與淨變現價值孰低衡量。淨變現價值是指在正常情況下，估計售價減除至完工尚需投入之製造成本及推銷費用後之餘額。

淨變現價值的決定，原則上是以報導期間結束日時可取得確切證據為基礎，但如果與價格或成本有關的期後事項，有助於證實該存貨在報導期結束日的狀況，則決定淨變現價值時應考慮該期後事項。

在決定存貨之「估計售價」時，應採用正常營業情況下之市場價格。但若企業與買方訂有「銷貨合約」時，與該銷貨合約相關的存貨淨變現價值的衡量方法如下：

(1) 持有的存貨數量≦合約數量→「合約價格」
(2) 實際存貨數量＞銷貨合約數量→超過部分存貨之淨變現價值之估計售價，應採用一般銷貨價格作為計算基礎。

製造業之生產成本，若製成品之成本價格小於或等於其出售價格時，則相關之原料、在製品及製成品不宜沖減至低於成本。但若原料價格下跌，顯示製成品成本超過淨變現價值時，原料應沖減至淨變現價格。此時，原料的重置成本應該是淨變現價值的最佳估計數。

2. 成本與淨變現價值孰低法之應用

當成本大於淨變現價值時，需認列跌價損失，計算存貨跌價損失的方法主要有兩種：

(1) 逐項比較法：就每一項存貨逐一比較。此種存貨衡量方法最爲保守，因存貨的漲價與跌價不能互相抵銷。

(2) 分類比較法：將類似或相關的存貨項目劃分爲同一類別，將同類別之成本與其淨變現價值相比較。在同時滿足下列條件之存貨方可分爲同一類別：

i. 屬於相同生產線，具有相同或類似最終用途或目的。

ii. 於同一地區生產及銷售

iii. 實際上無法與該生產線的其他項目分開評價

若先前導致存貨淨變現價值低於成本的因素已消失，或有證據顯示經濟情況改變而使淨變現價值增加時，企業應在原計提備抵跌價損失的範圍內，轉回存貨淨變現價值增加數，並認列爲當期存貨相關費損的減少。

釋例一：成本與淨變現價值孰低法

成本與淨變現價值孰低法				
冷凍食品	成本	淨變現價值	逐項比較法	分類比較法
菠菜	$80,000	$120,000	$80,000	
蘿蔔	100,000	110,000	100,000	
四季豆	50,000	40,000	40,000	
總冷凍食品	230,000	270,000		$230,000
罐頭				
豌豆	90,000	72,000	72,000	
混合蔬菜	95,000	92,000	92,000	
總罐頭成本	185,000	164,000		164,000
總成本	$415,000	$434,000	$384,000	$394,000

・逐校比較與分類比較

	逐項比較法	分類比較法
存貨	$415,000	$415,000
減：備抵存貨跌價損失	(31,000)	(21,000)
存貨淨額	$384,000	$394,000

・分錄：

逐項比較法		分類比較法	
存貨跌價損失　　31,000		存貨跌價損失　　21,000	
備抵存貨跌價損失　　31,000		備抵存貨跌價損失　　21,000	

 釋例二：成本與淨變現價值孰低法

×1年底	數量	單位成本	單位市價
A	1,000	$10	$9
B	2,000	10	8
C	1,000	10	5
×2年底	數量	單位成本	單位市價
A	800	10	11
B	1,500	10	12
C	1,000	14	10
D	1,200	12	19

試作×1年及×2年底之存貨評價分錄。

×1/12/31

存貨跌價損失	10,000	
備抵存貨跌價損失		10,000

×2/12/31

備抵存貨跌價損失	6,000	
存貨跌價損失		6,000

三、虧損合約之會計處理

(一) 虧損進貨合約

企業與供應商訂長期供應合約，若合約價格確定，且合約不可取消，當購貨品之市價小於不可取消合約之總價時，貨品雖尚未購入，亦應認列跌價損失。

若以後市價回升，則按估計變動處理，在原認列之損失範圍內可認列市價回升利益。

此種不可取消進貨合約的損失，符合應認列或有事項損失的規定，即(1)過去的事項（合約）使企業負有現時義務，(2)企業很有可能流出經濟資源，(3)損失的金額能可靠地衡量。

釋例

中化公司採定期盤存制，與其供應商簽訂金額 $300,000 之進貨合約，合約不可取消，簽約一週後市價已下跌至 $240,000。

試作：

1. 跌價分錄：

進貨合約損失	60,000	
預計進貨合約負債		60,000

2. 進貨分錄，若當時公允價值為 $240,000：

進貨	240,000	
預計進貨合約負債	60,000	
應付帳款		300,000

3. 進貨分錄，若當時公允價值為 $200,000：

進貨	200,000	
預計進貨合約負債	60,000	
進貨合約損失	40,000	
應付帳款		300,000

4. 進貨分錄，若當時公允價值爲$290,000：

進貨	290,000	
預計進貨合約負債	60,000	
應付帳款		300,000
進貨合約損失		50,000

(二) 虧損銷貨合約

　　當企業與買方簽訂不可取消之銷貨合約時，與該合約相關的存貨其淨變現價值應用合約價格計算，若淨變現價值低於成本，該合約即成爲虧損合約，相關存貨應認列跌價損失並計提備抵跌價損失。

釋例

　　里約公司與其經銷商簽訂長期銷貨合約，約定12年7月1日至13年6月30日銷售A商品100萬件，每件單價$10。12年12月31日里約公司庫存A商品80萬件，每件單位成本$11，其重置成本爲$12。銷售A商品的銷售費用和相關稅費估計爲A商品售價之10%，相關會計處理如下：

A商品每件的淨變現價值：$10 \times (1 - 10\%) = \$9$

A商品存貨的跌價損失：$(\$11 - \$9) \times 800,000 = \$1,600,000$

銷貨合約備貨短少部分損失：$(\$12 - \$9) \times 200,000 = \$600,000$

分錄如下：

1. 認列存貨跌價損失：

存貨跌價損失	1,600,000	
備抵存貨跌價損失		1,600,000

2. 認列銷貨合約損失：

銷貨合約損失	600,000	
預計銷貨合約負債		600,000

四、存貨的估計方法—毛利法與零售價法

(一) 毛利法

運用過去的毛利率，以估計本期的銷貨成本和期末存貨。此種方法通常運用於下例情況：

(1) 會計師或內部審計人員用以查核公司存貨計價之合理性。

(2) 定期盤存制下，運用此法估計存利，利於編製期中報表。

(3) 估計存貨損失金額。

(4) 利於編製預算。

1. 毛利法的計算步驟

(1) 平均銷貨毛利率 $= \dfrac{過去若干年銷貨毛利之和}{過去若干年銷貨淨額之和}$

(2) 本期銷貨淨額 × 毛利率 = 本期估計銷貨毛利

(3) 本期銷貨淨額 − 本期估計銷貨毛利 = 本期估計銷貨成本

(4) 本期可銷售商品成本 − 本期估計銷貨成本 = 本期估計期末存貨

2. 毛利法之基本假設

(1) 本期毛利率與以前年度平均毛利率相同

(2) 各商品之銷售組合比例不變

3. 若假設條件不成立，應按對列方法處理

(1) 條件一不成立，應按本期實際售價及成本估算毛利率

(2) 條件二不成立，則應按商品別分別估計。

釋例

期初存貨	$　500,000
本期進貨淨額	2,000,000
本期銷貨淨額	3,000,000
估計毛利率	30%

試求本期期末存貨：

本期銷貨淨額$3,000,000×（1 − 毛利率30%）＝估計銷貨成本$2,100,000

本期期末存貨＝期初存貨$500,000＋本期進貨淨額$2,000,000

$\qquad$− 估計銷貨成本$2,100,000

$\qquad$＝ $400,000

(二) 零售價法

1. 運用期末存貨之零售價來估計期末存貨成本的方式。

其計算步驟如下：

(1)計算出可售商品之成本總額及零售價總額

(2)依個種成本流動假設計算成本比率（成本/零售價）

(3)可售商品零售價總額 − 本期銷貨淨額＝期末存貨零售價金額

(4)期末存貨零售價金額×成本比率＝期末存貨成本

2. 適用情形

(1)在會計年度結束時，為驗證存貨成本之合理性，會計人員可利用此種存貨資料，確定存貨評價是否適當。

(2)在會計當中如未能實地盤點，則可運用此法以估計存貨之成本，以利於期中報表之編製。

(3)某些行業存貨項目非常多且售價資料明確，使用一般存貨評價方法，

帳務處理成本很高，用零售價法可簡化存貨評價程序，節省帳務處理成本。

3. 名詞解釋

(1) 原始售價：商品購入後之原始價格。

(2) 加價：新售價超過「原始售價」的部分。

(3) 加價取消：加價後之降價，直至「原始售價」為止。

(4) 淨加價：加價－加價取消。

(5) 減價：將售價降低至原始售價以下的部分。

(6) 減價取消：降價後再降售價提高，但不高於「原始售價」。

(7) 淨減價：減價－減價取消。

4. 零售價法之運用：

	成本與淨變現價值孰低			
	先進先出法	平均法	先進先出法	傳統法
期初存貨（成本和零售價）	不包括	包括	不包括	包括
期末存貨（成本和零售價）	包括	包括	包括	包括
淨加價	包括	包括	包括	包括
淨減價	包括	包括	不包括	不包括

釋例：各種流動假設下之零售價法應用

	成本	零售價
期初存貨	$ 420	$ 600
本期進貨	2,100	2,800
加　　價		300
加價取消		50
減　　價		550
減價取消		100
銷　　貨		2,400

試用零售價法推估期末存貨之成本。

	成本	零售價
期初存貨	$ 420	$ 600
本期進貨	2,100	2,899
加：淨加價		250
減：淨減價		450
可銷售商品	$2,520	$3,200
減：銷貨淨額		2,400
期末存貨		$ 800

1. 先進先出零售價法：

   成本比率 $= \dfrac{\$2,100}{\$2,600} = 0.808$

   期末存貨成本 $= \$800 \times 0.808 = \underline{\$646}$

2. 加權平均成本零售價法：

   成本比率 $= \dfrac{\$2,520}{\$3,200} = 0.7875$

   期末存貨成本 $= \$800 \times 0.7875 = \underline{\$630}$

3. 傳統零售價法：

   成本比率 $= \dfrac{\$2,520}{\$3,650} = 0.6904$

   期末存貨成本 $= \$800 \times 0.6904 = \underline{\$552}$

4. 先進先出法成本與市價孰低零售價法：

$$成本比率 = \frac{\$2,100}{\$3,050} = 0.6885$$

$$期末存貨成本 = \$800 \times 0.6885 = \underline{\$551}$$

5. 特殊項目：

	成　本	零售價
期初存貨	×××	×××
本期進貨	×××	×××
加：進貨運費	＋	
減：進貨退出	－	－
減：進貨折讓	－	
加：淨加價		×××
減：淨減價		×××
減：非常損耗	－	－
小　　計	×××	×××
減：正常損耗		－
可銷售商品		×××
減：銷貨（銷貨總額－銷貨退回＋商業折扣）		－
銷貨折讓：不處理		
期末存貨		×××

1. 進貨運費：進貨成本加項，但不包括零售價。

2. 進貨折扣及讓價（假設採總額法）：進貨成本減項，但不包括零售價中。

3. 進貨退出：退出商品之成本及零售價皆應減除。

4. 非常損耗：在計算可銷售商品前之成本及零售價均應減除。

5. 正常損耗：應視同銷貨，自可銷售商品零售價下減除。

6. 銷貨退回：應從銷貨收入中減除，作為銷貨收入之項，但不影響進貨成本和成本比率。

7. 銷貨折扣及讓價：在計算期末存貨和零售價時，不作為銷貨收入的減項。

8. 員工折扣或優待：公司給職員之購貨折扣或優待應視為銷售收入，以求算期末存貨的零售價。

5. 零售價法之基本假設和限制

(1) 各種商品的加價比率均相同
(2) 各種商品的加價比率全年度均不變

釋例：零售價法

台中公司之存貨按傳統零售價法計價，以下為相關資料：

A. 民國96年1月1日之存貨零售價 $560,000，按傳統零售價法計得之成本 $ 298,000

B. 民國96年度之相關資料：

	成　本	零售價
進貨總額	$3,110,000	$5,540,000
進貨退回	52,000	100,000
進貨折讓	60,000	-
銷貨總額（扣除員工折扣）	-	5,610,000
銷貨退回	-	90,000
員工折扣	-	30,000
進貨運費	176,000	-
淨加價	-	200,000
淨減價	-	130,000

試求：民國96年12月31日以傳統零售價法估計之存貨金額：

	成本	零售價
期初存貨	$ 298,000	560,000
本期進貨	3,110,000	5,540,000
加：進貨運費	176,000	-
減：進貨退出	(52,000)	(100,000)
進貨折讓	(60,000)	-
加：淨加價		200,000
減：淨減價		(120,000)
可銷售商品	$3,472,000	$ 6,080,000
減：銷貨		(5,550,000)
期末存貨		$ 530,000

$$成本比率 = \frac{\$3,472,000}{\$6,200,000} = 56\%$$

$$期末存貨 = \$530,000 \times 56\% = \underline{\$296,800}$$

習 題

一、選擇題

（　）1. 企業必須將所有可供銷售成本分攤至　(A)期初存貨及本期進貨　(B)期末存貨及本期進貨　(C)損益表及財務狀況表　(D)以上皆是。

（　）2. 明星公司使用永續盤存制記錄存貨。2011年12月31日，帳上調整前之存貨金額為$64,000，期末盤點後之存貨金額為$62,500。下列關於明星公司在2011年12月31日之財務狀況表及損益表之敘述何者正確？　(A)增加存貨$1,500，減少銷貨成本$1,500　(B)減少存貨$1,500，增加銷貨成本$1,500　(C)存貨及銷貨成本各增加$1,500　(D)存貨及銷貨成本各減少$1,500。

（　）3. 大眾公司為一承銷商，替玩具製造廠商承銷商品，此外大眾公司亦銷售其自行製造之玩具商品。2011年12月31日大眾公司之期末存貨包含自大大公司所寄銷之商品$400,000，下列關於大眾公司在2011年12月31日之財務狀況表及損益表之敘述何者正確：　(A)大眾公司之期末存貨低估$400,000　(B)大眾公司之保留盈餘高估$400,000　(C)大眾公司之銷貨成本高估$400,000　(D)大眾公司之財務報表正確無誤。

（　）4. A公司所寄銷之商品$200,000，於財務狀況表中應如何表達？　(A)在A公司之財務狀況表中表達，存貨$200,000　(B)在承銷者之財務狀況表中表達　(C)在A公司之財務狀況表中表達，存貨金額為$200,000加上其他寄銷商所寄銷之存貨金額　(D)以上皆非。

（　）5. 在途存貨若為目的地交貨者，下列哪項科目包含在途存貨之金額？　(A)應付帳款　(B)存貨　(C)設備　(D)不包含於財務狀況表中。

（　）6. 若2010年之期初存貨高估，則對2010年之銷貨成本、淨利及2011年之期末存貨影響為何？　(A)高估，低估，高估　(B)高估，低估，無影響　(C)低估，高估，高估　(D)低估，高估，無影響。

（　）7. 綠意公司於2010年之期末存貨包含所承銷之商品，則對綠意公司2010年之財務影響為何？　(A)淨利、流動資產及保留盈餘高估　(B)淨利無影響，但流動資產低估　(C)淨利及流動資產高估，但負債低估　(D)淨利、流動資產及保留盈餘低估。

（　）8. 若期初存貨高估$100,000，則對當年之期末保留盈餘影響為何？　(A)低估

$100,000　(B)無影響　(C)高估$100,000　(D)無法判斷。

（　）9. 長榮公司製造遊艇並銷售，每艘遊艇之製造成本為$30,000,000，並需耗時3年才能製造完成。在製造每艘遊艇的過程中，長榮公司產生$3,000,000之利息成本，平均發生在製造期間。製造第一年，長榮公司製造遊艇之外殼；剩餘二年依顧求所提出之要求製造遊艇。依國際會計準則規定，長榮公司因製造遊艇所產生之利息成本應如何處理：　(A)當利息發生時，認列利息費用$3,000,000　(B)將利息成本$3,000,000資本化至遊艇成本　(C)第一年利息成本$1,000,000在利息發生時認列為費用；剩餘$2,000,000資本化至遊艇成本　(D)第一年利息成本$1,000,000資本化至遊艇成本；剩餘$2,000,000在利息發生時認列為費用。

（　）10. 龍江公司對大量購貨之顧客提供折扣優惠，依據國際會計準則，享有折扣優惠之顧客應如何認列折扣優惠？　(A)費用　(B)收入　(C)進貨成本之減項　(D)以上皆非。

（　）11. 下列何種產品成本直接歸屬於存貨？　(A)銷售成本　(B)利息成本　(C)原料　(D)非正常損壞成本。

（　）12. 農業產品為：　(A)自生物資產收穫之產品　(B)依收穫時之成本評價　(C)在每個報導日依公允價值減銷售成本評價　(D)以上皆是。

（　）13. 當物價上漲時，採用何種存貨假設方法將使淨利達到最高？　(A)移動平均法　(B)先進先出法　(C)個別認定法　(D)加權平均法。

（　）14. 當物價上漲時，採用何種存貨假設方法將使存貨金額達到最高？　(A)先進先出法　(B)移動平均法　(C)個別認定法　(D)加權平均法。

（　）15. 當物價上漲時，採用後進先出法之優點，下列何者為非？　(A)存貨將會高估　(B)支出與收入較為配合　(C)產生稅盾　(D)未來若產品價格下降，企業盈餘較不受影響。

（　）16. 已簽訂合約購貨合約之原料，其財務狀況表應如何揭露？　(A)企業應揭露此一事實　(B)若簽訂合約後價格下降，企業應揭露　(C)若簽訂合約後價格上漲，企業應揭露　(D)不論何種情形皆不需揭露。

（　）17. 新奇公司使用零售價法評價存貨，以下為2012年之相關資料：

	平均零售價法	
	成本	零售價
期初存貨及進貨	$600,000	$920,000
淨加價		40,000
淨減價		60,000
銷貨		780,000

試問2012年新奇公司之銷貨成本為何？

(A)$480,000　(B)$495,500　(C)$520,000　(D)$525,000。

(　　)18.在零售價法下，下列何項需納入成本及零售價可供銷貨成本金額之計算中？

(A)進貨退回　(B)銷貨退回　(C)淨加減　(D)進貨運費。

(　　)19.愛霖公司關於存貨之記錄如下：

2011/1/1期初存貨	$500,000
2011年進貨	2,500,000
2011年銷貨	3,200,000

2011年12月31日之實際存貨為$575,000，愛霖公司之銷貨毛利率為25%，愛霖公司總經理懷疑員工有偷竊公司商品，試問2011年愛霖公司遺失之存貨金額為：　(A)$25,000　(B)$100,000　(C)$175,000　(D)$225,000。

(　　)20.晴天公司使用零售價法估計期中存貨金額，2011年6月30之相關存貨資料如下：

	成本	零售價
期初存貨	$ 180,000	$ 250,000
進貨	1,020,000	1,575,000
淨加價		175,000
銷貨		1,705,000
正常損壞		20,000
淨減價		125,000

在傳統零售價法下，2011年6月30日估計之存貨金額為：

(A)$90,000　(B)$96,000　(C)$102,000　(D)$150,000。

二、計算題

1.新民公司要求會計師複核2012年期末存貨，其他資訊如下：

a.新民公司採用定期盤存制，2012年期末盤點存貨金額為$234,890。

b.12月15日向星星公司購買之存貨$10,420，起運點交貨，未包含於期末存貨中。新民公司至隔年1月才收到商品。12月31日已開立發票並記錄。

c.12月30日銷售予心心公司之商品包含於期末存貨中。心心公司至隔年1月3日才收到商品，目的地交貨。發票金額$12,800，存貨成本$7,350。發票已開立並記錄。

d.12月31日收到向新新公司購買之商品$15,630，包含於期末存貨中，目的地交貨。發票已開立，但尚未記錄。

e.期末盤點後才收到向昕昕公司購買之商品$8,540，故此商品未包含於期末盤點存貨中。發票已開立並記錄。

f.期末存貨包含承銷欣欣公司之商品$10,438。

g.期末盤點後才銷貨予辛辛公司，辛辛公司至隔年1月3日才收到商品。起運點交貨，此部分商品包含於期末盤點存貨中。已開立發票並記錄，發票金額$18,900，存貨成本$11,520。

h.收到貸項通知單，退回商品成品$1,500，售價$2,600，未包含於期末盤點存貨中，尚未記錄。

(1) 正確之期末存貨金額。

(2) 請作更正分錄。

2.新穎公司四月之存貨記錄如下：

		進　貨					銷　貨		
四月	1	600	@	$6.00	四月	3	500	@	$10.00
	4	1,500	@	6.08		9	1,300	@	10.00
	8	800	@	6.40		11	600	@	11.00
	13	1,200	@	6.50		23	1,200	@	11.00
	21	700	@	6.60		27	900	@	12.00
	29	500	@	6.79			4,500		
		5,300							

(1)假設新穎公司採用定期盤存制，請計算下列方法之期末存貨金額：

　　(a)先進先出法；(b)平均法

(2)假設新穎公司採用永續盤存制，請計算下列方法之期末存貨金額：

　　(a)先進先出法；(b)平均法

3.試將下表中遺漏之金額補上：

	2009	2010	2011
銷貨	$ 300,000	?	$ 450,000
銷貨退回	5,000	20,000	?
銷貨淨額	?	340,000	?
期初存貨	25,000	35,000	?
期末存貨	?	?	?
進貨	?	261,000	307,000
進貨退回與折讓	5,000	8,000	10,000
進貨運費	8,000	9,000	12,000
銷貨成本	240,000	?	305,000
銷貨毛利	55,000	75,000	115,000

4. 頂好公司之存貨資訊如下：

	成本	零售價
期初存貨	$ 250,000	$ 390,000
進貨	914,500	1,460,000
進貨退回	60,000	80,000
進貨折扣	18,000	—
銷貨（扣除員工折扣後）	—	1,410,000
銷貨退回	—	97,500
加價	—	120,000
加價取消	—	40,000
減價	—	45,000
減價取消	—	20,000
進貨運費	42,000	—
員工折扣	—	8,000
正常損壞	—	4,500

頂好公司採傳統零售價法，試計算2011年12月31日之期末存貨。

5.福音公司於12月底時因火災造成部分存貨燒毀，當時公司關於存貨之記錄如下：

期初存貨	$170,000	銷貨	$650,000
進貨	450,000	銷貨退回	24,000
進貨退回	30,000	毛利率	30%

未燒毀之存貨可銷售$21,000，燒毀之存貨原可銷售$15,000，現僅能以$5,300出售

試問福音公司因火災而損失之金額，假設福音公司未有任何保險補償。

解答：

一、選擇題

1. C	2. B	3. B	4. A	5. D	6. B	7. A	8. B	9. B	10. C
11. C	12. A	13. B	14. A	15. A	16. A	17. D	18. A	19. A	20. A

二、計算題

1.

(1)$234,890+$10,420+$8,540−$10,438−$11,520+$1,500＝<u>$233,392</u>

(2)

| 銷貨收入 | 12,800 | |
| 　應收帳款 | | 12,800 |

| 進貨 | 15,630 | |
| 　應付帳款 | | 15,630 |

| 銷貨退回與折讓 | 2,600 | |
| 　應收帳款 | | 2,600 |

2.

(1)先進先出法：$(500×$6.79)+(300×$6.60) ＝ <u>$5,375</u>

　　後進先出法：$800×($33,655/5,300) ＝ <u>$5,080</u>

(2)先進先出法：$(500×$6.79)+(300×$6.60) ＝ <u>$5,375</u>

　　後進先出法：

日期	進貨 單位	進貨 單位成本	銷貨 單位	銷貨 單位成本	餘額 單位	餘額 單位成本	餘額 金額
4月1日					600	$6.0000	$3,600
4月3日			500	$6.000	100	6.0000	600
4月4日	1,500	$6.08			1,600	6.0750	9,720
4月8日	800	6.40			2,400	6.1833	14,840
4月9日			1300	6.1833	1,100	6.1833	6,802
4月11日			600	6.1833	500	6.1833	3,092
4月13日	1,200	6.50			1,700	6.4071	10,892
4月21日	700	6.60			2,400	6.4633	15,512
4月23日			1200	6.4633	1,200	6.4633	7,756
4月27日			900	6.4633	300	6.4633	1,939
4月29日	500	6.79			800	6.6675	5,334

期末存貨之金額為：$5,334

3.

	2009	2010	2011
銷貨	$ 300,000	360,000	$ 450,000
銷貨退回	5,000	20,000	30,000
銷貨淨額	295,000	340,000	420,000
期初存貨	25,000	35,000	32,000
期末存貨	35,000	32,000	36,000
進貨	247,000	261,000	307,000
進貨退回與折讓	5,000	8,000	10,000
進貨運費	8,000	9,000	12,000
銷貨成本	240,000	265000	305,000
銷貨毛利	55,000	75,000	115,000

4.

	成本	零售價
期初存貨	$250,000	$390,000
進貨	914,500	1,460,000
進貨退回	(60,000)	(80,000)
進貨折扣	(18,000)	—
進貨運費	42,000	—
加價		$120,000
加價取消		(40,000) 80,000
合計	$1,128,500	1,850,000
減價		(45,000) —
減價取消		20,000 (25,000)
銷貨		(1,410,000) —
銷貨退回		97,500 (1,312,500)
正常損壞		(4,500)
員工折扣		(8,000)
期末存貨		$500,000

零售價成本率 = $1,128,500/$1,850,000 = 61%

期末存貨成本 = $500,000×61% = $305,000

5.

期初存貨		$170,000
進貨		450,000
		$ 620,000
進貨退回		(30,000)
可供銷售成本		$ 590,000
銷貨	$650,000	
銷貨退回	(24,000)	
銷貨淨額	$626,000	
減：毛利	(187,800)	(438,200)
估計期末存貨		$ 151,800
減：未燒毀之存貨		(14,700)
減：已燒毀之存貨變現		(5,300)
火災損失金額		$ 131,800

第七章

不動產、廠房及設備——
購置及處分

不動產、廠房及設備為提供企業營運所需之固定資產,而非供企業營運所需之不動產、廠房及設備(租賃業、不動產、廠房及設備買賣業除外),在IFRS下一般歸類為「投資性不動產」,因閒置資產通常視為持有為使資產增值者而歸入之。不動產、廠房及設備在企業的財務報表上通常占據重要的一部分。例如:西南航空公司及沃爾瑪,在最近期的財報上,他們的不動產、廠房及設備佔其總資產的比例從60%升高到75%。

　　隨著世界經濟的起飛,最近也有許多企業因政策上的考量,開始轉向外包政策,將某部分的製造及組裝交由公司外部的製造者去執行,因而不動產、廠房及設備占其總資產的比例有下降的趨勢。例如:北電網路公司(Nortel)及阿爾卡特朗訊(Alcatel-Lucent)就是很好的例子。就Nortel來說,他們出售許多公司業務及主要設備然後外包作業,以減少成本及製造活動。如此他們更能專注在他們的核心業務上,並能更有效地管理不動產、廠房及設備的投資。而財務報表之使用者,也可透過資產負債表上所表示之數字,運用財務分析得知該企業是否有效靈活地運用資產,及瞭解企業之財務架構是否穩固,藉以評斷企業之未來展望。

　　不動產、廠房及設備的性質類似於「預付費用」,係於取得時先支付一筆款項,為符合配合原則。其供營業使用之固定資產於日後營運期間,應按合理且有系統之方式分攤其成本,而所分攤之成本則稱為「折舊費用」。製造業於生產時也會使用大量之固定資產,而固定資產每期所發生之折舊費用,企業應依該產業一般可接受之分攤分式,分配製造費用至在製品及製成品,以合理計算出該產品之生產成本。在續後之使用期間,可能會發生維修費用等支出,在衡量該支出是否應資本化時,應考量到該筆支出所帶來之效益是否會超過一個會計週期及支出之金額大小,通常金額不大之支出皆歸類為費用。

一、不動產、廠房及設備之定義

　　不動產、廠房及設備之定義,係指為供日常營業所使用之有形資產且預計使用超過一個會計期間。不動產、廠房及設備通常包含:土地、建築物(辦公室、廠房、倉庫)及設備(機器、家具、工具)等。

從定義可以得知不動產、廠房及設備的主要有三個特徵：

1. 企業所持有供日常營業所使用，而非爲投資或出售用途

只有供作營業上使用的不動產、廠房及設備可歸類爲「不動產、廠房及設備」。例如：閒置的建築物非供營業使用者，一般都歸類爲「投資性不動產」；爲不動產、廠房及設備之持有可能增值者，則劃分爲「投資性不動產」；土地重新劃分爲便利出售者，則將土地歸類爲「存貨」。

2. 耐用年限超過一個會計期間且折舊

指不動產、廠房及設備的使用年限會超過一個會計期間，並依合理且有系統之分攤方法分攤不動產、廠房及設備之成本。

3. 爲有形之資產：不動產、廠房及設備爲實體存在之有形資產。

二、不動廠、廠房及設備之相關名詞解釋

1. **成本**：係指爲取得資產而於購買或建置時所支付之現金、約當現金或其他對價之公允價值，或於適用之情況下依其他國際財務報導準則之規定，以原始認列時歸屬於該資產之金額。
2. **可折舊金額**：係指資產成本或其他替代成本之金額減除殘值後之餘額。
3. **折舊**：係將資產之可折舊金額於耐用年限內有系統地分攤。
4. **企業特定價值**：係指企業預期從資產之持續使用，及於耐用年限屆滿時之處分中所產生之現金產量現值，或預期爲清償負債而發生之現金流量現值。
5. **公允價值**：係指在公平交易下，已充分瞭解並有成交意願之雙方據以達成資產交換之金額。
6. **不動產、廠房及設備**：係指同時符合下列條件之有形項目：(1)用於商品或勞務之生產或提供、出租予他人或供管理目的而持有，及(2)預期

使用期間超過一期。

7. **可回收金額**：係指資產之公允價值減出售成本後之金額與其使用價值兩者較高者。

8. **耐用年限**：係指(1)企業預期可使用資產之期間，及(2)企業預期可由資產取得之產量或單位。

三、不動產、廠房及設備之會計處理

在衡量不動產、廠房及設備之原始成本時，許多企業皆會採用其歷史成本作為入帳之基礎。歷史成本係指為取得資產而於購買或建置時，所支付之現金、約當現金或其他對價之公允價值；或於適當時，依其他國際財務報導準則之特定規定，於原始認列時歸屬於該資產之金額。

不動產、廠房及設備在符合以下之認列標準時，才予以認列：

1. 與該項目有關的未來經濟效益很可能流入企業
2. 該項目的成本能夠可靠地衡量

例如：星巴克購買咖啡機作為營運用途，只有在咖啡機之成本能可靠衡量且具未來經濟效益時，咖啡機才能認列為資產。

一般來說，不動產、廠房及設備之成本通常包含：

1. **購買成本**：包含進口關稅、不可退還之進項稅額但扣除折扣及回扣。

2. 可直接歸屬於資產之一切合理且必要之支出，例如：在A地之A公司向B地之B公司購買機器設備，其機器之成本包含從B地運送到A地所發生之運費。

3. 拆卸、移除不動產、廠房及設備及復原所在地點之原始估計成本：是指企業於取得不動產、廠房及設備時，或在特定期間（供生產存貨之期間除外）因使用而發生者。

上述之「可直接歸屬的支出」通常包括：

1. 因建造或購不動產、廠房及設備直接產生的員工福利成本

2. 場地整理成本

3. 原始交貨及處理成本

4. 安裝和組裝成本

5. 測試資產是否能正常運轉的成本，扣除在測試過程中所生產產品的出售淨收入

6. 專業公費

不動產、廠房及設備在認列後之續後期間，可採用成本法或公允價值法（重估價法）作為衡量基楚。企業可對不動產、廠房及設備分別採用成本法或公允價值法來評價，但許多企業都採用成本法，因採成本法衡量者相對於採公允價值法之企業，可節省評估資產公允價值之鑑定成本。除此之外，資產之公允價值通常會大於其成本，若採用公允價值法，則每年的折舊費用通常會比採用成本法者之折舊費用高，而導致淨利降低。

不動產、廠房及設備認列後，其日常維修所消耗的零組件、材料、人工及消耗品等，均應認列為「修理與維護」費用。

(一) 土地成本之衡量

土地成本包括取得土地之成本，及使土地達到可使用狀態前所發生之支出，通常包含下列成本：

1. 購買成本

2. 手續成本，如：律師費、過戶費等

3. 使土地達到可使用狀態前之成本，如：整地、填土、地上物拆除費等

4. 永久性之土地改良物

一般來說，土地皆被歸類為「不動產、廠房及設備」。但若企業取得土地係為投資者，應歸類為「投資性不動產」；若取得係為再出售者，則應歸類為「存貨」。

(二) 建築物成本之衡量

建築物之成本包含一切與其相關之取得或建造成本，通常包含：

1. 建造期間所發生之原料、人工及製造費用

2. 與建築物相關之費用

但若為需拆除舊建物才能建新建物者，其拆除舊建物之成本減除其殘值後之成本應屬為使「土地」達到可使用前之成本，而非新建物之成本。

(三) 機器設備成本之衡量

機器設備主要包含：運輸設備、辦公設備、機器設備、傢俱、工廠設備及相似之固定資產。成本主要包括：

1. 購買成本

2. 運費及處理成本，如：保險費、組裝費及測試費用等等

3. 任何使機器設備達到可銷售前一切合理且必要之支出

(四) 自建資產

某些企業會選擇自行建造其使用資產，其自建資產成本之衡量，主要是以「投入成本」及該資產之「公允價值」較小者為基礎。投入成本的計算主要包含原料、人工及製造費用等等，其中原料及人工屬直接成本，可直接歸屬於資產。製造費用又可分為變動製造費用及固定製造費用，其中變動製造費用與原料人工相同屬直接成本，而固定製造費用則屬間接成本，通常採用二種方式來分配固定製造費用：

・ 不分攤任何固定製造費用。此方法係假設不論是否建造此資產企業皆會產生此項費用，因此這項固定製造費用與建造資產並無關聯故不分攤。

・ 分攤部分製造費用至自建資產。此方法又稱「全部成本法」，係假設製造費用的發生係與建造資產有關，故分攤部分製造費用至自建資產。

1. 利息資本化

由於自建資產大都需要較長的時間，符合「借款成本」利息資本化條件，

因此應將建造期間之利息資本化作為自建資產的成本。

(1) 借款成本的定義

借款成本是指企業因舉借資金而發生之利息及其他成本。借款成本包括下列各項：

① 依國際會計準則第39號「金融工具：認列與衡量」規定，按有效利息法計算之利息費用

② 依國際會計準則第17號「租賃」規定，採融資租賃所認列之融資費用

③ 外幣借款之兌換差額中視為對利息成本之調整者

(2) 借款成本的會計處理

企業發生的借款成本，可直接歸屬於符合資本化條件之資產的購置、建造或生產者，應當予以資本化·計入相關資產成本；其他借款成本，應於發生當期認列為費用，計入當期損益。

(3) 應資本化之資產

符合資本化條件之資產，是指需要經過相當長時間之購建或生產活動，才能達到預定可使用，或可銷售狀態的不動產、廠房及設備、投資性不動產、無形資產和存貨等資產。

(4) 不應資本化之資產

① 經常製造或重複大量生產之存貨

② 已供或已能供營業使用之資產

③ 目前雖未能供營業使用，但也未在進行使其達到預定可使用，或可銷售狀態的必要購置或建造工作之資產

④ 符合資本化條件之資產依公允價值衡量者

(5) 應資本化期間

① 開始資本化之時點

符合下列三種情況時，即應開始將利息資本化：

a. 資產支出已發生

b. 正在進行使該資產達到可用狀態及地點之必要工作

c. 借款成本已發生

② 資本化之暫停

符合資本化條件的資產在購建或生產過程中，發生較長的中斷期間（通常三個月以上）時，應當暫停借款成本的資本化。如果中斷是購建或生產過程的必要部分，則中斷期間的借款成本仍可繼續資本化。

③ 停止資本化之時點

當符合要件之資產達到預定使用，或出售狀態之幾乎所有必要活動已完成時，即應停止借款成本之資本化。當符合要件之資產是分成部分完工，且已完工之每一部分可單獨使用，而其餘部分仍繼續建造時，企業應於該部分達到預定使用，或出售狀態之幾乎所有必要活動已完成時，停止借款成本之資本化。

(6) 應資本化之金額

資本化金額應依下列規定確定：

① 為購建或生產符合資本化條件的資產而借入專案借款時，應當以專案借款當期實際發生之借款成本，減去尚未動用之借款資金存入銀行所得的利息收入，或進行暫時性投資所得之投資收益後之金額，作為資本化金額。（全部專案借款的淨利息費用均資本化，不論借款資金已全部投入）

② 為購建或生產符合資本化的資產而占用了一般借款的資金時，應當根據累計資產支出超過專案借款部分的資產支出加權平均數，乘以一般借款的加權平均利率，計算應予資本化的資款成本金額。

所謂資產支出加權平均數，是指支出金額乘以支出期間占全年度的比例。例如3月1日支出$240,000，至年底尚未完工，資產支出之加權平均數為$240,000 \times 10/12 = \$200,000$。

③ 在資本化期間內，每一會計期間之借款成本資本化金額，不得超過當期相關借款實際發生之借款成本金額。

④ 資本化之借款成本在次年度仍應計算借款成本資本化。

⑤ 加權平均利率 ＝ 總利息／總本金

如購建資產是供出售且有預收價款者，或購建資產受有政府補助款者，在計算累計資產支出加權平均數時，應將該期間預收價款和接受政府補助款的加權平均數減除。

釋例

借款成本資本化——有專案借款、有長期中斷。

P公司於×1/1/1動工興建廠房,分別於下列日期支付工程款:

×1/1/1	$3,000,000
×1/7/1	3,000,000
×1/12/1	2,000,000
×2/3/1	4,000,000
×2/5/1	2,000,000

×1/7/1至×1/10/31因工安事故被迫停工,×2/6/30達到可使用狀態,×2/8/1正式啟用。有關借款資料如下:

A. ×1/1/1向華銀專案借款$6,000,000,三年期,年利率6%,每年年底付息。

B. ×0/12/31向台銀借款$5,000,000,五年期,年利率8%,每年年底付息。

C. ×0/12/31發行公司債$50,000,000,十年期,票面利率10%,每年年底付息。

專案借款未動用資金均用於投資短期票券,月收益率為0.3%。

試計算×1年與×2年可資本化利息。

(1) ×1年專案借款部分:

期間	累計支出	閒置資金用於投資金額	借款成本	投資收益	資本化金額	費用化金額
×1/3/1~×1/6/30	$3,000,000	$3,000,000	$120,000	$36,000	$ 84,000	$ 36,000
×1/7/1~×1/10/31	6,000,000	-	120,000	-	-	120,000
×1/11/1~×1/12/31	6,000,000	-	60,000	-	60,000	-
合計					$144,000	$156,000

(2) ×1其他借款部分:

$$累積支出平均數 = \$2,000,000 \times \frac{1}{12} = \$166,667$$

$$加權平均利率:\frac{\$400,000 + \$5,000,000}{\$5,000,000 + \$50,000,000} = 9.82\%$$

設算之利息：$166,667 \times 9.82\% = \$16,367$

與認列利息$450,000取小→$16,367

合計：$144,000 + \$16,369 = \$160,369$

(3) ×2年專案借款部分：

累積支出平均數 $= \$6,000,000 \times 6/12 = \$3,000,000$

可資本化利息 $= \$3,000,000 \times 6\% = \$180,000$

(4) ×2年其他借款部分：

其他借款的累積支出平均數

$= \$2,160,367 \times 2/12 + \$6,160,367 \times 2/12 + \$8,160,367 \times 2/12 = \$2,746,850$

設算之利息 $= \$2,746,850 \times 9.82\% = \$269,741$

與認列利息$270,000取小→$269,741

合計：$449,741

四、評價不動產、廠房及設備

1. **現金購買**：支付各項設備資產成本之現金，均爲該資產之取得成本。購買價格中若附有現金折扣，無論是否取得折扣，一律以其淨額作爲設備資產之成本。

2. **延遲付款購買**：應將該債務（應付票據或應付公司債）之本息按市場有效利率折現，以其折現值作爲取得成本。

3. **整批購買**：應採「相對市價法」將總成本分攤至個別資產。若購入之資產中，僅一者有客觀之公允價值，財以其公允價值爲該資產之購入成本，其餘之購價作爲其餘資產之成本。

4. **發行證券交換**：應以所取得資產之公允價值或證券之公允價值，兩者中較爲客觀明確者爲準。若證券有客觀的市價，則以證券之市價爲入帳成本；反之，若證券未上市無客觀市價，但所取得之資產確有明確行情，才應以該資產之公允價值爲入帳基礎。

5. **自建資產**：企業有時會自行建造或生產供自己使用之資產，自建資產之成本，包括使該資產達到能依管理階層預定方式運作的地點，及狀

態的所有必要支出。自建成本包括直接人工、直接材料及間接生產成本（含固定及變動成本等），若自建成本超過該資產之公允價值，則應於當期認列為損失而非資本化。若自建成本小於該資產之公允價值，不可認列為利益。

6. **受贈資產**：由別人捐贈而得。無相對給付的資產移轉，稱為「片面移轉」，非貨幣性資產的片面移轉應按期公允價值入帳。

企業收受補助大部分來自於政府機關，依國際會計準則第20號「政府補助的會計及政府輔助的揭露」規定企業接受補助的處理方法。

7. **非貨幣性資產交換**：企業有時以非貨幣性資產作價換入其他非貨幣性資產，此種交易，稱為「非貨幣性資產交換」。

8. **事業合併**：透過事業合併取得之不動產、廠房及設備應按照其在合併日（取得控制權之日）的公允價值認列。相關之會計處理與其他方式取得者相同。

9. **融資租賃資產**：融資租賃取得之不動產、廠房及設備適用國際會計準則第17號：「租賃」的規定，其原始認列時應按照租賃資產在租賃開始日之公允價值和最低租金給付額之現值孰低衡量。

針對上述要點「6.受贈資產」及「7.非貨幣性資產交換」做進一步探討。

※受贈資產

捐贈者應按公平市價承認捐贈費用，並將帳面值與公允價值差額認列處分損益。

受贈者之會計處理

1. 來自政府以外個體之捐贈：借「固定資產（公允價值）」，貸「其他收入-受贈」
2. 來自政府之捐助
(1) 固定資產有關之政府捐助

①折舊性資產

應認列為遞延收入，並按折舊費用攤提比例，逐期將遞延收入轉列為收入。

②非折舊性資產

若政府要求企業覆行某些義務，企業應於覆行義務所投入成本認列為費用之期間，認列該項政府捐助收入，例如政府捐贈土地並要求企業於地上開發建物，則該捐助應依該建物之耐用年限分期認列為捐助收入。但政府若未要求企業覆行任何義務，在收到該資產即立即認列捐助收入。

③財務報表上之表達

遞延政府捐助收入在資產負債表上可列在負債項下，或列為相關資產之減項。

政府捐助於損益表之表達方式應配合資產負債表之表達，作為其他收入或折舊費用之減項。

(2) 與所得有關之政府捐助

①未來期間有相關成本發生

應依合理而有系統之方法配合其相關成本之預期發生期間認列為捐助收入；其未實現者，應列為遞延收入。

②未來期間無相關成本發生

政府捐助如係補償企業已發生費用或損失，或係政府對該企業之立即財務支援，且企業無須對該捐助支付未來之相關成本，則應於合理確定可收到該捐助款項之期間一次認列為收入。若該收入符合非常損益之條件，則應列於損益表中之非常損益項下。

③財務報表上之表達

與所得有關之政府捐助其已實現者，應於損益表中列為政府捐助收入或賞收入，或作為相關費用之減少。與所得有關之政府捐助尚未實現者，應於資產負債表中以遞延收入表達。

(3) 政府捐助之退還

①與資產有關之政府捐助退還：

借記「遞延政府捐助收入」；因政府捐助導致以前年度少認列之折舊費用或多認列之捐助收入，應於該捐助退還時立即全數認列為費用。

②與收入有關之政府捐助退還：

應先沖銷該未攤銷之「政府捐助遞延收入」；若退還款超過遞延收入或已無遞延收入可沖銷時，超過部分應立即認列為費用。

※非貨幣性資產交換

非貨幣性資產交換的會計處理，以往通常有二種做法：

1. **帳面價值法**：按換出資產之帳面金額加另外支付之現金，或減掉收到之現金，作為換入資產之成本→不認列換出資產的處分損益。主張此方法之理由為，資產只有透過出售或使用才能產生收益，以舊資產換新資產，則舊資產之功能及用途由新資產來完成，故其帳面值應轉入新資產，不能認列處分損益。

2. **公允價值法**：按換出資產之公允價值加額外支付之現金，或減掉收到的現金，作為換入資產之成本→換出資產之公允價值和帳面金額之差額為處分該資產之損益。贊同此法之理由為，資產交換為一重大之經濟事項，舊資產已離開公司，其價值亦有客觀標準可循，故應承認舊資產處分損益，如用帳面值轉至新資產，將使舊資產之錯誤轉至新資產而延續下去。

   目前一般公認會計原則已不以「同種類或不同種類」資產作為決定會計處理之依據，而改按「是否具商業實質？」及「公允價值是可靠衡量？」作為劃分標準。企業決定交換交易是否具有商業實質，應考量該交易所產生之未來現金流量預期改變之程度。於符合下列條件時，該交換交易具有商業實質：

   (a) 換入資產現金流量型態（即風險、時點及金額）與換出資產現金流量之型態不同

(b) 因交換交易之發生，企業營運中受該項交易影響之企業特定價值部分發生改變

(c) 相對於所交換資產之公允價值，條件(a)或(b)所述情形之差異係屬重大。

　由以上條件可得知，只要差異重大，不同種類的非貨幣性資產交換幾乎都具有商業實質，都應採用公允價值法。

　當交換交易具有商業實質，且換出或換入資產之公允價值能夠可靠衡量時，整個交換交易應按公允價值衡量，稱為「公允價值法」。換入資產以公允價值加相關稅費作為取得成本，換出資產以公允價值和帳面金額之差額作為處分損益；反之，只有在交換交易缺乏商業實質，或交換交易雖具有商業實質，但換出和換入資產之公允價值均無法可靠地衡量時，則改用「帳面金額法」。以換出資產的帳面金額加應支付的相關稅費作為換入資產的成本，換出資產直接轉銷，不認列處分損益。

釋例：非貨幣性資產交換的會計處理

台中公司與台北公司之交換資料如下：

	台中公司	台北公司
成本	$1,000,000	$800,000
累計折舊	400,000	450,000
公平價值	300,000	600,000

試作雙方之分錄：
① 若此項交易具商業實質
② 若此項交易不具商業實質
③ 若此項交易具商業實質，且雙方同意台中公司之資產作價$580,000

台中公司			台北公司		
① 機器設備（新）	600,000		機器設備（新）	500,000	
累計折舊-機器設備	400,000		累計折舊-機器設備	450,000	
處分機器設備損失	100,000		現金	100,000	
機器設備（舊）		1,000,000	機器設備（舊）		800,000
現金		100,000	處分機器設備利益		250,000
② 機器設備（新）	700,000		機器設備（新）	250,000	
累計折舊-機器設備	400,000		累計折舊-機器設備	450,000	
機器設備（舊）		1,000,000	現金		100,000
現金		100,000	機器設備（舊）		800,000
③ 機器設備（新）	520,000		機器設備（新）	580,000	
累計折舊-機器設備	400,000		累計折舊-機器設備	450,000	
處分機器設備損失	100,000		現金	20,000	
機器設備（舊）		1,000,000	機器設備（舊）		800,000
現金		20,000	處分機器設備利益		250,000

五、不動產、廠房及設備認列後之衡量

不動產、廠房及設備認列後，應選擇採用成本模式或重估價模式作為其會計政策。同一類別之不動產、廠房及設備（例如房屋或運輸設備）應全部適用同一會計政策。

(一) 成本模式

> 資產的帳面金額＝認列時的成本－所有累計折舊－所有累計減損
> （認列時的成本稱為「總帳面金額」）

在成本模式下，不動產、廠房及設備之成本扣除估計殘值後之餘額，應在其估計耐用年限內按合理且有系統的方法計提折舊。遇有減損時，應認列減損損失。

(二) 重估價模式

不動產、廠房及設備項目於認列為資產後，若其公允價值能可靠衡量，應以重估價金額為其帳面金額。重估價應定期經常進行，以確保不動產、廠房及設備項目之帳面金額與該資產報導期間結束日之公允價值無重大差異。

> 帳面金額＝重估價日的公允價值－隨後發生的累計折舊－隨後發生的累計減損

1. 公允價值之決定

土地及建築物之公允價值，通常係由專業合格之評價人員依市價為基礎之證據估價所決定。廠房及設備項目之公允價值，通常即為其估價所得之市場價值。

若不動產、廠房及設備項目因其性質特殊且甚少買賣，致無法取得以市價為基礎證據之公允價值，除其為繼續經營之一部分外，企業可能須採「收益法」或「折舊後重置成本法」估計其公允價值。

所謂「收益法」，是指估計資產之未來現金流量之折現值，或其未來收益之折現值。所謂「折舊後重置成本法」，是指資產目前的重置成本或重製成本，減除物質退化、過時陳舊及效率差異後之金額。

2. 重估價日累計折舊之處理

(1) 等比例重編法：

依資產總帳面金額之變動，按比例重新計算累計折舊，使重估價後之資產帳面金額等於其重估價金額。此方法常用於當資產採用某指數重估價，以決定其「折舊後之重置成本」。

例如某資產於重估日之原帳面金額為：

成本	$1,000,000
累計折舊	400,000
帳面金額	$ 600,000

假設重估日該資產之公允價值爲$720,000，爲目前帳面金額之120%，則將成本及累計折舊均乘以120%，得出：

成本	$1,200,000
累計折舊	480,000
帳面金額	$ 720,000

(2) 消除成本法：

將累計折舊自資產總帳面金額中減除，並將減除後之淨額重新計算至資產之重估價金額。此方法常用於建築物。

以上述爲例，做如下調整分錄：

累計折舊—不動產、廠房及設備	400,000	
不動產、廠房及設備		400,000

經上述調整後，累計折舊完全消除。不動產、廠房及設備之帳面餘額爲$600,000，將其調整至$720,000。

3. 同一類別全部重估

若不動產、廠房及設備之某一項目進行重估價，爲避免對資產進行選擇性重估價，及避免財務報表之報導金額混合了成本及不同時日之價值，則屬於該類別之全體不動產、廠房及設備均應進行重估價。但若同類資產輪流重估可在短期內完成，且重估價值能適時更新，則可採用「滾動式」之重估價程序。

所謂同類別的資產，是指在營運中具有相同的性質和用途的一組資產。下列爲不同類別之例子：

① 土地；

② 土地和建築物；

③ 機器設備；

④ 輪船；

⑤ 飛機；

⑥ 機動車輛（運輸或交通設備）；

⑦ 家具和裝修；以及

⑧ 辦公設備

4. 重估增值

若資產之公允價值大於其帳面金額，則應將其帳面金額調整至公允價值，其差額直接貸計「重估價盈餘」或「重估價資本公積」，不得計入當期損益。「重估價盈餘」屬於「其他綜合損益」的一種。

以上節重估價爲例：

① 等比例重編法：

累計折舊—不動產、廠房及設備	200,000	
不動產、廠房及設備		80,000
重估價盈餘		120,000

② 消除成本法：

累計折舊—不動產、廠房及設備	400,000	
不動產、廠房及設備		280,000
重估價盈餘		120,000

資產若曾發生重估值減值，該減值部分應計入當期損益（重估價損失），如其後有重估價增值，則在原計入損益之重估價損失範圍內，該部分增值應計入當期損益（重估價利益），超過部分再貸記「重估價盈餘」。

計入權益之「重估價盈餘」可以在該資產除列時（報廢或處分時）全數轉入「保留盈餘」不得轉入損益，即可分配股利；亦可在資產使用期間，配合折舊的計提而分批轉入「保留盈餘」。每次轉入「保留盈餘」之金額，爲重估價後的折舊額與依原始成本計提折舊額之差額。其分錄爲：

重估價盈餘	×××	
保留盈餘		×××

5. 重估減值

資產重估價發生減值時（公允價值低於帳面金額），應將減值計入當期損益（重估價損失），不得直接計入權益。但若資產原有「重估價盈餘」貸方餘額，則重估價減值應先沖抵「重估價盈餘」，不足時再借記「重估價損

失」。

六、不動產、廠房及設備之除列

(一) 除列之條件

不動產、廠房及設備項目之帳面金額,應於下列情況發生時除列:

(a) 處分時;或

(b) 預期無法由使用或處分產生未來經濟效益時。

　　不動產、廠房及設備項目因除列而產生之利益或損失,應於該項目除列時認列為損益(IAS 17 號對售後租回另有規定者除外)。處分利益不得分類為收入。

(二) 除列之例外規定

　　企業於正常活動過程中,若對出租予他人而持有之不動產、廠房及設備項目例行性地對外銷售,則應於該不動產、廠房及設備項目停止出租成為待出售時,將這些資產之帳面金額轉入「存貨」。這些資產出售所得之價款應依IAS 18號:「收入」之規定認列為收入而非利益,其帳面金額應轉入銷貨成本。

(三) 除列損益之確定

　　除列不動產、廠房及設備項目所產生之利益或損失,應為淨處分價款與該項目帳面金額兩者之差。

1. 處分

　　不動產、廠房及設備之處分可分為兩大類:(1)自願性處分:如報廢、出售、交換、融資租賃的出租和捐贈等,(2)非自願性處分:如火災、水災及政府徵收等。

(1) 出售及報廢

　　設備資產出售或報廢時,所有與其相關之費用均應計算並記錄至出售或報廢之日止,並計算出售或報廢損益,將有關帳戶均加以結清。

企業有時會將舊機器汰舊換新，但不出售，以便在新機器發生故障時可以使用。此時舊機器仍應繼續提列折舊，直到完全折舊，或其帳面價值等於估計殘值。

(2) 意外損毀與保險

(1) 政府徵收：

被徵收物之帳面金額應記錄至徵收日止，並計算徵收損益。

設P公司之土地及房屋被政府徵收，用以興建捷運，徵收價款為$1,800,000，設土地成本為$900,000，房屋成本$1,500,000，累計折舊$500,000，試作分錄。

現金	1,800,000	
累計折舊—房屋	500,000	
政府徵收損失	100,000	
土地		900,000
房屋		1,500,000

(2) 火災保險：保險公司賠償之金額，為下列三項最低者：

①保額

②實際損失（依市價計算，為損失標的物之重置成本）

③共保賠償額，其公式如下：

共保要求額 = 標的物之市價×共保要求率

釋例

台中公司之機器分別向三家保險公司投保，資料如下：

保單	保額	共保比率
A	$400,000	90%
B	300,000	80%
C	500,000	70%

已知發生火災前該保險標的物之市價爲$1,500,000，火災後僅值$500,000，試計算各保險公司之理賠金額。

各保險公司之共保賠償額計算如下：

A. $1,000,000 \times \dfrac{\$400,000}{\$1,350,000} = \$296,296 < \$400,000$

B. $1,000,000 \times \dfrac{\$300,000}{\$1,200,000} = \$250,000 < \$300,000$

C. $1,000,000 \times \dfrac{\$500,000}{\$1,200,000} = \$416,667 < \$500,000$

因此，A公司賠償$296,296，B公司賠償$250,000，C公司賠償$416,667。

2. 重置

當一項不動產、廠房及設備之組成部分被重置時，重置成本應認列爲該項資產的帳面金額，同時把被重置部分之帳面金額除列。被重置部分如有單獨的成本和累計折舊之紀錄，則直接將其餘額沖銷，差額轉入報廢損失。如無成本和累計折舊的資料，則可以重置成本做爲其原成本的估計值，減除應計提的累計折舊，得出帳面餘額。

七、待出售非流動資產和處分群組

(一) 定義

非流動資產或處分群組若主要將以出售之方式，而非透過持續使用回收其帳面價值，且符合下列規定時，企業應將其分類爲待出售非流動資產或待出售處分群組。

(1)可依一般條件及商業慣例立即出售
(2)出售必須高度很有可能

(二) 待出售或待分配給業主非流動資產或處分群組的分類

1. 待出售非流動資產或處分群組

所謂高度很有可能出售，必須符合下列所有條件：

(1) 管理當局已核准出售之計畫

(2) 管理當局已積極尋找買主，以確定能完成出售交易

(3) 管理當局已參照現時公允價值積極洽商交易

(4) 出售交與應於一年內完成，但因管理階層無法控制的事項或情況導致延誤，且有充分證據顯示企業仍然承諾出售資產的計畫者不在此限。

(5) 出售計畫極少可能有重大改變或終止情事

企業若承諾一項出售子公司的計畫，並將導致對子公司失去控制權，則在其符合上述分類為待出售處分群組時，應將子公司的全部資產和負債均分類為待出售資產和待出售負債，對論出售後是否保留非控制股權。

所謂「出售」並不以現金銷售為限，以非流動資產交換非流動資產亦屬銷售交易，只要該交換具有商業實質即可。

企業如果在期後期間才符合將非流動資產（或處分群組）分類為「待出售非流動資產（或處分群組）」的條件，則不得在所公告的財務報表中，將這些資產分類為「待出售非流動資產（或處分群組）」，但應在附註中加以揭露。這種期後事項屬「非調整期後事項」。

2. 待分配給業主非流動資產或處分群組之分類條件

(1) 資產必須能夠按現狀供立即分配

(2) 此項分配高度很有可能

(三) 分類為待出售資產或處分群組之衡量

1. 待出售非流動資產或處分群組之衡量

非流動資產（或處分群組）被分類為待出售非流動資產（或處分群組）

時，應按其帳面金額與公允價值減去處分成本後餘額孰低衡量。

非流動資產（或處分群組）被分類為「待分配給業主（股東）」時，應按其帳面金額與公允價值減去「分配成本」後餘額孰低衡量。

在原始分類為「待出售資產（或處分群組）」之前，該資產（或處分群組內所有的資產和負債）的帳面金額，應依相關的財務報導準則，調整到分類日應有的餘額。

若出售預期於一年後發生，企業應以現值衡量出售成本。出售成本現值隨時間經過而增加部分應於損益中表達為融資成本。

下列資產無論為個別資產或處分群組之一部分，均不適用本國際財務報導準則之衡量規定，而係由所列之國際財務報導準則予以規範：

(a) 遞延所得稅資產（IAS 12：「所得稅」）。

(b) 員工福利產生之資產（IAS 19：「員工福利」）。

(c) 在IAS 39：「金融工具」範圍內之金融資產。

(d) 依IAS 40：「投資性不動產」中，公允價值模式處理之非流動資產。

(e) 依IAS 41：「農業」中，以公允價值減出售成本衡量之非流動資產。

(f) 符合IFRS 4：「保險合約」所定義保險合約下之合約權利。

2. 減損損失及損失迴轉的認列

(1) 減損損失的認列

企業應於原始或續後將非流動資產（或處分群組）之帳面金額，沖減至其公允價值減去處分成本後餘額時認列減損損失。

認列「待出售處分群組」的減損損失時，上面提到的六項不在本號公報衡量規範範圍內的資產不受損失的分攤。應將減損損失分攤給群組內之「其他非流動資產」（流動資產亦不受損失之分攤）。群組內如包含有商譽，則優先分攤給商譽，直至完全消除商，如仍有減損餘額。再依帳面金額等比例分攤至其餘非流動資產。

釋例

中興公司於×0年7月1日經董事會通過,決定將一處分群組分類為「待出售處分群組」,相關資料如下:

	分類為待出售處分群組時之帳面金額	
	分類日 原帳面金額	分類日 調整後帳面金額
存貨	$250,000	$240,000
備供出售金融資產	180,000	160,000
不動產、廠房及設備(重估價模式)	500,000	520,000
不動產、廠房及設備(成本模式)	450,000	420,000
投資性不動產(公允價值模式)	250,000	240,000
商譽	150,000	150,000
合計	$1,780,000	$1,730,000

存貨按成本與淨變現價值孰低再衡量,有跌價損失$10,000;

備供出售金融資產之公允價值為$160,000,屬公允價值變動之未實現損益;

不動產、廠房及設備按重估價模式衡量部分,應計提×0/1/1～6/30半年折舊費用,假設為$35,000,計提折舊後其帳面金額為$465,000,再辦理重估價,其公允價值為$520,000,故有重估價盈餘$55,000;

不動產、廠房及設備按成本模式衡量部分,應計提×0/1/1～6/30折舊費用$30,000;

投資性不動產公允價值為$240,000,減值$10,000應列入當期損益。茲將各資產項目依相關IFRSs衡量後之調整分錄如下:

X0/7/1	銷貨成本	10,000	
	金融工具未實現損失	20,000	
	不動產、廠房及設備(重估價模式)	20,000	
	折舊費用	65,000	
	公允價值變動損失—投資性不動產	10,000	
	存貨		10,000
	備供出售金融資產		20,000

重估價盈餘	55,000
累計折舊—不動產、廠房及設備	30,000
投資性不動產	10,000

	分類日調整 後帳面金額	分攤減損 損失	分攤損失後 之帳面金額
存貨	$240,000		$240,000
備供出售金融資產	160,000		160,000
不動產、廠房及設備（重估價模式）	520,000	(99,574)	420,426
不動產、廠房及設備（成本模式）	420,000	(80,426)	339,574
投資性不動產（公允價值模式）	240,000		240,000
商譽	150,000	(150,000)	0
合計	$1,730,000	$(330,000)	$1,400,000

(2) 減損損失轉利益的認列

如後續其公允價值減去處分成本後餘額有增加時，應認列減損損失轉利益。所認列之迴轉利益不得超過分類為「的出售非流動資產（或處分群組）」後所發生之減損損失，及分類前依IAS 36：「資產減損」規定所認列之減損損失累計數。「待出售非流動資產」之減損迴轉後金額不得超過未發生減損損失時，在分類日應有之帳面金額的限制。此外，商譽及未受IFRS 5號衡量規範範圍內之六項非流動資產不得認列減損迴轉利益。

(3) 出售損益

企業若未於出售非流動資產（或處分群組）之日以前，先將資產帳面金額調整到其公允價值減去處分成本後餘，則應於該資產除列時認列處分損益。

(四) 出售計畫之變更

企業將非流動資產（或處分群組）分類為「待出售非流動資產（或處分群組）」後，若不再符合分類為「待出售」的條件，則應停止將非流動資產（或處分群組）分類為「待出售非流動資產（或處分群組）」。

對停止分類為待出售（或不再包括於分類為待出售之處分群組中）之非流動資產，企業應以下列孰低者衡量：

1. 該資產（或處分群組）分類為待出售前之帳面金額，並調整資產（或處分群組）若未分類為待出售下原應認列之折舊、攤銷或重估價；及

2. 於後續決定不出售日之可回收金額。（可回收金額為資產之使用價值與其公允價值，減去處分成本後餘額兩者較高者）。

非流動資產停止被分類為「待出售非流動資產（或處分群組）」，而依上述規定調整其爭面金額時，相關的損益應列為繼續營業單位損益。

習 題

一、選擇題

( ) 1. 土地成本未包含： (A)填充、排清、清理之成本 (B)移除舊建築物之成本 (C)有耐用年限之土地改良物 (D)以上皆應計入土地成本。

( ) 2. 自建資產應資本化之成本為： (A)僅原料及人工 (B)僅人工及製造費用 (C)僅原料及製造費用 (D)原料、人工及製造費用。

( ) 3. 下列何種情況在資產建造期間不得將利息成本資本化： (A)建置資產將為公司自用 (B)資產將用來出售或出租 (C)為建置資產而舉借之長期債務 (D)資產目前未有任何準備達使用狀態之動作。

( ) 4. 下列關於利息資本化之處理，何者正確？ (A)僅在建造期間將實際發生之利息資本化 (B)在建造期間不資本化任何利息費用 (C)可資本化之利息成本為估計建造成本乘以主要利率 (D)以上皆非。

( ) 5. 為建造資產而舉借之資在，在建造期間所發生之利息收入應： (A)為該資產成本之減項 (B)為當期損益表上利息費用之減項 (C)作為當期收入 (D)以上皆非。

( ) 6. 透過政府補助取得資產者，應如何認列： (A)以公允價值評價資產，增加資產及股東權益 (B)以公允價值評價資產，增加資產及負債 (C)以取得成本評價資產，增加資產及股東權益 (D)以取得成本評價資產，增加資產及負債。

( ) 7. 資產交換中，關於具商業實質之敘述何者正確？ (A)所交換之資產其未來現金流量不變 (B)所交換之商品屬性相同，未來現金流量不變 (C)所交換之資產其未來現金流量改變 (D)所交換之資產其經濟效益相同，未來現金流量不變。

( ) 8. 具商業實質之資產交換，有包含現金收付之敘述何者正確？ (A)應個別認列利益或損失 (B)利益或損失之計算為換入資產公允價值與換出資產公允價值之差額 (C)僅利益應認列 (D)僅損失應認列。

( ) 9. 以長期貸款所購置之廠房應如何認列？ (A)未來所支付之金額合計 (B)以貸款之金額認列 (C)將未來所需支付之金額折現 (D)以上皆非。

( ) 10. 以發行特別股而取得之土地，其土地之認列金額應為？ (A)按特別股之面

值計算　(B)按特別股之帳面金額計算　(C)按特別股之償付金額計算　(D)按土地之公允價值認列。

(　) 11.若機器大修係為增加產能，則該筆支出應認列為：　(A)費用　(B)累計折舊之減項　(C)資本化為機器成本　(D)分攤至累計折舊及機器上。

(　) 12.有關機器設備支出之會計處理，下列何者正確？　(A)該筆支出若為延長耐用年限，則認列為費用　(B)該筆支出若為改善品質，則認列為費用　(C)一般維修應資本化為機器成本　(D)該筆支出若增加機器產能，則應資本化。

(　) 13.2012年2月1日，亦展公司購買土地$200,000，土地上之舊建築物將拆除，新建築物將在2012年11月1日開始建造，其他資訊如下：

拆除舊建築物	$　20,000
建築師費	35,000
調查及購買合約之法律費用	5,000
建築成本	1,090,000

（出售拆除舊建築物之物品$10,000）

試問亦展公司應認列土地及新建築物之成本為何？

(A)$225,000 及 $1,115,000　(B)$210,000 及 $1,130,000　(C)$210,000 及 $1,125,000　(D)$215,000 及 $1,125,000。

(　) 14.愛羅公司購買設備$10,000，其他相關支出如下：

購買設備所支付之稅額	$500
運費	200
安裝時損壞維修	600
安裝費	250

試問愛羅公司購買此項設備應認列之成本為：

(A)$10,000　(B)$10,500　(C)$10,950　(D)$11,275。

(　) 15.安心公司自建一間廠房，期間所發生之支出如下：

固定製造費用	$1,000,000
分攤至廠房之固定製造費用	80,000
直接歸屬於建造廠房之費用	55,000

上述支出應列為自建廠房之成本為：

(A)$-0-　(B)$80,000　(C)$55,000　(D)$135,000。

(　) 16.海新公司建造一棟建築物之成本為$10,000,000，平均累計支出為$4,000,000，

實際發生之利息費用為$600,000，可免之利息費用為$300,000。假設建築物可使用40年，殘值為$800,000，試問第一年使用直線法之折舊費用為：

(A)$237,500　(B)$245,000　(C)$257,500　(D)$337,500。

(　) 17.上海公司自2011年1月1日建造一棟建築物，於2011年12月31日完工，2011年所發生之支出如下：

7/1	$1,000,000
9/1	2,100,000
12/31	2,000,000

試問當年之累積支出平均出為：

(A)$1,025,000　(B)$1,200,000　(C)$3,100,000　(D)$5,100,000。

(　) 18.龍江公司於2011年10月31日購置一部新機器，付現$1,200，其餘每個月給付$3,600，自2011年11月30日開始三個月。該部機器之現金購買價格為$11,600。龍江公司因使用分期付款，固可免除安裝費用$200。試問該部機器應認列之成本為：　(A)$12,200　(B)$12,000　(C)$11,800　(D)$11,600。

(　) 19.直線法之特性為　(A)適用產能下降之資產　(B)忽略資產因使用率不同而造成折舊之變動　(C)折舊費用可反映使用程度之多寡　(D)以上皆非。

(　) 20.比較IFRS及GAAP之差異，下列何者為非？　(A)GAAP要求在判斷資產是否減損時，應先執行回收可能性測驗；但IFRS沒有　(B)IFRS要求在每個報導期間結束日時應對資產進行減損測試；GAAP僅在有合理原因造成資產可能發生減損時執行測試　(C)IFRS下資產之減損可回復　(D)GAAP要求資產應以成本與淨變現價值孰低法評價；IFRS要求資產應以使用價值與公允價值減銷售成本孰高評價。

(　) 21.松江公司購買可折舊資產$200,000，預估殘值為$10,000，估計耐用年限10年。松江公司採直線法計算折舊費用，試問可折舊金額為何？　(A)$200,000　(B)$100,000　(C)$10,000　(D)$190,000。

(　) 22.松青公司於2012年7月1日購買電腦設備$13,000，松青公司採倍數餘額遞減法計算折舊費用，設備之耐用年限為4年，預估殘值為$1,000，試問2012年之折舊費用為：　(A)$6,000　(B)$6,500　(C)$3,250　(D)$3,000。

(　) 23.宏觀公司購買設備$200,000，估計殘值$10,000，估計使用時數10,000小時，宏觀公司當年使用1,100小時，試問當年之折舊費用為：　(A)$19,000

(B)$20,900　(C)$22,000　(D)$190,000。

(　　) 24.上進公司於2008年1月2日取得營業用之機器設備，設備之估計耐用年限10年，殘值$15,000。上進公司採年數合計法提列折舊費用，已知2011年之折舊費用為$70,000，試問上進公司購買機器設備之原始成本為：　(A)$535,000 (B)$565,000　(C)$550,000　(D)$541,667。

(　　) 25.和平公司於2010年7月1日購買可折舊資產$1,360,000，估計殘值$360,000，耐用年限8年，和平公司採倍數餘額遞減法提列折舊費用，試問2011年應提列之折舊費用為：　(A)$255,000　(B)$297,500　(C)$340,000　(D)$250,000。

(　　) 26.民生公司於2008年7月1日購買機器設備$1,500,000，殘值$84,000，耐用年限10年。2011年民生公司發現此機器設備至2015年12月31日即不具經濟效益且無殘值，至2010年12月31日之累計折舊為$354,000，試問2011年之折舊費用為：(A)$212,400　(B)$229,200　(C)$246,000　(D)$286,500。

(　　) 27.富興公司持有一機器設備，帳面價值$190,000，公允價值減銷售成本$175,000，使用價值$200,000，試問富興公司應認列減損損失：　(A)$ -0- (B)$10,000　(C)$15,000　(D)$25,000。

(　　) 28.富發公司於2011年1月1日購買一機器設備$4,668,000，耐用年限12年無殘值，採直線法提列折舊費用。2011年12月31日富發公司執行減損測試，該機器設備之公允價值減銷售成本為$4,620,000，使用價值為$4,305,000，機器設備之耐用年限與殘值不變；試問2011年應提列減損損失：　(A)$ -0-　(B)$26,000 (C)$48,000　(D)$341,000。

(　　) 29.富達公司於2011年1月2日購買一機器設備$10,440,000，耐用年限10年無殘值，採直線法提列折舊費用。2011年12月31日及2012年12月31日執行減損測試之相關資訊如下：

	2011/12/31	2012/12/31
公允價值減銷售成本	$9,315,000	$8,350,000
使用價值	$9,350,000	$8,315,000

試問2012年損益表應報導：

(A)減損迴轉利益$3,889　(B)減損損失$10,000　(C)減損迴轉利益$38,889 (D)減損損失$1,000,000。

(　　) 30.皇家公司於2011年1月1日購買機器設備$3,570,000，耐用年限15年無殘值，皇

家公司採直線法提列折舊費用。2011年12月31日,機器之公允價值減銷售成本為$3,500,000,試問2012年之折舊費用為:

(A)$250,000　(B)$238,000　(C)$233,333　(D)$240,000。

二、計算題

1.復興公司於2010年12月31日不動產、廠房及設備之資訊如下:

土地	$350,000
建築物	900,000
租賃改良物	600,000
機器設備	700,000

2011年發生以下交易:

a.取得土地A成本$900,000,另支付為取得土地而支付代書費用$51,000及清理土地$40,000(其中$15,000為復原成本)。

b.取得土地B及建築物成本$420,000,期末結帳時該土地價值為$300,000、建築物為$120,000,建築物在取得土地後立即拆除,拆除成本$41,000。新建築物建築成本$500,000,其他相關支出如下:

挖地費用	$45,000
建築設計費	20,000
准許費	10,000
建造期間設算之利息費用	8,500

(發行新股融資)

此建築物於2011年9月30日完工。

c.取得土地C成本$650,000,準備再銷售。

d.2011年支出$800,000為租賃改良物,租賃合約將結束於2013年12月31日,預期不被更新。

e.簽訂一權利合約並購置機器設備以生產合約產品,機器之發票價格為$85,000,運費$5,000,安裝費$2,500,2011年之權利金為$25,500。

試問2011年12月31日土地、建築物、租賃改良物及機器設備之成本為何?

2.綠意公司於2010年1月1日開始自建員工宿舍,建造期間30個月,支出之明細如下:

日　期	金　額
2010年	$ 2,000,000
2011年	3,500,000
2012年	4,600,000

綠意公司之長期負債如下：

➤ 專案借款：2010年1月1日借入，$4,000,000，12%，3年，每年1月1日付息

➤ 一般借款：2004年6月30日借入，$6,000,000，15%，10年，每年6月30日付息

➤ 一般借款：2008年4月30日借入，$9,000,000，13%，7年，每年4月30日付息

➤ 未動用專案借款資金回存銀行，年利率5%

已知新建築物符合利息資本化條件，試問綠意公司於2010、2011及2012年利息資本化之金額。

3.欣欣公司與向榮公司於2012年8月1日協議交換營業用之機器設備，其相關資料如下：

	欣欣公司	向榮公司
原始成本	$ 96,000	$ 110,000
截至交換日之累計折舊	40,000	47,000
交換日之公允價值	60,000	75,000
收（付）現	（15,000）	15,000

試依下列情況作雙方交換時之分錄：

(1)具經濟實質

(2)不具經濟實質

4.芬芳公司於2010年12月31日之廠房設備資料如下：

	A	B	C	D
原始成本	$46,000	$51,000	$80,000	$80,000
購入年度	2005	2006	2007	2009
耐用年限	10	15,000小時	15	10
殘值	$3,100	$3,000	$5,000	$5,000
折舊方法	年數合計法	產能	直線法	倍數餘額遞減法
累計折舊（2011/12/31）	$1,200	$35,200	$15,000	$16,000

2011年發生以下交易：

a.5月5日將資產A以$13,000現金價格出售，試作出售時之會計分錄。

b.資產B於2011年之使用時數為2,100小時。

c.1月1日發現資產C僅可再使用10年。

d.發現2010年購入之資產E以費用入帳,資產E之成本為$28,000,耐用年限10年無殘值,採倍數餘額遞減法提列折舊。

試作上述事項之分錄。

5.八德公司於2009年購入一設備$12,000,000,耐用年限8年無殘值,採直線法折舊。2010年12月31日,由於有新技術發明,舊有技術將被淘汰,該設備之預期未來淨現金流量現值為$7,000,000,公允價值減銷售成本為$7,200,000,且經評估後,機器之耐用年限剩於4年。

試問:

(1)請作2010年減損分錄。

(2)若2011年12月31日該機器之可回收金額為$6,000,000,請作當年與設備相關之分錄。

6.泛泛公司有一土地成本$1,000,000,使用重估價模式,其相關資料如下:

日 期	價 值
2009/1/1	$ 1,000,000
2009/12/31	1,100,000
2010/12/31	850,000
2011/12/31	1,050,000

試作:

(1)2009年與土地相關之分錄。

(2)2010年及2011年應報導之土地、其他綜合淨利及減損損失之金額為何?

(3)2010年12月31日及2011年12月31日之重估價調整分錄。

(4)若2012年1月15日泛泛公司以$1,500,000出售土地,試作出售之分錄。

解答:

1. C	2. D	3. D	4. A	5. A	6. A	7. C	8. A	9. C	10. D
11. C	12. D	13. D	14. C	15. D	16. A	17. B	18. C	19. B	20. D
21. D	22. C	23. B	24. B	25. B	26. B	27. A	28. A	29. C	30. A

二、計算題

1.土地：$350,000 + $900,000 + $51,000 + ($40,000-$15,000) + $300,000 + $120,000 + $41,000 = $\underline{$1,787,000}$

建築物：$900,000 + $500,000 + $45,000 + $20,000 + $10,000 = $\underline{$1,475,000}$

租賃改良物：$600,000 + $800,000 = $\underline{$1,400,000}$

機器設備：$700,000 + $85,000 + $5,000 + $2,500 = $\underline{$792,500}$

2.2010年：

專案借款利息收入：

$2,000,000×5% = $100,000

借款成本：

$4,000,000×12% = $480,000

資本化金額：

$480,000-$100,000 = $\underline{$380,000}$

2011年：

專案借款可支天數：

$2,000,000/($3,500,000/365) = 209天

專案借款利息收入：

$1,000,000×5%×209/365 = $28,630

專案借款可資本化金額：

$4,000,000×12%-$28,630 = $451,370

其他借款：

累積支出平均數：

$380,000 + $1,500,000/2×156/365 = $700,548

加權平均利率：

($6,000,000×15% + $9,000,000×13%)/($6,000,000+$9,000,000) = 13.8%

可免利息成本：

$700,548×13.8% = $96,676→與認列利息$2,070,000取小→$96,676

可資本化金額：

$451,370 + $96,676 = $\underline{$548,046}$

2012年：

專案借款可資本化金額：

$4,000,000 \times 12\% \times 6/12 = \$240,000$

其他借款：

累積支出平均數：

$[(\$370,000 + \$1,500,000 + \$572,433) + \$4,600,000/2] \times 6/12 = \$2,371,217$

可免利息成本：

$\$2,371,217 \times 13.8\% = \$327,228 \rightarrow$ 與認列利息$1,035,000取小\rightarrow\$327,228

可資本化金額：

$\$240,000 + \$327,228 = \underline{\$567,228}$

3.(1)

欣欣公司

新資產	75,000	
累計折舊-舊資產	40,000	
舊資產		96,000
處分資產利益		4,000
現金		15,000

向榮公司

新資產	60,000	
累計折舊-舊資產	47,000	
現金	15,000	
舊資產		110,000
處分資產利益		12,000

(2)

欣欣公司

新資產	71,000	
累計折舊-舊資產	40,000	
舊資產		96,000
現金		15,000

向榮公司

新資產	48,000	
累計折舊-舊資產	47,000	
現金	15,000	
舊資產		110,000

4.

　a.

　　折舊費用-A　　　　　　　　　3,900
　　　累計折舊-A　　　　　　　　　　　　　3,900

　　累計折舊-A　　　　　　　　35,100
　　　資產A　　　　　　　　　　　　　　33,000
　　　處分資產利益　　　　　　　　　　　　2,100

　b.

　　折舊費用-B　　　　　　　　　6,720
　　　累計折舊-B　　　　　　　　　　　　　6,720

　c.

　　折舊費用-C　　　　　　　　　6,000
　　　累計折舊-C　　　　　　　　　　　　　6,000

　d.

　　資產E　　　　　　　　　　　28,000
　　　保留盈餘　　　　　　　　　　　　　28,000

　　折舊費用-E　　　　　　　　　5,600
　　　累計折舊-E　　　　　　　　　　　　　5,600

5.(1)

　2010/12/31　減損損失　　　　1,800,000
　　　　　　　　累計減損　　　　　　　1,800,000

　(2)

　2011/12/31　折舊費用　　　　1,800,000
　　　　　　　　累計折舊　　　　　　　1,800,000

　2011/12/31　累計減損　　　　　600,000
　　　　　　　　減損迴轉利益　　　　　　600,000

6.(1)2009/12/31

　土地　　　　　　　　　　　100,000
　　重估價盈餘　　　　　　　　　　　　50,000

　(2)

	2010/12/31	2011/12/31
土地	$ 850,000	$ 1,050,000
其他綜合淨利	(100,000)	50,000
減損損失	(150,000)	150,000

(3)

2010/12/31

重估價盈餘	100,000	
減損損失	150,000	
土地		250,000

2011/12/31

土地	200,000	
減損迴轉利益		150,000
重估價盈餘		50,000

(4)

2012/1/15

現金	1,500,000	
土地		1,050,000
處分土地利益		450,000
重估價盈餘	50,000	
保留盈餘		50,000

第八章
無形資產和自然資源

無形資產除符合資產之定義外，相較於固定資產來說，在形態上為無實體形態之可辨認非貨幣性資產，通常有智慧產權、人力資源、企業文化等都是無形資產。

　　根據資策會產業研究所一個消費調查發現，有38.3%的受訪者擁有智慧型手機，有28.7%期望購買，是受訪者最期望購買的明星商品。在智慧型手機產業這塊大餅上，因其產業之競爭力及產淘汰速度皆相當高，故企業需投注大量的研發成本，以使其產品不斷創新及新技術的發明。近年來，智慧產權的爭議不斷，幾乎都是發生在各大企業之間訴訟，例如Apple、HTC及Nokia等手機大廠近年就曾因智慧產權而鬧地沸沸騰騰的，因一項新技術的發明可能為企業帶來巨大的利益及提升品牌的知名度。

　　自西元2000年以來，許多企業之無形資產佔資本支出的比例逐漸攀升，這些支出通常為研究與發展費用。在知識經濟領導的型態下，企業的領導者及經濟學家開始注意到，研發、產品創新及其他可提升經濟活動之無形資產之重要性。在無形資產占企業資產比例逐漸升高的趨勢，以及對企業價值重要性提升的情況下，如何適當評價無形資產轉為一個重要的議題。

　　無形資產評價的困難在於，其通常為非實體型態、成本不易估算且缺乏公開交易市場，因此難以用傳統評價方式去估計其資產之價值。儘管成本難以估計但為使企業之財務報表能允當表達企業之價值，仍應採用適當方法估計無形資產之價值。一般來說，通常是取決於該無形資產未來能為企業帶來多少效益，如在估計企業之無形資產價值時，通常會考慮到企業的競爭力及企業之發展前景，換句話說，一個無形資產雄厚的企業其未來發展通常較佳，如何得知該企業無形資產之高低，通常在股票市場即可觀察到。以最近攻上股王的宏達電為例，其股價不斷地創新高，即可反映出該企業的無形資產在品牌、技術、創新、人力資源等之價值。

一、無形資產相關名詞解釋

1. 資產

係指符合下列條件之資源：

(1) 因過去事項而由企業所控制

(2) 其產生之未來經濟效益預期將流入企業

2. 無形資產

係指無實體形式之可辨認非貨幣性資產。

3. 貨幣性資產

係指持有之貨幣，及收取具有固定及可決定貨幣金額之資產。

4. 研究

係指原創且有計畫之探索，以期獲得科學性或知識性之新知識及新理解。

5. 發展

係指產品於量產或使用前，將研究發現或知識應用於全新，或重大改良之原料、器械、產品、流程、系統或服務之專案或設計。

6. 企業特定價值

企業預期從資產之持續使用及於耐用年限屆滿時之處分中，所產生之現金流量現值，或預計為清償負債而發生之現金流量現值。

7. 資產之公允價值

係指在公平交易下，已充分了解並有成交意願之雙方據以達成資產交換之金額。

8. 無形資產之殘值

係指該資產已達耐用年限，並處於耐用年限屆滿時之預期狀態，企業目前自處分該資產估計所可取得金額減去估計處分成本後餘額。

二、無形資產的定義及特性

無形資產之定義，係指無實體形態的可辨認非貨幣性資產，可被企業所控制，並具未來經濟效益者。

(一)無形資產的特性

1. 可辨認性

資產符合下列條件之一時，係可辨認：

(1) 係可分離，即可與企業分離或劃分，且可個別或隨相關合約、可辨認資產或負債出售、移轉、授權、租賃或交換，而不論企業是否有意圖進行此項交易；

(2) 由合約或其他法定權利所產生，而不論該等權利是否可移轉或是否可與企業或其他權利及義務分離。

2. 可控制性

可控制性係指企業有權取得標的資源所產生之未來經濟效益，並且能限制他人使用該效益。企業控制無形資產所產生未來經濟效益之能力，通常源自於法院可強制執行之法定權利。

3. 具未來經濟效益

無形資產所產生之未來經濟效益，可能包括銷售產品或勞務之收入、成本節省或因企業使用資產而獲得之其他效益。

(二) 無形資產之會計處理

無形資產僅於符合下列條件時，始應認列：

1. 符合無形資產之定義
2. 可歸屬於該資產之預期未來經濟效益很有可能流入企業；及
3. 資產之成本能可靠衡量。

企業應使用合理且可佐證之假設，評估預期未來經濟效益之可能性，該等假設代表管理階層對在資產耐用年限內，將存在之經濟情況所作之最佳估計。

三、取得方式及成本衡量

無形資產應按成本進行原始衡量。

(一) 單獨取得

無形資產若爲單獨取得，應按所支付之成本認列。

單獨取得無形資產之成本包括：

1. 購買價格（包含進口稅捐及不可退還之進項稅額），減除商業折扣及讓價；及
2. 爲使該資產達可供使用狀態前之任何直接可歸屬成本。

直接可歸屬成本，舉例如下：

1. 爲使資產達可供使用狀態而直接產生之員工福利成本；
2. 爲使資產達可供使用狀態之專業服務費；及
3. 測試資產是否正常運作之成本。

非屬無形資產成本之支出，舉例如下：

1. 推出新產品或服務之成本（包括廣告及促銷活動成本）；
2. 新地點或新客戶群之業務開發成本（包括員工訓練成本）；及
3. 管理成本與其他一般費用成本。

當資產達到能以管理階層所預期方式運作之必要狀態，應停止將成本認列於無形資產之帳面金額。相關支出即不應認列爲該無形資產的成本，例如：

1. 無形資產已達到可供使用狀態，但尚未使用時所發生之成本
2. 初期營業損失，例如需求未達資產正常產出前所產生之損失
3. 使用或重新配置無形資產所產生之成本

若企業延遲支付無形資產超過正常授信期間，則其成本係約當現銷價格。該金額與總支付價款之差額，除依國際會計準則第23號「借款成本」之規定予以資本化外，應於授信期間內認列為利息費用。

(二) 取得以作為企業合併之一部分

企業透過合併所取得之無形資產，應按合併時之公允價值認列。

1. 衡量企業合併所取得無形資產之公允價值

(1) 活絡市場的報價，此種最為可靠。

(2) 無法取得無形資產現時買方之報價，但在交易日與資產公允價值估計日間之經濟情況無發生重大變化之前提下，可以類似交易最近期間之價格作為估計公允價值之基礎。

(3) 若無形資產無公開活絡市場，則公允價值應就收購日在公平交易下，已充分瞭解並有成交意願者可取得之最佳資訊為基礎，估計企業為取得該資產所願意支付之金額。

2. 取得進行中的研究發展專案計畫的後續支出

單獨取得或企業合併所取得，且已認列為無形資產之進行中研究或發展計畫，其後續支出應依下列方式處理：

(1) 若為研究支出，發生時即應認列為費用；

(2) 若為發展支出，且不符合認列為無形資產之條件時，發生時即應認列為費用；及

(3) 若為發展支出，且符合認列為無形資產之條件，則應增加所取得之進行中研究或發展計畫之帳面金額。

(三) 透過政府補助之方式取得

　　於某些情況下，企業可能透過政府補助之方式，以免費或優惠價格取得對公共資產的使用權利，例如機場之起降權利、廣播或電台之執照或頻率、輸入許可證或配額，或使用其他受限制資源之權利。

依IAS 20號:「政府補助的會計及政府輔助的揭露」規定,企業可選擇以公允價值認列,或名目金額加上直接可歸屬於使資產達到預定用途的支出認列。

(四) 資產交換

企業間資產的交換,應按公允價值衡量並認列,除非有以下兩種情況時,其成本應以換出資產之帳面金額衡量:

1. 該交易缺乏商業實質;
2. 換入及換出資產之公允價值均無法可靠衡量

所謂「商業實質」,是指交換前和交換後之預期未來現金流量之金額或型態有重大改變者。換言之,若符合下列三條件,即具有商業實質:

1. 換入資產之現金流量型態(風險、時點及金額)與換出資產之現金流量型態不同,或
2. 因交換交易而使企業營運中受該項交易影響部分之「企業特定價值」發生改變;
3. 上述1或2之差異相對於所交換資產之公允價值係屬重大。

上述「企業特定價值」之衡量,應以稅後現金流量估計。

(五) 內部產生之商譽

內部產生之商譽不得認列為資產,因其非屬企業所能控制之可辨認資源(即非屬可分離,亦非由合約或其他法定權利而產生),且成本亦無法可靠衡量。

(六) 內部產生之無形資產

於評估內部產生之無形資產是否符合認列條件時,企業應將資產之產生過程分為研究階段及發展階段。

所謂研究,係指具有原創性且有計畫之探索,以獲得科學性或技術性的新知識。研究(或內部計畫之研究階段)不會產生應予認列之無形資產。研究

（或內部計畫之研究階段）之支出應於發生時認列為費用。

所謂發展，係指在進行商業性生產或使用前，將研究成果或其他知識，應用于全新或改良的材料、工具、產品、流程、系統、或服務的計畫或設計。

僅於企業能證明符合下列所有條件時，始應認列自發展（或內部計畫之發展階段）產生之無形資產：

1. 已達技術可行性，該無形資產將可供使用或出售。
2. 意圖完成該無形資產，並加以使用或出售。
3. 有能力使用或出售該無形資產。
4. 企業能證明該無形資產如何產生未來經濟效益。
5. 具充足之技術、財務及其他資源以完成此項發展，並使用或出售該無形資產。
6. 歸屬於該無形資產發展階段之支出，能夠可靠衡量。

內部產生之品牌、刊頭、出版品名稱、客戶名單及其他於實質上類似項目，不應認列為無形資產。

內部產生無形資產之成本，包括所有創造、生產及整備資產，使其達到能以管理階層所預期方式運作之必要直接可歸屬成本。直接可歸屬成本，舉例如下：

1. 產生無形資產所使用或消耗之材料及服務成本；
2. 因產生無形資產所支付之員工福利成本；
3. 法定權利之登記規費；及
4. 用以產生無形資產之專利權與許可權之攤銷金額。

下列項目非屬內部產生無形資產之成本組成要素：

1. 銷售、管理及其他間接費用，但該費用若直接可歸屬於為使該資產達可供使用狀態者，不在此限；
2. 資產達預期績效前，所辦認之無效率及初期營業損失；及
3. 訓練員工支出。

四、無形資產之種類

(一) 專利權

依據我國專利法之規定，專利權有「新發明專利」、「新型專利」及「新式樣專利」等三種。專利權如係向外購買者，其所支付之代價即為專利權之成本；若係自行研發者，其成本僅能包含發展階段支出、申請登記之政府規費、代辦費及樣品或模型的製作費等。

專利權應按法定年限及經濟年限之較短者攤銷。

因專利權受侵害所發生之訴訟支出，無論勝訴或敗訴，均不得資本化。若敗訴，除認列為費用外，並應將專利權自資產負債表中除列。

(二) 版權或著作權

著作權之成本應按估計之受益年限攤銷，最長不得超過二十年，我國營利事業所得稅結算申報查核準則規定不得低於十五年。

(三) 商標權

商標專用期間為十年，自註冊日起算，期滿得延長之，仍為十年。

(四) 特許權

指授與經營某種行業，使用某種方法、技術或名稱，或在特定地區經營事業之權利。

五、費用之認列

無形項目之支出除下列情況外，應於發生時認列為費用：

1. 該支出符合認列條件，為無形資產之一部分；或
2. 該項目係於企業合併所取得，且無法認列為無形資產者，於收購日認列為商譽之金額之一部分。

六、認列後之衡量

　　無形資產認列後，企業應選擇成本模式或重估價模式作為其會計政策。如果一項採用重估價模式，則所有其他同類別的無形資產，均應採用重估價模式，除非這些資產沒有活絡的市場。

(一) 成本模式

　　於原始認列後，無形資產應以其成本減除累計攤銷及累計減損損失後之金額列帳。

(二) 重估價模式

　　於原始認列後，無形資產應以重估價金額（即於重估價日資產之公允價值）減除後續累計攤銷及後續累計減損損失後之金額列帳。公允價值應參考活絡市場予以決定。重估價應定期執行，以使報導期間結束日資產之帳面金額與公允價值間無重大差異。

　　重估價模式不適用於下列事項：

1. 對先前未認列為資產之無形資產進行重估價；或
2. 以成本以外之金額對無形資產進行原始認列。

　　重估價模式僅適用於按原始成本認列之無形資產。部分資產於發展階段未符合無形資產之認列條件，僅認列部分資產，但若採重估價模式，則全部資產均可按公允價值衡量。此外，重估價模式亦適用於透過政府補助之方式取得，且以名目金額認列之無形資產。

　　重估價之頻率，須視重估價無形資產公允價值之波動情況而定。某些無形資產可能會有重大且不穩定之公允價值波動，因此須每年定期重估價。對於公允價值變動並不重大之無形資產而言，該經常性重估價並不必要。

　　若無形資產已予重估價，則重估價日之累計攤銷應依下列方法之一處理：

1. 依資產總帳面金額之變動按比例重新計算累計攤銷，使重估價後之資產帳面金額等於重估價金額；或

2. 將累計攤銷自資產總帳面金額總額中減除，並按減除後之淨額重新計算資產之重估價金額。

與重估價無形資產相同類別之某項無形資產，若因其無活絡市場而無法進行重估價時，則該資產應以成本減除累計攤銷及減損損失後之金額列帳。若重估價無形資產之公允價值無法再參考活絡市場予以決定，則該資產之帳面金額應為最近重估價日，經參考活絡市場後所決定之重估價金額減除後續累計攤銷及後續累計減損損失之金額。

無形資產之帳面金額若因重估價而增加，則增加數應認列於其他綜合損益及累計至權益項下之重估增值科目。惟同一資產已於過去將重估價減少數認列為損益者，因重估價而產生之增加數應於該減少數範圍內迴轉認列為損益。無形資產之帳面金額若因重估價而減少，則減少數應認列為損益。惟於該資產重估增值科目貸方餘額之範圍內，因重估價而產生之減少數應認列為其他綜合損益。所認列之其他綜合損益減少數，將使權益項下之重估增值科目累計金額減少。

七、耐用年限

企業應評估無形資產之耐用年限，係屬有限年限或非確定年限，若為有限年限，則應評估耐用年限之期限，亦或評估構成耐用年限之產量或類似單位之數量。於分析所有相關因素後，預期資產為企業產生淨現金流量之期間未存在可預見之終止期限時，該無形資產應視為具有非確定耐用年限。

無形資產之會計處理應以耐用年限為基礎。有限耐用年限無形資產應予攤銷；非確定耐用年限無形資產則無須攤銷。

因合約或其他法定權利所產生之無形資產，耐用年限不應超過合約或其他法定權利之期間，但依據企業預期使用資產之期間，耐用年限可能更短。若合約或其他法定權利之有限期間係可展期者，僅於有證據證明企業無須支付重大展期成本時，該無形資產之耐用年限始應包含該展期期間。於企業合併認列為無形資產之再取回權利，其耐用年限為給與該權利之合約之剩餘合約期間，不

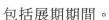
包括展期期間。

　　無形資產之耐用年限可能同時受經濟及法令因素影響。經濟因素決定企業將收取未來經濟效益之期間。法令因素為限制企業能控制使用該等效益之期間。耐用年限係根據該等因素所決定之年限中較短者。

八、有耐用年限之無形資產

(一) 攤銷期間及攤銷方法

　　有限耐用年限無形資產之可攤銷金額，應於其耐用年限內依有系統之基礎攤銷。攤銷始於該資產達可供使用時，止於將資產分類為待出售（或包括於分類為待出售之處分群組中）之日或資產除列日，兩者較早之日期。所採用之攤銷方法，應可反映企業預期資產未來經濟效益之消耗型態。若該型態無法可靠決定，則應採用直線法。每一期間之攤銷費用，原則上應認列為損益。

　　攤銷方法包括直線法、餘額遞減法及生產數量法。企業應以資產所隱含預期未來經濟效益之預期消耗型態，作為選擇採用方法之基礎，除非預期未來經濟效益之預期消耗型態發生改變，否則應採用一致的方法攤銷。

　　企業應至少於每一財務年度結束日，複核有限耐用年限無形資產之攤銷期間及攤銷方法。若資產之預計耐用年限與先前之估計數不同，攤銷期間應隨之改變。若資產所隱含未來經濟效益之預期消耗型態已發生改變，則攤銷方法應予調整以反映該型態。依國際會計準則第8號之規定，該等變動應視為會計估計變動。

(二) 殘值

有限耐用年限無形資產之殘值應假設為零，除非：

1. 第三人承諾於資產耐用年限屆滿時購買該資產；或
2. 資產具活絡市場，並且殘值可依據活絡市場決定及該活絡市場於資產耐用年限屆滿時仍很有可能存在。

有限耐用年限無形資產之可攤銷金額應於減除其殘值後決定。不為零之殘

值，意指企業預期於無形資產經濟年限屆滿前處分該無形資產。

無形資產對殘值應以處分時之可回收金額為基礎，即於估計日，將一項耐用年限已屆滿，且於類似該無形資產使用狀態下，運作之類似資產出售而可得之一般售價。企業應至少於每一財務年度結束日複核殘值。

無形資產之殘值可能增加至等於或高於資產之帳面金額。在此情況下，該資產之攤銷費用為零，直至該資產之殘值後續減少至低於其帳面金額為止。

九、非確定年限之無形資產

非確定耐用年限無形資產及尚未達到可供使用狀態之無形資產，均不得攤銷。無須攤銷之無形資產，其耐用年限應於每年進行複核，以決定事件及情況是否繼續支持該資產為非確定耐用年限之評估。若耐用年限之評估由非確定耐用年限改為有限耐用年限時，則視為會計估計變動。

企業應每年或有跡象顯示該無形資產可能減損時，透過比較非確定耐用年限無形資產之可回收金額與其帳面金額，來測試非確定耐用年限無形資產是否減損。

釋例：非確定耐用年限改為有限耐用年限的商標權

大華公司於08年1月1日併購大興公司的手機部門，並取得大興手機商標權，當時的公允價值為$5,000,000，大華公司打算繼續用大興品牌生產和行銷手機，綜合各項經濟因素分析顯示，該商標權產生的淨現金流入並無任何期間限制，因此該商標權列為非確定耐用年限無形資產，不攤銷成本，但每年測試是否發生減損。

10年12月31日，大華公司由於大興手機獲利情況不如預期，決定於三年後停止產銷，同時評估該商標權之可回收金額為$3,000,000，於10年12月31日認列減損損失$2,000,000，相關分錄如下：

08/1/1：

無形資產－商標權	5,000,000	
現金		5,000,000

10/12/31：

減損損失	2,000,000	
累計減損－商標權		2,000,000

11/12/31：

攤銷費用	1,000,000	
累計攤銷－商標權		1,000,000

12/12/31：

攤銷費用	1,000,000	
累計攤銷－商標權		1,000,000

13/12/31：

攤銷費用	1,000,000	
累計攤銷－商標權		1,000,000

十、無形資產的減損、重置、除役及處分

(一) 減損

　　有限耐用年限的無形資產應於有跡象顯示可能發生減損時，進行減損測試；不確定耐用年限的無形資產，及尚未達到可使用狀態的無形資產，應每年定期測試減損，不論是否有跡象顯示可能發生減損損失。

(二) 重置

　　構成無形資產的部分如有重置，且重置符合無形資產的認列條件時，應認列重置成本，並除列進重置部分的相關帳面金額。若無法決定應除列之帳面價值，得採用重置成本估計當初取得，或內部產生被重置部分之原始成本，作為應除列金額。

(三) 除役

有限耐用年限的無形資產除役時仍應繼續攤銷，除非已完全攤銷或被分類為待出售資產。

(四) 處分

無形資產應於處分時，或預期從其使用或處分已無未來經濟效益時除列。除列損益應計入當期損益，且不得列為收入。

釋例：無形資產重置

仁愛公司×6年初以$800,000向巨將資訊公司購買一套會計專業軟體，估計經濟效益將於未來四年內平均發生，期滿無殘值。×7年初重置原軟體中之試算表系統，共支出$120,000，管理當局認為該支出可產生未來經濟效益。試作：

1. ×6年度之分錄

   ×6/1/1：

無形資產－電腦軟體	800,000	
現金		800,000

   ×6/12/31：

攤銷費用	200,000	
累計攤銷－電腦軟體		200,000

2. 若原軟體中試算表係統之原始成本為$100,000，重置分錄為何？

   ×7/1/1：

累計攤銷－電腦軟體	25,000	
處分資產損失	75,000	
無形資產－電腦軟體		100,000
無形資產－電腦軟體	120,000	
現金		120,000

3. 若試算表系統之原始成本無法自整體軟體中分離，但已知整套軟體之重置

成本為$1,000,000，重置分錄為何？

×7/1/1：

累計攤銷－電腦軟體	24,000	
處分資產損失	72,000	
無形資產－電腦軟體		96,000

無形資產－電腦軟體	120,000	
現金		120,000

4. 若試算表系統之原始成本及整套軟體之重置成本均無法得知，則重置分錄
　 為何？

×7/1/1：

累計攤銷－電腦軟體	30,000	
處分資產損失	90,000	
無形資產－電腦軟體		120,000

無形資產－電腦軟體	120,000	
現金		120,000

十一、商譽

　　商譽係指企業未來賺取超額利潤能力之現值，通常於企業合併中所取得。
商譽之價值等於併購所支付之總成本，扣除所取得有形及可辨認無形資產之公
允價值及所承受之負債總和後之餘額。

　　而企業之真實價值與其資產淨值往往不等，其原因有三：(1)帳上之固定
資產係以歷史成本入帳，與公允價值不等，(2)有些可辨認之無形資產並未入
帳，(2)有商譽存在。

(一) 商譽的認列

　　企業因購併所取得之商譽，應認列入帳。因收購而取得之可辨認資產與承
擔之負債，不論是否列示於被收購公司之財務報表上，均應按收購日之公允價
值衡量。將所取得可辨認淨資產之公平價值與收購成本比較，若收購成本超過

所取得可辨認淨資產公允價值,應將超過部分認列為商譽;若所取得可辨認淨資產公平價值超過收購成本,應再檢視原認列淨資產之項目和衡量是否合理,若不合理應重新調整,調整後淨資產之公允價值仍大於成本時,則其差額應直接認列為當期利益。

自行發展之商譽不得認列入帳,其原因主要有二個:(1)自行發展之商譽難以客觀衡量其公允價值,(2)產生商譽之因素非常複雜,難以辨認特定成本支出與商譽之關聯。即使無特定之發展成本,商譽也有可能存在。

(二) 商譽之續後衡量

商譽不得攤銷,每年應定期評估商譽是否減損。商譽因無法獨立產生現金流量,故應按合理而一致的基礎,將商譽帳面金額分攤致各現金產生單位,再評估分攤後各現金產生單位可回收金額,若低於其帳面金額,則有減損損失,先將商譽部分沖銷直至商譽為零,不夠時再等比例分攤損失至其他各項資產。

商譽之減損損失不得迴轉,因難以判別是原有商譽的回復或新商譽的產生。

(三) 商譽之估計

1. 估計所有可辨認淨資產之公允價值
2. 選擇適當的投資報酬率以計算正常盈餘
3. 預測未來盈餘
4. 計算每年之超額盈餘
5. 估計超額盈餘的年限
6. 將超額盈餘按適當的折現率資本化

釋例：商譽之估計

大東公司94年12月31日資產負債表如下：

現金	$ 100,000	應付帳款	$ 150,000
應收帳款	200,000	應計退休金負債	450,000
存貨	300,000	股本	500,000
固定資產	600,000	保留盈餘	100,000
合計	$1,200,000	合計	$1,200,000

其他相關資料：

1. 大東公司過去四年稅後淨利為91年$130,000；92年$150,000；93年$140,000；94年$150,000。91年淨利含非常損失$20,000，93年淨利含非常利益$30,000。

2. 應收帳款尚未估計備抵壞帳$10,000。

3. 存貨公允價值為$450,000；固定資產公允價值為$850,000。

4. 有一專利權市價$50,000未入帳；應計退休金負債低估$40,000。

5. 正常報酬率10%。

試按下列假設，估計大東公司之商譽價值。

(1) 商譽為平均每年超額盈餘之5倍

	公允價值
現金	$100,000
應收帳款	200,000
減：備抵壞帳	(10,000)
存貨	450,000
固定資產	850,000
專利權	50,000
應付帳款	(150,000)
應計退休金負債	(490,000)
可辦認淨資產公允價值	$1,000,000

$$預期未來盈餘 = \$1,000,000 \times 10\% = \$100,000$$

$$過去平均盈餘 = \$140,000$$

$$平均每年超額盈餘 = \$140,000 - \$100,000 = \$40,000$$

$$商譽 = \$40,000 \times 5 = \underline{\$200,000}$$

(2) 估計平均超額盈餘尚可存在8年

$$商譽 = \$40,000 \times 5.33493 = \underline{\$213,397}$$

(3) 估計平均超額盈餘可永久存在

$$商譽 = \$40,000 \div 10\% = \underline{\$400,000}$$

十二、探勘及評估資產

生產石油及採礦業其成本大致分為四大類：(1)取得採礦權及礦場的成本，(2)探勘及評估成本，(3)開發成本，及(4)移除與復原成本。

探勘及評估支出，是指企業在礦產資源開採的技術可行性和商業價值能夠得到證明之前發生的，與礦產資源的探勘及評估有關之支出。這些支出依企業的會計政策認列為資產的，即為「探勘及評估資產」。

(一) 探勘及評估資產的認列

1. **全部成本法**：所有探勘支出，無論成功與否，一律列為遞延成本分期攤銷。
2. **探勘成功法**：只有成功的探勘支出才能資本化，亦即探勘結果發現可開採的蘊藏量，才能把探勘支出列為資產。

(二) 探勘及評估資產的衡量

探勘及評估資產認列時，應以成本衡量。企業在決定哪些支出屬於探勘及評估資產時，應考慮該支出與發現特定礦產資源的關聯程度。下列為可能包括在內之成本要素：（不以此為限）

1. 探礦權之取得；

2. 地形、地質、地球化學及地球物理之調查；

3. 探勘鑽孔；

4. 溝渠開挖；

5. 採樣；及

6. 評估礦產資源開採之技術可行性及商業價值之相關作業。

　　探勘及評估資產於原始認列後，企業應採用成本模式或重估價模式衡量之。採用重估價模式，應與資產的分類一致，即探勘及評估資產若分類為有形資產時，應適用IAS 16：「不動產、廠房及設備」所規定之重估價模式，若分類為無形資產，則應適用IAS 38：「無形資產」所規定之重估價模式。

　　企業可變更其探勘及評估支出之會計政策，如該變更將使財務報表對使用者經濟決策之需求更具攸關性，而不降低其可靠性，或對該等需求更具可靠性而不降低攸關性。

　　為合理化其對探勘及評估支出會計政策之改變，企業應證明此項改變，使其財務報表更接近符合IAS 8號所規定之標準，但不必完全遵循這些標準。

(三) 探勘及評估資產的表達

　　探勘及評估資產可分類為「有形資產」和「無形資產」，並應一貫地使用該分類方法。

　　某些探勘及評估資產被視為無形資產（例如鑽探權）而有些則為有形資產（例如運輸工具及鑽探機）。若有形資產之消耗係為發展無形資產，則反映此消耗之金額係屬該無形資產之成本。但使用有形資產以發展無形資產並未將有形資產變為無形資產。

　　礦產資源開採已達技術可行性及商業價值得到證明後，相關探勘及評估資產不得再維持原分類，而應轉入「礦產資源」或「自然資源」，作為遞耗資產。探勘及評估資產於重分類前，企業應評估其減損及應認列之減損損失。

(四) 探勘及評估資產的減損

　　當事實及情況顯示探勘及評估資產的帳面金額可能超過不可回收金額時，企業應對探勘及評估資產進行減損評估。

下列一項或多項之事實及情況顯示，企業應對探勘及評估資產進行減損測試（此列舉並非詳盡無遺）：

1. 企業對特定區域之探礦權於本期或近期到期，且預期不再展期者。
2. 對特定區域內礦產資源進一步探勘，及評估之必要支出未編列預算亦未作規劃。
3. 企業對特定區域內之礦產資源經探勘及評估後，未發現礦產資源達到商業價值之數量，且決定停止於該特定區域從事此類活動。
4. 有充分資料顯示，雖有可能進行特定區域之發展，但探勘及評估資產之帳面價值不可能經由成功開發或出售全數回收。

有上述或類似情況時，企業應依國際會計準則第36號進行減損測試，並認列減損損失。

企業應擬定分攤探勘及評估資產至現金產生單位或現金產生單位群組之會計政策，以評估該等資產之減損。但分攤探勘及評估資產之各現金產生單位或單位群組，不得大於依國際財務報導準則第8號「營運部門」所劃分之營運部門。

企業為測試探勘及評估資產減損所辦認之層級，可能包含一個或多個現金產生單位。

習 題

一、選擇題

（　）1. 下列何者非無形資產之敘述　(A)實體存在　(B)具未來經濟效益　(C)具可辨
認性　(D)經濟效益長達多年。

（　）2. 下列關於無形資產之敘述，何者正確？　(A)創業期間因設立所發生之必要
支出屬開辦費，列作遞延借項或無形資產，分期攤銷　(B)研究發展支出中
屬研究階段支出應列為費用，發展階段支出在符合特定條件下可資本化為無
形資產　(C)非確定耐用年限之無形資產不分期攤銷，但應每年進行資產減
損測試；有耐用年限之無形資產應分期攤銷，但不需進行資產減損測試
(D)以上皆是。

（　）3. 專利權之攤銷年限為：　(A)二十年　(B)經濟年限　(C)經濟年限或二十年，
取較長者　(D)經濟年限或二十年，取較短者。

（　）4. 無形資產通常使用何種折舊方法：　(A)年數合計法　(B)直線法　(C)產品數
量法　(D)倍數餘額遞減法。

（　）5. 企業每年應對無確定耐用年限之無形資產作評估是為：　(A)可回收性
(B)攤銷　(C)減損　(D)估計耐用年限。

（　）6. 百老匯公司於2000年1月1日為其商品取得專利權，為保護其專利，2011年1月
1日向競爭產品購買2007年1月10日申請之專利權。由於產品性質特殊，故新
購買之專利權未能使用，試問新購買之專利權應如何認列：　(A)分20年攤
銷　(B)分16年攤銷　(C)分9年攤銷　(D)在2011年認列為費用。

（　）7. 關於商譽之會計處理，下列何者正確：　(A)僅因購買而取得可資本化
(B)自行創造或購買取得均可資本化　(C)僅自行創造者可資本化　(D)直接消
銷保留盈餘。

（　）8. 下列關於無形資產之減損迴轉敘述，何者為非？　(A)在認列減損分錄後，
財務狀況表上報導之金額將比公允價值減銷售成本或使用價值高　(B)商譽
減損後不得迴轉　(C)在損益表上，減損迴轉利益被分類為「其他收入與費
用」　(D)減損迴轉僅發生在認列減損損失過之資產上。

（　）9. 研究與發展費用為：　(A)無形資產　(B)在特定計畫內易於辨認　(C)可能為
研發專利權而產生　(D)以上皆是。

( ) 10.行易公司2010年5月1日支付現金$25,000取得專利權，相關法律費用$900，試問此專利權之認列金額為： (A)$900 (B)$24,100 (C)$25,000 (D)$25,900。

( ) 11.傑克公司於2009年5月1日購買有耐用年限之無形資產$120,000，耐用年限10年。試問至2011年12月31日已認列之攤銷費用為： (A)$ -0- (B)$24,000 (C)$32,000 (D)$36,000。

( ) 12.傑夫公司2006年為其產品購買專利權$720,000，耐用年限15年。由於有競爭商品出現，導致專利權之耐用年限縮減為10年，2011年該商品被政府下令禁止銷售，試問2011年之攤銷金額為： (A)$480,000 (B)$360,000 (C)$72,000 (D)$48,000。

( ) 13.昱昱公司2009年9月1日購買專利權$450,000，耐用年限10年。2011年1月1日昱昱公司支付訴訟費用$110,000，且勝訴；同時，昱昱公司評估該專利權之耐用年限僅剩5年，試問2011年之折舊費用為： (A)$103,000 (B)$100,000 (C)$94,000 (D)$78,000。

( ) 14.2011年1月1日松江公司以現金$800,000購買南京公司。當時南京公司帳上之淨資產為$620,000。經松江公司評鑑後，認為南京公司有形資產低於公允價值$60,000，無形資產低於公允價值$45,000。試問松江公司於合併時應認列多少商譽？ (A)$ -0- (B)$180,000 (C)$120,000 (D)$75,000。

( ) 15.2011年6月2日林肯公司購買商標權$9,440,000，無耐用年限。2011年12月31日及2012年12月31日之相關資訊如下：

	2011/12/31	2012/12/31
公允價值減銷售成本	$9,115,000	$9,050,000
使用價值	$9,350,000	$9,550,000

試問2012年損益表應報導與商標權相關之內容為：
(A)無減損損失或減損迴轉利益 (B)減損損失$90,000 (C)減損迴轉利益$90,000 (D)減損迴轉利益$200,000。

( ) 16.忠孝公司2011年發生下列有關研究發展支出：

執行研究計畫使用之材料	$ 450,000
取得未來可供其他研究計畫使用之設備	4,000,000
上述設備之折舊費用	400,000
執行研發計畫之人員薪資	600,000

研發計畫之顧問費	450,000
分攤至研發計畫之間接成本	230,000

試問忠孝公司2011年之研究發展費用為：

(A)$1,900,000　(B)$2,130,000　(C)$5,730,000　(D)$6,130,000。

(　) 17.富國公司2009年與研究與發展相關之費用如下：

購買用於計畫鈒設備（尚可用於其他用途）	$5,000,000
前項設備之折舊費用	500,000
使用之原料	320,000
員工薪資	460,000
外部諮詢費用	300,000
分攤至研究發展之間接成本	250,000
新產品上市前廣告費用	800,000

試問2009年於損益表上應報導之研究與發展費用為：

(A)$1,830,000　(B)$2,630,000　(C)$7,130,000　(D)$7,630,000。

(　) 18.梅露公司於2010年1月1日取得專利權$5,000,000，耐用年限10年無殘值，採直線法提列折舊費用。2011年12月31日，專利權之可回收金額為$3,400,000，試問2011年12月31日財務狀況表上應報導專利權之金額為：　(A)$5,000,000 (B)$4,500,000　(C)$4,000,000　(D)$3,400,000。

(　) 19.洛凡公司2006年1月2日為研發專利權產生研究與發展發用$420,000，註冊專利權之相關法律費用$80,000。2011年3月31日，洛凡公司支付訴訟費用$150,000，並取得勝訴。試問2011年3月31日專利權之金額為：　(A)$230,000 (B)$500,000　(C)$570,000　(D)$650,000。

(　) 20.愛林公司以2,000股面值$30元之普通股與艾霖公司交換專利權。愛林公司取得公司股票之成本為$55,000，交換當日，愛林公司普通股之公允價值為每股46元，專利權之帳面價值為$110,000，試問2011年應報導專利權之金額為：

(A)$55,000　(B)$60,000　(C)$92,000　(D)$110,000。

(　) 21.海因公司於2008年1月2日為其產品購買專利權$450,000，法定年限15年，但經濟年限僅為10年。2011年12月31日政府下令禁止買賣該產品，專利權將無法使用，試問2011年應報導之攤銷費用為：　(A)$45,000　(B)$315,000 (C)$330,000　(D)$360,000。

( ) 22.勤益公司2010年購買會計資訊系統$1,000,000,經濟年限4年無殘值。嗣後該公司因業務拓展,2012年初重置原系統中之成本會計系統,支出$400,000,且預期該支出將能產生未來經濟效益。假設無法估計原成本會計系統之帳面價值,但已知整體系統之重置成本為$800,000,試問:資產處分損益為何?

(A)$300,000 (B)$250,000 (C)$200,000 (D)$100,000。

( ) 23.台南軟體公司開發之某項應用軟體資本化成本為$3,900,000,經濟年限4年,估濟未來收益$30,000,000,2011年該項軟體實際收益為$10,000,000,試問台南公司2011年應攤銷之金額為: (A)$975,000 (B)$3,900,000 (C)$3,600,000 (D)$1,300,000。

( ) 24.桃園電腦公司開發某項軟體,相關資訊如下:

程式設計規劃	$ 800,000
製造產品母版	200,000
編碼	680,000
測試產品穩定性	320,000
產品母版之複製與包裝	350,000

規劃、設計、編碼與測試成本,皆建立在技術可行性前發生。該公司深信此軟體在未來三年將產生收益;第一年之收益為$1,000,000,第二年收益為$750,000,第三年收益$650,000。試問桃園公司銷售該軟體第一年應攤銷之電腦軟體成本為: (A)$580,000 (B)$750,333 (C)$83,332 (D)$60,000。

( ) 25.中興公司於2009年將電腦軟體成本資本化,預估經濟效益年限4年,2010年該軟體收益估計佔總收益40%,2010年底此軟體估計公允價值為資本化成本之80%,則中興公司2010年12月31日電腦軟體帳面價值佔原資本化成本之百分比為: (A)60% (B)70% (C)80% (D)40%。

( ) 26.文中公司於2009年購入煤礦,成本$10,000,000,估計蘊藏量為25,000,000噸,依當前之採礦技術,以開採80%之蘊藏量最為經濟,各項開採設備成本$2,400,000,於採盡後予以報廢,設備之實際耐用年限為12年。2009年共開採1,800,000噸,出售80%,每噸售價$1,另支付人工成本$430,000及其他生產成本$120,000,銷售費用$180,000。試計算該年度折耗為: (A)$800,000 (B)$900,000 (C)$1,000,000 (D)$1,100,000。

( ) 27.承上題,2009年設備之折舊費用為: (A)$206,000 (B)$216,000 (C)$226,000

(D)$236,000。

(　　)28.承上題，2009年之純益為：　(A)$76,800　(B)$72,800　(C)($72,800)
　　　　(D)($76,800)。

二、計算題

1.武昌公司成立於2009年，其無形資產帳戶於2009年及2010年之詳細資訊如下：

2009/070/1	取得8年之經銷權，2017/6/30到期	$ 500,000
2009/12/31	2009年淨損失（包含成立公司時相關費用$5,000）	15,000
2010/01/02	購買10年專利權	200,000
2010/03/01	研究支出（無確定耐用年限）	300,000
2010/04/01	購買商譽（無確定耐用年限）	1,000,000
2010/06/01	保護專利權之訴訟費用（經法院判決勝訴）	680,000
2010/09/01	研究與發展費用（其中$500,000為2010/01/02所購買專利權之後續研究發展支出，產生之專利權已具未來經濟效益）	800,000

武昌公司成立至今未對該公司之無形資產作任何會計處理，試作2011年12月31日之任何必要之分錄。

2.2010年7月31日日光公司支付$5,000,000取得日興公司全部股權，日興公司為日光公司之現金產生單位，取得時日興公司之財務狀況表如下：

非流動資產	$ 4,800,000	股東權益	$ 3,200,000
流動資產	800,000	非流動負債	1,500,000
合　計	$ 5,600,000	流動負債	900,000
		合　計	$ 5,600,000

取得當天日興公司可辨認淨資產之公允價值為$4,750,000，經過六個月之營運，該現金產生單位有營運損失，此外，日光公司有合理證據相信未來該現金產生單位可能有鉅額損失。2010年12月31日該現金產生單位之財務狀況如下：

流動資產	$ 500,000
非流動資產（包含購買時所認列之商譽）	3,850,000
流動負債	(1,000,000)
非流動負債	(1,500,000)
淨資產	$ 1,850,000

2010年12月31日該現金產生單位之可回收金額為$2,000,000。

試作：

⑴計算2010年7月31日取得日興公司時認列商譽之金額。

⑵計算2010年12月31日之減損損失。

⑶若2010年12月31日之可回收金額為$1,400,000，試作當年之減損分錄。

3.黑橋公司於2008年購置土地並建造研究室作為研究發展使用，成本$1,000,000，建造合約自2008年開始為期二年，2009年12月31日完工，總成本$800,000，將於2010年1月2日啓用，耐用年限20年無殘值，採直線法提列折舊。

2010年黑橋公司有多個研究發展計畫正在進行中，其相關資訊如下：

	計畫數	員工薪資	其他費用（未含建築物折舊）
已具未來經濟效效之計畫	15	$1,000,000	$ 800,000
已放棄或利益已在當期實現之計畫	10	750,000	300,000
尚未確定是否具未來經濟效益之計畫	5	500,000	250,000
合　計	30	$2,250,000	$1,350,000

2009年4月1日經研發團隊之建議，黑橋公司以$1,000,000之價格購入專利權，經濟年限10年。

試問上述事項於2010年之損益表及財務狀況表上應如何報導？

解答：

一、選擇題

1. A	2. B	3. D	4. B	5. C	6. C	7. A	8. A	9. C	10. D
11. C	12. B	13. B	14. D	15. C	16. B	17. A	18. D	19. A	20. C
21. B	22. B	23. D	24. C	25. A	26. B	27. B	28. C		

二、計算題

1.

經銷權	500,000	
保留盈餘	15,000	
專利權	1,380,000	
研究發展與費用	600,000	
商譽	1,000,000	
無形資產		3,495,000

（專利權：20萬+68萬+50萬）

攤銷費用－經銷權	62,500	
保留盈餘	31,250	
經銷權		93,750

攤銷費用－專利權	144,528	
保留盈餘	79,248	
專利權		223,776

專利權－攤銷費用

　　十年期專利權：$200,000 \div 10 = \$20,000$

　　專利權訴訟：$680,000 * 12/115 = \$70,956$

　　研發產生：$500,000 * 12/112 = \underline{\$53,572}$

　　總攤銷費用：　　　　　　$\underline{\$144,528}$

專利權－保留盈餘

　　十年期專利權：$200,000 \div 10 = \$20,000$

　　專利權訴訟：$680,000 * 7/115 = \$41,391$

　　研發產生：$500,000 * 4/112 = \underline{\$17,857}$

　　總保留盈餘金額：　　　　$\underline{\$79,248}$

2.(1)商譽＝$\$5,000,000 - \$4,750,000 = \underline{\$250,000}$

(2)可回收金額大於帳面金額，故無減損損失。

(3)減損損失＝$\$1,400,000 - \$1,600,000 = (\$200,000)$

減損損失	200,000	
商譽		200,000

3.損益表:

研究與發展費用=建築物折舊費用+已放棄或利益已在當期實現之計畫及尚未確
定是否具未來經濟效益之計畫之員工薪資及其他費

=$800,000/20+$750,000+$300,000+$500,000+$250,000

=$1,840,000

攤銷費用—專利權=$1,000,000/10=$100,000

財務狀況表:

土地:$1,000,000

建築物:$800,000

累計折舊-建築物:($40,000)

專利權:$825,000

資本化之研究成本:$1,800,000

第九章

流動負債

一間德國公司Beru AG Corporation，在2003年3月31日季報表中，負債中出現「未決交易的預期損失3,285,000歐元」，讓人看了是否覺得匪夷所思，一件未決交易的預期損失代表該損失並未實際發生，則負債到底在哪裡？公司的損失對象是誰？2003年時，德國的會計準則允許公司對未來可能發生的事項認列負債。這種情況下，當Beru公司未來真的產生巨大損失時，原先所認列的預期損失，就會造成「緩和」的作用，公司可以利用會計規則來調整盈餘，製造盈餘穩定化的情況，亦即當公司某年賺很多錢時，就認列預期損失；而將來虧錢時，因為先前認列的預期損失，就可以使虧錢當年的報表好看一點。這種情況在國際會計準則中並不會出現，國際會計準則對由於過去交易所產生、可衡量的負債，僅以附註揭露的方式表達。

另一方面，美國的會計準則委員會對於或有事項的附註揭露，也與國際會計準則類似，兩大會計制度的趨同，對於負債的認列有很重要的影響。本章節中，會先介紹負債的定義，接著說明流動負債、負債準備及或有事項等。

一、流動負債的定義與概念的基本介紹

什麼是負債？舉例來說，特別股是負債還是股東權益？直接觀念特別股是股東權益，但事實上它有許多負債的特性，像是發行人通常有權利在一特定期間內將特別股買回（如同債務人在一定期間要將本金買回），及特別股股利幾乎是保證的（如同負債需要定期支付利息一樣）。

有鑑於此，國際準則解釋負債是由於企業過去的交易或事項件所形成，預期會導致經濟利益流出企業的現時義務。負債有以下兩個特徵：

1. 是企業因過去的交易或事項形成的現時義務
2. 預期會導致經濟利益留出企業

由於負債包含未來資產或服務的付出，因此決定負債的形成時點是很重要的特性之一。一間公司能繼續經營的首要任務，是要能承擔即將到期的義務。反之，若到期日距今很遠，則不會造成公司的現有資源的負擔。基於這個特性，我們將負債分為流動負債與非流動負債。

還記得流動資產是指現金或公司預期在一年內或一個營業週期內（較長者）變現或消耗的其他資產。同樣地，當以下兩種情形存在時，需認列流動負債：

1. 預期將於正常營業週期內清償之負債
2. 預期將於資產負債表日後十二個月內清償之負債

營業週期是指從外購製造過程中所需的商品勞務，承擔付款義務，到收回因銷售商品或提供勞務而產生應收帳款的這段時間。營業週期通常小於一年，但有些產業的營業週期會大於一年，像是葡萄酒製造商，在這種情況下，與營業有關產生的負債，像是應付帳款、應付薪資或其他費用，即使清償時間大於一年，仍應歸類在流動負債中。

常見的流動負債有以下幾種：

1. 應付帳款
2. 應付票據
3. 長期負債於短期內到期者
4. 短期債務預期再融資者
5. 應付股利
6. 預收收益
7. 營業稅
8. 應付所得稅
9. 員工相關負債

二、流動負債的種類及其會計處理

(一) 應付帳款

應付帳款專指因賒購商品、原料及勞務所產生的負債。這是由於買賣雙方於在交易過程中，由於取得物資與支付貨款的時間點不一致所產生的負債。在認列應負帳款時，要注意進貨的條件是「起運點交貨」還是「目的地交貨」，若是「起運點交貨」，則當貨物運離賣方倉庫時，所有權就歸買方，買方要認列應付帳款；若是「目的地交貨」，則買方於收到貨品後才認列應付帳款。

基本上，應付帳款的衡量不會太困難，比較需要注意的就是現金折扣的處理。和應收帳款相同，賣方為了鼓勵買方提早付款，會給予提早還款一定的

「現金折扣」，或稱「銷貨折扣」。例如2/10,30/n，是指若買方在十天內付款，可以享有2%的折扣，超過十天則沒有折扣，最遲要於三十天內還款。進貨折扣的會計處理比照銷貨折扣的處理方法，有「總額法」、「淨額法」、「備抵法」。公司要特別注意年底及次年初的交易，確保各年度的存貨、負債有正確地歸屬，以避免損益際損失真。

(二) 應付票據

應付票據是一簽發之票據，表明企業於一定未來日期須履行的義務（支付的金額）。應付票據可能因為買賣、借款或其他交易產生。應付帳款與應付票據雖然都是因為交易所產生的流動負債，但應付帳款是尚未結清的債務，而應付票據則是延遲付款的證明，有承諾付款的票據作為依據。

企業可根據票據到期的長短，將其區分為「應付票據」（短期）與「長期票據」（長期）；此外，票據也可區分為「附息票據」及「零息票據」，因進貨所產生的應付票據通常不附息，且大多在一年以內，而因借款產生的票據，不論時間長短，都應計算現值入帳。

「附息票據」在票據上會註明利率的約定。「零息票據」則不會在票據上註明利率，但仍需支付利息，利息是隱含在本金當中，在到期日，借款人所要償還的金額大於在票據發行日所收到的錢。也就是說，借款人在票據發行日所得之款項為該票面金額的折現值，而在到期日，則須償還票面上的金額，兩者間的差異則為利息費用，應隨時間攤銷。

釋例一：附息票據

東海公司於2011年3月1日開立一紙票據，面額$100,000，6%，為期四個月的附息票據，向富邦公司調借現金。假設東海公司每半年作一次財務報表，試作東海公司所有相關分錄（含開立、調整、到期）。

解：

2011/03/01：

現金	100,000	
應付票據		100,000

2011/06/30：

利息費用	2,000*	
應付利息		2,000

*100,000×6%×4/12 = 2,000

2011/07/01：

應付票據	100,000	
應付利息	2,000	
現金		102,000

釋例二：零息票據

　　東吳公司於2011年10月1日開立一紙票據，面額$1,000,000，不附息，為期九個月，向富華公司調借現金，市場利率12%，試作東吳公司所有相關分錄。

解：

2011/10/01：

現金	917,431*	
應付票據折價	82,569	
應付票據		1,000,000

*1,000,000/(1+12%×9/12)=917,431

2011/12/31：

利息費用	27,523*	
應付利息		27,523

*82,569×3/9=27,523

2012/06/30：

應付票據	1,000,000	
應付利息	55,046	
現金		1,000,000
應付票據折價		55,046

(三) 長期負債於短期內到期者

公司會將應付公司債、長期票據或其他長期債務，於下個會計年度到期者歸類在流動負債，除了以下三種情況：

1. 該負債的償還是由非流動資產償還者
2. 該負債的再融資或償還是由於公司舉借新債務
3. 該負債轉換成普通股

　　當長期負債只有一部分將於未來十二個月內償還，如分期付款，則公司將即將到期的那部分歸類在流動負債，剩餘的部分仍歸屬於長期負債。

　　然而，當負債可被企業贖回或是在一年內（或一個營業週期，較長者）是活期的形式，企業也要將其歸類在流動負債中，負債通常會因為企業違背債務合約而形成可贖回的型態。舉例來說：很多債務合約都會明定一些特定的條件，像是要求公司的負債淨值比維持在某一水準，或是營運資金不可低於某一下限，若是公司違背了這些債務合約，債權人就有權利要求公司立刻清償債務，因此公司要立刻將此類負債歸類為流動負債。

(四) 短期債務預期再融資者

　　短期債務是指將於資產負債表日後一年內或一個營業週期內到期的債務。有些短期債務預期以長期負債再融資，這類的短期債務不會消耗到未來一年度（或未來一營業週期）的營運資金。

　　曾經，會計師業一般都認為要是短期債務以長期負債再融資，則不應再歸類為流動負債，但是並沒有明確的規範，於是公司可以依管理階層的意圖決定

該短期債務是否「預期再融資」。舉例來說，公司可能跟銀行借一個五年期的借款，但事實上卻是持有九十天期的票據，而該票據在每次到期日時再融資，則該借款究竟是屬於流動負債還是短期負債？

為了解決這種「分類問題」，國際會計準則委員會制定了一套準則來規範在何種情況下，短期債務可以適當地排除在流動負債外。當以下兩種情形同時符合時，公司可以將短期債務排除在流動負債外：

1. 該債務一定是要以長期負債的形式再融資，及
2. 該債務必須具有unconditional right去延遲清償責任至資產負債表日後至少十二個月〔亦即在資產負債表日已完成再融資〕。

   舉例來說：A公司帳上於2011年11月30日有應付票據$3,000,000，到期日為2012年2月28日，A公司的資產負債表日為2011年12月31日，報表公布日為2012年3月15日，A公司預期再融資該應付票據至2013年6月30日，而於2012年1月15日實際完成所有融資程序，該公司在2011年12月31日並沒有unconditional right去延遲該天到期的應付票據給付義務。

   在這個例子當中，A公司必須將該應付票據歸類為流動負債，因為它並沒有在資產負債表日前完成再融資的程序，只有當公司於資產負債表日前完成該融資程序，才能將該應付票據歸類為非流動資產，因為資產負債表所表達的事項為資產負債表日當天的情形，於資產負債表日後完成再融資，並不會影響到資產負債表日，公司財務的流動性與償債能力等狀況。

(五) 應付股利

當公司的董事會宣告發放現金股利後，公司仍需要一段時間來確認現有的股東名單，因此導致了一個宣告與支付上的時間差異，公司於宣告日所產生的支付義務及形成「應付股利」，而通常股利的支付會在宣告日後十二個月內〔一般來說，不超過三個月〕，因此會將應付股利歸屬於流動負債。

此外，累積特別股股利未宣告前，不應認列為負債，因為累積特別股股利在未宣告前對公司沒有支付義務，但是公司應該要將累積未支付股利於財務報

表中揭露。而股票股利也不屬於負債，但要在財務報表中附註揭露，「應分配股票股利」應列於股東權益項下，視爲「準股本」。

(六) 預收收益

雜誌公司於顧客訂閱時即收到貨款；航空公司會販賣「預售票」給乘客；還有一些軟體公司，像是Microsoft會發行「優惠券」，給予顧客下次升級軟體的權利。此類公司對於這些尚未提供商品/服務的預收收益，是如何做相關會計處理的？

1. 當企業在未交付商品或提供勞務前，收取貨款，則稱爲「預收收益」。
    要借記「現金」，貸記「預收××收益」。
2. 預收收益在商品交付或提供勞務後，才能轉爲收益。此時借記「預收××收益」，貸記「××收益」。

現金	×××	
預收××收益		×××
預收××收益	×××	
××收益		×××

(七) 營業稅

我國營業稅有加值與非加值之分，加值型營業稅是對企業所創造的附加價值課稅，而非加值則爲根據傳統計算方法課徵。加值型營業稅中，企業的銷售淨額乘上稅率爲「銷項稅額」，進貨淨額乘上稅率爲「進項稅額」，當銷項稅額減去進項稅額就是企業所應支付的營業稅，當銷項稅額大於進項稅額則產生「應付稅款」，當銷項稅額小於進項稅額，若可退稅則爲「應收退稅款」，若不能退稅，則爲「留抵稅額」。

釋例

旺旺公司於2009年6月30日銷售3,000的產品,營業稅稅率為5%,試做相關分錄。

解:

2009/06/30:

現金/應收帳款　　　　3,120

　　銷貨收入　　　　　　　　3,000

　　應付營業稅　　　　　　　　120

(八) 應付所得稅

我國所得稅申報期間為次年度五月底前,因此當公司在會計年度終了時,有課稅所得,即產生「應付所得稅」,與所得稅有關的會計處理,將於後面章節中介紹。

(九) 員工相關負債

公司在會計年度終了時,將應付薪資歸類在流動負債中,還有以下幾種常見的與員工有關的流動負債:

1. 代扣款項

政府有時候為了稽徵便利,規定在給付所得時,由給付人扣繳稅款,像是薪資所得、利息所得等。雇主在支付員工薪資前,會依一定的扣繳率扣繳所得稅。還有,我國有全民健康保險,健保費是由員工、政府及雇主各負擔一部分,員工負擔的健保費,雇主會直接從員工薪資中扣除。

2. 員工休假及請假給付

許多公司有建立「員工休假制度」,會依據員工服務年資的長短,按

比例給予休假的天數，而在員工休假期間，公司仍會照付薪資。此外，公司也會給予員工一定天數的帶薪病假。

員工帶薪價可分為「累積」、「非累積」。累積帶薪價是指當期已取得之帶薪價未於當期用完，可累積至未來年度使用。而非累積帶薪價則是當年度已取得之帶薪價只能於當年度使用，若未使用完則失效。

帶薪價也可分為「既得」與「非既得」，既得帶薪價是指當員工離職時，還沒使用的帶薪價可以要求企業轉換為現金支付，非既得則無此權利，無法獲得現金賠償。

企業應於下列時點，認列帶薪價的預期成本：

(A)累積帶薪價下，當員工提供服務因而增加其未來帶薪價權利時。

(B)非累積帶薪價下，當員工實際請假或休假時認列。

休假通常是累積的，而非累積的像是「產假」、「婚假」、「喪假」等，非累積帶薪價的會計處理與一般發薪的會計處理無不同，而累積帶薪假，應於員工提供服務取得帶薪價權利當年認列預期成本與相關費用，當員工實際行使該權利時，沖減相關負債，並於每個期末檢討行使的可能性，做相關負債的調整。

釋例

林先生在飛龍公司工作多年，2011年由於表現優異，獲得公司獎勵1個月的累積帶薪假，林先生2011年月薪為$40,000，2012年休假時的月薪為$44,000，視作飛龍公司相關分錄。

解：

2011/12/31：

薪資費用	40,000	
應付薪資		40,000
薪資費用	40,000	
應付員工休假給付		40,000

2012：

應付員工休假給付	40,000	
薪資費用	4,000	
現金		44,000

3. 員工紅利

很多公司在正常薪資外，還會給予員工額外的紅利，通常紅利的決定與公司每年的盈餘有關，公司可能會將員工紅利視為額外的薪資，並將該部分於本期淨利中減除。

釋例

B公司於2011年的盈餘為$100,000，該公司會於2012年1月付出紅利$10,700，則相關分錄如下：

解：

2011/12/31	員工紅利費用	10,700	
	應付員工分紅		10,700
2012/01/XX	應付員工分紅	10,700	
	現金		10,700

以上例子中，B公司應將該費用於損益表中表達於營業費用項下，而應付員工分紅部分，因為通常會於短時間內支付，所以應歸屬於流動負債項下，該員工分紅給付義務必歸屬於費用而非盈餘分配，因為它是由於員工服務造成而非交易造成。

三、負債準備

(一) 負債準備的定義

　　負債準備是指時間跟金額都不確定的負債，又稱為「預計負債」。常見的種類有與法律有關的義務、保證、產品售後服務、企業重組及環境損害等。依其預計支付日的時點可分為「流動」、「非流動」。

　　負債準備與其他負債的差異在於負債準備的金額及時點是不確定的，其他負債像是應付債款或是應計負債，金額及時點通常是確定的，雖然有時候仍需估計，但不確定性比負債準備小很多。

(二) 負債準備的認列及最佳估計

當下列三條件皆符合時，企業方可認列負債準備：

1. 企業因過去事項而產生的現時義務
2. 當企業履行該義務時，很有可能伴隨經濟利益的資源流出（>50%）
3. 能可靠衡量：

　　第一條件中，過去事項〔通常使過去的義務事件〕必已發生，且產生的義務是企業當前條件下須承擔的，非潛在義務。第二條件中很有可能是指「可能性大於不可能性」，也就是發生機率大於百分之五十。三個條件中，若有任一條件不滿足，則不得認列為負債準備。

　　負債準備應該認列的數量，應為報導期間結束日，對於履行現時義務所需支付的最佳估計。而最佳估計是指企業對於在報導期間結束日所需履行現時義務的「理性支付」。

　　所謂最佳估計，是由企業管理階層參照過去的相關經驗或其他專家的意見，採用的資訊包含期後事項的資訊，因為未來事件可能影響支出的金額。當衡量的負債牽涉到大量母體，不確定性的判定可能是採用各種可能結果的平均數；當結果的範圍是連續性的，且各種結果的可能性相同，則可採用中點作為衡量基準。當衡量對象是單一義務時，可採用發生機率最高的結果作為最佳估計。

負債準備的衡量是以稅前金額作為基準，且當貨幣的時間價值影響大時，應使用折現值作為認列，而每年增加的帳面金額，則應認列為借款成本。

在做最佳估計時，應將風險與不確定性納入考量，風險的調整可能會增加負債估計的數量，但並非必然，所以公司在做估計時應謹慎小心，避免重複調整。另外，在衡量負債準備時，不應將與該事項有關的資產處分利益納入考量。

(三) 負債準備的種類及其會計處理

1. 法律訴訟

企業在營運過程中，經常會涉及經濟訴訟、仲裁等案件，這些審理中的案件將對企業的財務狀況和經營成果產生多少影響，企業要承擔多少風險，這些都具有不確定性。如果這些未決訴訟所引起的相關義務符合負債準備的定義，由於過去事項產生的現時義務、預計敗訴的可能性屬於「很有可能」、且相關的訴訟等費用也可可靠估計。則企業要將預計發生的支出借記「營業外支出」、「管理費用」等，同時要貸記「預計負債—未決訴訟損失」。因敗訴實際支付訴訟費用時，借記「預計負債—未決訴訟損失」，貸記「銀行存款」等科目。

公司通常不能確定未決訟案的結果，即使有證據顯示對公司不利，仍不能肯定公司必定敗訴，通常公司揭露一個或有負債，顯示本身對於某未決訟案的不利後果，會削減公司在投資人心中的地位，同時也會使增強訟案對手的信心，所以，大部分的公司僅會揭露一個整體性的負債準備，而不會個別顯示各未決訟案造成的影響。

2. 售後服務保證

賣方在賣出貨物時，承諾買方將來若貨物在品質數量上有瑕疵或毀損，會提供服務保證，其發生的可能性是相當肯定的，且發生的金額往往也可以根據以往發生的金額合理估計，所以售後服務保證通常可以確認為一負債準備。

公司通常會使用以下兩種方法做售後服務保證的會計紀錄：

① 現金基礎：在現金基礎下，公司的保證費用於實際發生時產生，換句話說，賣方／製造商當該費用實際支出時才列保證費用，公司並不會認列未來的保證費用。只有當未來售後服務保證發生的可能性並非很有可能或是金額無法可靠估計時，公司才可採用現金基礎。

② 應計基礎：當顧客要求售後服務的可能性是很有可能且金額可合理估計時，公司要採用應計基礎，公司要在銷售貨物當年認列估計未來會產生的售後服務保證費用。應計基礎是一般公認會計原則採用的方法，當售後服務保證無法與銷售明確分別且要認列負債準備時，應使用應計基礎，在應計基礎下，又有「保證費用計提法」與「保證收入計提法」。

A.保證費用計提法：

釋例：保證費用計提法

聲寶公司於2011年7月開始生產一項新產品，截至當年底2011年12月31日共賣出了100件，每件售價$5,000，每件產品都有一年的售後服務保證。聲寶公司根據過去販賣類似產品的經驗預估，每件產品未來的平均售後服務保證成本為$200。結果公司於2011年及2012年分別提供了$4,000元及$16,000元的售後服務保證成本。試作相關分錄。

解：

1. 認列2011年的銷貨收入：

2011/7～2001/12/31：

現金／應收帳款	500,000*	
銷貨收入		500,000

*$5,000×100 = $500,000

2. 認列2011年的售後服務保證成本：

2011/12/31：

服務保證費用	4,000	
現金		4,000
服務保證費用	16,000*	
服務保證負債		16,000

*$200×100－4,000＝$16,000

→於2011年12月31日資產負債表中記錄流動負債$16,000，損益表中紀錄服務保證費用$20,000。

3. 認列2012年因2011年銷貨產生的服務保證成本：

2012/12/31：

服務保證負債	16,000	
現金		16,000

　　這個例子中，若聲寶公司採用現金基礎，則會計記錄為2011年記錄服務保證費用$4,000，2012年記錄服務保證費用$16,000，而銷貨收入$500,000全數於2011年認列，而在某些情況下，採用現金基礎違反了配合原則，於該年銷貨收入所產生的費用，遞延到以後才認列，違反配合原則，但基於每年都有銷貨及都要認列服務保證費用的情況下，該差異可能不重大。

B.保證收入計提法：

　　售後服務保證有時候是可以與產品明確劃分的，舉例來說，當你買了一台電視，你獲得了電視公司給予你的售後服務保證，將來電視有問題時你一定可以要求電視公司幫你維修，但是要收取額外的一筆費用。在這種情況下，公司要將「銷售產品的收入」與「銷售保證服務的收入」分開認列，就是所謂的「保證收入計提法」公司會將利益延遲至售後服務保證期限，通常使用直線法攤銷認列，賣方會遞延收入的認列，是因為他有義務在約定的期間內提供保證服務。

釋例：保證收入計提法

　　林先生於2011年1/1以\$20,000向裕隆汽車買了一台車子，除了一般的服務保證外（裕隆汽車會提供汽車前36,000哩或前三年的任何維修），林先生還另外花了\$600買延長的服務保證（裕隆公司再額外提供36,000哩或再三年的維修），試作相關分錄。

解：

2011/01/01：

現金	20,600	
銷貨收入		20,000
未實現服務保證收入		600

2014/12/31：

未實現服務保證收入	200	
服務保證收入		200

2015/12/31：

未實現服務保證收入	200	
服務保證收入		200

2016/12/31：

未實現服務保證收入	200	
服務保證收入		200

3. 贈品及折價券

　　很多公司為了刺激銷售，會發起一些行銷手法，例如黑松公司常常會有寄回兩個瓶蓋，即可參加抽獎等，或是蒐集city café三個杯套，即可享有夏卡爾展門票買一送一。因此公司在銷售該產品時，就應該要同時認列因贈品及折價券所產生的成本費用。會計年度終了時，有些贈品的兌換券還流通在外，有些則已寄回公司要求兌換，為了反映公司現存的流動負債即使收入費用相配

中級會計學

264

合，公司會估計將來可能會寄回要求兌換的數量，並認列相關的贈品費用及贈品負債（應付贈品）

釋例

可口可樂每瓶售價$25元，可口可樂公司於2011年6月1日發起促銷活動，只要寄回10個瓶蓋及自付50元，即可獲得可口可樂背包，每個可口可樂背包成本為300元，公司預估顧客會寄回60%的瓶蓋，2011年公司共賣出300,000瓶可樂，並預先製作了20,000個背包，實際收回60,000個瓶蓋，試作相關分錄。

1. 製作贈品

   贈品存貨　　　　　6,000,000*
   　　現金　　　　　　　　　　　6,000,000
   *20,000×$300 = $6,000,000

2. 銷貨

   現金／應收帳款　　7,500,000
   　　銷貨收入　　　　　　　　　7,500,000

3. 兌換贈品時

   現金　　　　　　　300,000*
   　　贈品費用　　　　　　　　　1,500,000
   　　贈品存貨　　　　　　　　　1,800,000**
   　*60,000/10×$50 = 300,000
   **60,000/10×$300 = 1,800,000

4. 調整分錄

   贈品費用　　　　　3,000,000*
   　　贈品負債　　　　　　　　　3,000,000

計算

2011年總共出售瓶數	300,000*
預估收回(60%)	180,000
實際收回	(60,000)
預估未來收回	120,000

*120,000/10×($300－$50) = $3,000,000

4. 環境損害

估計清理修復環境損害的成本通常是極大的，像是空氣汙染或是預防未來環境損害等的成本更是高。在很多產業裡，建造和營運一些長期性的資產，包含了將來處理這些資產的義務。舉例來說，像是媒礦公司，採礦的成本也包含了將來完成採礦後修復土地的成本；石油公司也是一樣，要承擔將來拆卸移除鑽油平台的成本。

為了要與該長期性資產所產生的收益相配合，企業應該要將未來所需承擔的修復成本，於該長期性資產的耐用年限以直線法攤銷之。

釋例

2011年1月1日，開南石油公司在墨西哥的油田建造一個平臺準備探勘挖掘石油，依法規定，開南公司在探勘使用完畢後，有義務要移除平臺，預估油田的耐用年限為5年，移除平臺預估花費$1,000,000，折現率為10%，最後移除平臺花費$995,000，試作2011年相關分錄及2016年相關分錄。

解：

2011/01/01：

鑽井平臺	620,920	
環境負債		620,920

2011/12/31：

| 折舊 | 124,184* | |
| 累積折舊 | | 124,184 |

*620,920/5=124,184

| 利息費用 | 62,092* | |
| 環境負債 | | 62,092 |

*620,920×10%=62,092

2016/12/31：

| 折舊 | 124,184 | |
| 累積折舊 | | 124,184 |

| 利息費用 | 90,911 | |
| 環境負債 | | 90,911 |

環境負債	1,000,000	
清償環境負債利得		5,000
現金		995,000

5. 虧損性合約

有時候公司會有所謂的「虧損性合約」，虧損性合約是指因某些義務造成不可避免的成本大於經濟利益的合約，因此產生虧損。常見的例子像是長期不可取消之購貨合約，即使經濟環境變差了或是產品生命週期短，原先約定所購買的產品淨變現價值不斷下跌，然而該合約為不可取消之長期合約，因此產生的「預計虧損」要認列為負債準備。

釋例

西門公司原向東山公司租了一間廠房營運，每月支付租金，之後決定搬遷至另一廠房營運，然而原租賃合約無法取消亦無法移轉予他人，因該租賃合約公司仍需支付$200,000的租金，試作相關分錄。

解：

租賃合約損失	200,000	
租賃合約負債		200,000

→若公司可以$175,000取消該租賃合約，則公司僅需認列$175,000的虧損。

租賃合約損失	175,000	
租賃合約負債		175,000

6. 企業重組

對於重組準備做會計處理是具有爭議性的，一旦一間公司決定將其營業部分重組，他們就有誘因不斷膨脹該準備的成本，大多數人相信分析師會排除該等費用於繼續經營部門外，且將其視為對公司整體表現是不攸關的。將愈多的成本歸屬到重組準備中，也可使公司在未來的營運表現中有較光明樂觀的表現。

然而，公司在重組的過程中是處在一個不斷變動的狀態，究竟哪些成本是重組造成的很難評估，只有一件事是確定的，公司不應該將未來的營運損失歸類到現今的重組準備中，也不可以將營運成本歸類到重組成本中。

綜上所述，國際會計準則委員會對於重組準備的種類及認列是非常嚴格的。重組的是指「是指公司在日常經營活動以外發生的法律構造或經濟構造嚴重改變的交易，包括公司法律形式改變、債務重組、股權收購、資產收購、合併、分立等。」且重組負債準備，只能包含因重組而發生的直接支出。

四、或有事項的定義及其基本介紹

(一) 負債準備

負債準備是指不確定時點及數量的負債，企業應認列負債準備當該具有不確定性質之負債符合下列性質：

1. 是由於過去事件所導致的現時義務
2. 為清償該義務很可能導致未來經濟利益的流出（>50%）
3. 該數量可以合理估計者。

(二) 或有負債

或有負債是指一個由於過去事件所導致的潛在義務，有賴於未來的不確定事項發生與否來決定。一個由於過去事件所導致的現實義務，可能因為經濟利益的資源流出可能性低或無法可靠衡量，無法認列為負債準備，但歸屬於或有負債。

企業不應認列或有負債，但應於財務報表中附註揭露，此外，若經濟利益資源流出的可能性很小時，則無需認列也無須揭露。

企業應經常評估履行或有負債伴隨之經濟利益資源流出的可能性大小，當可能性升高至很有可能時，除非無法可靠衡量，否則應將其認列為負債準備。

(三) 或有資產

或有資產是指一個由於過去事件所導致的潛在資產，其存在與否有賴於未來的不確定事項發生與否來決定。像是企業權利受到侵犯，經由法律途徑提起訴訟，但結果未知的情形。

基於保守穩健的原則，企業不應認列或有資產，因為該或有資產可能永遠不會實現，除非實現的可能性很低，否則皆應於財務報表中附註揭露。與或有負債相同，企業應經常評估或有資產實現的可能性，當實現的可能性是確定的，則不屬於或有資產，應將其認列入帳。

(四) 或有事項的會計處理

結果	可能性	或有負債的會計處理	或有資產的會計處理
相當確定	大於90%	認列為負債準備	認列為資產（已不具或有性質）
很有可能（可能性大於不可能性）	51%～89%	認列為負債準備	應揭露或有資產
有可能	5%～51%	應揭露或有負債	得揭露或有資產
極小可能	小於5%	無需揭露	無需揭露

習 題

一、選擇題

( ) 1. 下列何者非負債之特性？ (A)現時義務 (B)由於過去事件產生 (C)導致經濟資源流出 (D)須由歸類為流動資產者清償。

( ) 2. 下列何者在財務報表中，不應歸類在流動負債項下？ (A)商業應付票據 (B)短期零息應付票據 (C)預收收益 (D)以上皆須歸類在流動負債項下。

( ) 3. 下列共有幾項不屬於流動負債？

➤ 應付現金股利

➤ 應付股票股利

➤ 特別股積欠股利

➤ 預收收益

➤ 應付員工休假給付

➤ 長期負債一年內到期，需動用流動資產或增加流動負債

(A)一項 (B)兩項 (C)三項 (D)四項。

( ) 4. 現值與負債間的關係為何？ (A)特定負債需用現值衡量 (B)負債不能用現值衡量 (C)現值可用來衡量所有負債 (D)現值只用來衡量非流動負債。

( ) 5. 於債務人之財務報表上，可賣回債券應分類在何處？ (A)非流動負債 (B)若債權人意圖於一年內賣回，則歸類於流動負債，否則應歸類在非流動負債 (C)若債權人很有可能於一年內賣回，則歸類於流動負債，否則應歸類在非流動負債 (D)流動負債。

( ) 6. A公司過去三年並未宣告累積特別股股利，相關之會計處理及揭露為何？ (A)將未宣告之累積特別股股利認列為負債 (B)揭露未宣告之累積特別股股利 (C)僅將今年之累積特別股股利認列為負債 (D)不須做任何認列或揭露。

( ) 7. 下列敘述，何者錯誤？ (A)公司若意圖將短期債務以長期負債再融資者且公司得無條件將債務延期至十二個月以後清償者，不應將該項目歸類於流動負債項下 (B)公司的董事會宣告發放之現金股利，應認列為負債 (C)應分配股票股利應分類於流動負債項下 (D)售後服務保證在現金基礎處理法下，公司的保證費用於實際支出時才認列費用。

（　）8. 下列何種發生的程度，需認列為負債準備？　(A)有可能　(B)極小可能　(C)相當確定　(D)很有可能但不能確定。

（　）9. 或有負債　(A)為金額及日期未確定之負債　(B)即使金額未能合理估計仍視為應計負債並認列　(C)為或有損失的結果　(D)不會在財務報表中認列。

（　）10. 下列何者為相當確定或有資產之會計處理？　(A)認列為應計負債　(B)認列為預收收益　(C)認列為應收帳款並做適當的揭露　(D)僅作揭露。

（　）11. 日力公司於9月1日買進$9,500的貨品，銷售條件為1/15，n/30，目的地交貨，運費為$200。公司於9/18付清貨款。假設日力公司存貨評價採永續盤存至及進貨折扣採淨額法，問該筆交易，日立公司應認列多少應付帳款？　(A)$9,405　(B)$9,605　(C)$9,700　(D)$9,500。

（　）12. 正修公司於6月20日向光和公司買進$30,000貨品，銷售條件為2/10，n/30。正修公司於6月27日付清貨款，該公司存貨評價採永續盤存至及進貨折扣採總額法。問該公司於6月27日付款應做的分錄包括下列何者？　(A)貸記現金$30,000　(B)貸記進貨折扣$600　(C)借記應付帳款$29,400　(D)貸記存貨$600。

（　）13. 喜君公司於×1年10月1日開立票據一紙$175,000，並需於×2年3/1支付$185,000。問喜君公司於×1年10月1日需認列多少應付票據及10月1日至12月31日需認列多少利息費用？　(A)$175,000和$0　(B)$175,000和$3,000　(C)$180,000和$0　(D)$175,000和$5,000。

（　）14. 政霖公司於9月30日開立票據一紙$150,000，一年期，不附息，市場利率為12%（現值因子0.89286）。問公司於9月30應做的發行分錄包括下列何者？　(A)借記現金$150,000　(B)借記應收票據$150,000　(C)貸記應付票據$133,929　(D)借記利息費用$16,071。

（　）15. 普爾公司有$1,000,000於×1年2月28日到期之負債。公司於2月25日簽發五年期票據$1,000,000借到現金$800,000，並將借到的錢與自有現金$200,000拿去償還即將到期之負債$1,000,000，問×1年12月31日該$1,000,000支票具有多少於財務報表中歸類在長期負債中？　(A)$1,000,000　(B)$0　(C)$800,000　(D)$200,000。

（　）16. 費斯報社於9/1接受了4,000個一年期訂戶，每位訂戶一年期費用為$125，問12月31日該報社支預收收益為何？　(A)$0　(B)$333,333　(C)$166,667

(D)$500,000。

( ) 17.傑森公司有$2,500,000的短期債務,並決定發行權益證券清償負,該公司於資產負債表日後,外勤工作結束日前發行75,000股普通股,每股賣$20,問多少的短期債務可被排除於流動負債外? (A)$1,500,000 (B)$2,500,000 (C)$1,000,000 (D)$0。

( ) 18.凱威公司規定若員工於年底仍於該公司上班,則給予一年12天的累積帶薪假,2010年,凱威公司給予其50名員工(假設全部員工於2010年及2011年持續於該公司服務)各一年12天的累積帶薪假,員工並可於2011年起申請休假。員工每天工作八小時,於2010年時薪為$14,2011年為$16,該公司每位員工於2011年平均休假9天,公司政策依據該年之薪資率認列應付員工休假給付。問2010年及2011年之應付員工休假給付各為多少? (A)$67,200; $93,600 (B)$76,800; $96,000 (C)$67,200; $96,000 (D)$76,800; $93,600。

( ) 19.2010年,暐輪公司販賣每個$4的燈泡,並於某些燈泡包裝中提供$1折價券。根據經驗,10%的包裝中有折價券。2010年,共賣出4,000,000個燈泡,其中包含140,000個$1折價券,問該公司於2010年12月31日需認列多少贈品費用及應付贈品? (A)$400,000; $400,000 (B)$400,000; $260,000 (C)$260,000; $260,000 (D)$140,000; $260,000。

( ) 20.山峰公司於2010年引進新的機器設備,針對商品之瑕疵或毀損提供三年的商品售後服務保證,根據經驗,服務保證費用為該年銷售額的2%,次年為4%,後年為6%。頭三年實際的銷售及服務保證費用如下:

	銷售額	實際服務保證費用
2010	$ 600,000	$ 9,000
2011	1,500,000	45,000
2012	2,100,000	135,000
	$ 4,200,000	$ 189,000

問山峰公司於2012年12月31日應認列多少服務保證負債?

(A)$0 (B)$15,000 (C)$204,000 (D)$315,000。

( ) 21.南發公司預估每年的售後服務保證費用為每年銷售淨額之4%。

下列為2010年相關資料:

銷貨收入	$1,500,000	
服務保證負債2010,10月31日，調整前	借記$10,000	
服務保證負債2010,10月31日，調整後	貸記$50,000	

問下列分錄何者為記錄2010年估計服務保證費用的分錄？

(A)服務保證費用 　　　　　　　　　　　60,000

　　保留盈餘 　　　　　　　　　　　　　　　　　　　10,000

　　服務保證負債 　　　　　　　　　　　　　　　　　50,000

(B)服務保證費用 　　　　　　　　　　　50,000

　　保留盈餘 　　　　　　　　　　　　　10,000

　　服務保證負債 　　　　　　　　　　　　　　　　　60,000

(C)服務保證費用 　　　　　　　　　　　40,000

　　服務保證負債 　　　　　　　　　　　　　　　　　40,000

(D)服務保證費用 　　　　　　　　　　　60,000

　　服務保證負債 　　　　　　　　　　　　　　　　　60,000

( ) 22.嘉禮公司由於前年出售有瑕疵的貨品而官司纏身，該公司諮詢律師後，律師認為有可能會輸掉官司，律師估計約有40%的機率敗訴，並估計需賠償$500,000。針對此官司，該公司應做分錄為何？　(A)借記訴訟費用$500,000，貸記訴訟負債$500,000。　(B)不須做任何分錄。　(C)借記訴訟費用$200,000，貸記訴訟負債$200,000。　(D)借記訴訟費用$300,000，貸記訴訟負債$300,000。

( ) 23.冬隆公司由於排放有毒氣體導致當地居民生病而遭到控訴，冬隆公司的律師認為該公司很有可能（幾乎確定）會敗訴，且須賠償居民的金額範圍由$1,200,000至$6,000,000，律師認為在該賠償範圍內最有可能的賠償金額為$3,600,000。根據上述，冬隆公司應認列　(A)或有損失$1,200,000並揭露額外的或有損失$4,800,000　(B)或有損失$3,600,000並揭露額外的或有損失$2,400,000　(C)或有損失$3,600,000不須揭露額外或有損失　(D)不須認列或有損失，但須揭露或有損失$1,200,000 to $6,000,000。

( ) 24.2010年1月3日，波伊公司擁有一台機器，成本$200,000，累積折舊$120,000，估計殘值$12,000及公允價值$320,000，2010年1月4日，該機器被潘恩公司造成無法銷補的毀損，無任何剩餘價值。2010年10月，法院判決潘恩公司應

賠償波伊公司$320,000。2010年12月31日，最終結果仍在等待上訴後的判決而未定。然而，根據波伊公司律師的看法，潘恩的上訴會被否決。問2010年12月31日波伊公司應認列多少的或有資產？　(A)$320,000　(B)$260,000　(C)$200,000　(D)$0。

(　) 25.尼爾公司極有可能發生損失，且該損失可怕合理估計在一定區間，該區間內沒有任何一個數的衡量比其他數好〔亦即每個損失估計值之發生可能性相同〕，則應認列多少損失？　(A)0　(B)該區間的最大值　(C)該區間的最小值　(D)該區間的中位數。

二、計算題

1.下列為仙友公司於2010年的相關交易：

9月1日　　仁迪公司進貨，賒帳$50,000。仙友公司採定期盤存制，並以總額法紀錄該筆進貨。

10月1日　　開立一紙票據$50,000給仁迪公司，為期12個月，市場利率8%。

10月1日　　向張花銀行借款$75,000，簽發一紙零息票據，面額$81,000，為期12個月。

(A)試作各交易分錄。

(B)作12月31之調整分錄。

(C)計算公司12月31日財務狀況表中，下列各項之負債為何？

　　i.附息票據

　　ii.不附息票據（零息票據）

2.文思公司於×1年賣出每台$3,000之噴墨印表機共150台，並提供一年的售後服務保證，每台印表機之售後服務維修成本為$300。

(A)試作銷售分錄及相關之售後服務成本之認列分錄，假設該公司使用應計基礎認列售後服務成本，2010年實際支出之售後服務成本為$17,000。

(B)根據上述資料，若該公司使用現金基礎認列售後服務成本，則相關分錄為何？

3.冠廷食品公司為刺激銷售，於每包糖果中附一張贈品券，顧客若寄回15張贈品券，即可免費兌換一個環保袋（每個成本$30）。根據過去經驗，發出的贈品約有60%提出兌換。有關銷售及兌獎之資料如下：

買進環保袋   1,600個

提出兌換之贈品券   21,000張

出售糖果（每包$100）   40,000包

試作冠廷公司應有之會計分錄。

4. 隆昌公司於×1年1月以$600,000買進一個石油儲存槽，隆昌公司預估該儲存槽可使用10年，十年後需將該石油儲存槽拆除並恢復整體環境，預估到時候需花費$70,000。

(A)試作×1年1月1日買進石油儲存槽及相關環境負債之分錄。市場利率為6%，2010年1月1日環境負債之公允價值為$39,087。

(B)試作×1年12月31日與石油儲存槽相關及環境負債之分錄。（隆昌公司使用直線法折舊，且石油儲存槽之預估殘值為零）。

(C)×10年12月31日，隆昌公司將該石油儲存槽拆除並恢復整體環境，實際花費成本為$75,000，試作該清償環境負債之分錄。

解答：

一、選擇題

1. D	2. D	3. B	4. A	5. D	6. B	7. C	8. C	9. D	10. D
11. A	12. D	13. B	14. C	15. C	16. B	17. A	18. C	19. B	20. D
21. D	22. B	23. B	24. D	25. D					

二、計算題

1.(A)

| 9月1日 | 進貨 | 50,000 | |
| | 應付帳款 | | 50,000 |

| 10月1日 | 應付帳款 | 50,000 | |
| | 應付票據 | | 50,000 |

| 10月1日 | 現金 | 75,000 | |
| | 應付票據 | | 75,000 |

(B)

| 12月31日 | 利息費用 | 1,000 | |
| | 應付利息 | | 1,000 |

（$50,000×8%×3/12）

| 12月31日 | 利息費用 | 1,500 | |
| | 應付票據（$6,000×3/12） | | 1,500 |

(C)

 i. 應付票據 $50,000

  應付利息   <u>1,000</u>

        <u>$51,000</u>

 ii. 應付票據($75,000+$1,500)=$76,500

2.(A)現金（150×$3,000）   450,000

   銷貨收入   450,000

  服務保證費用   15,000

   現金   15,000

  服務保證費用（150×300−15,000） 30,000

   服務保證負債   30,000

 (B)現金   450,000

   銷貨收入   450,000

  服務保證費用   15,000

   現金   15,000

3.購入贈品時：

  贈品存貨($30×2500)   75,000

   現金   75,000

 銷貨時：

  應收帳款($100×40,000) 4,000,000

   銷貨收入   4,000,000

  贈品費用(40,000×60%/15×$30) 48,000

   應付贈品   48,000

 兌換時：

  應付贈品(21,000/15×$30) 42,000

   贈品存貨   42,000

4.(A)石油儲存槽   600,000

   現金   600,000

石油儲存槽	39,087	
環境負債		39,087
(B)折舊費用	60,000	
累計折舊		60,000
折舊費用	3,909	
累計折舊		3,909*
利息費用	2,345	
環境負債		2,345**

*$39,087/10

**$39,087×.06

(C)環境負債	70,000	
清償環境負債損失	5,000	
現金		75,000

第十章
非流動負債

公司主要有兩種舉借長期債務的形式，一種是發行公司債，一種是發行長期票據，發行票據一般是向單一貸款人借款，而應負公司債是發行給一個以上的投資者。從下圖我們可以發現，從2007年開始，公司有逐漸從發行長期票據的型態轉向發行公司債的型態，並且在2009年，發行公司債的數量超過發行長期票據的數量。

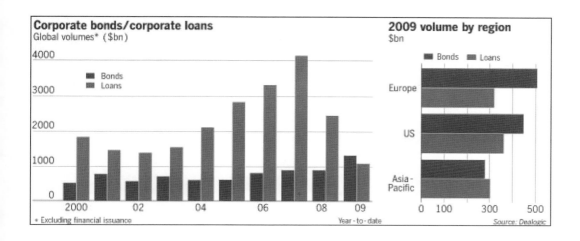

　　為什麼會有這種趨勢呢？因為現在整個市場是處於低利率的環境，低利率的情況下，每期收取固定資金，會使得銀行不願意借錢出去，因為報酬率太低，此外，就高利率（high rated）的公司來看，當要籌集營運資金時，他們會傾向倚賴短期無擔保的商業本票，然而一旦該市場被凍結，公司就會面臨資金上周轉的困難，因此現在不少高利率公司轉向發行公司債；而對低利率（low-rated）的公司來說，也比較傾向於發行應付公司債，因為銀行在出借資金時，經常會要求公司要維持一定的營運或財務水準，在這種情況下，由於公司並不能準確地預測未來的績效，然而卻要達到借款合約中的規定，勢必會有很大的壓力。

　　總而言之，就目前的經濟環境來看，公司較喜歡以發行應付公司債的方式募集長期資金，然而，未來公司募集長期資金的趨勢，仍要看整體的環境改變而定。

　　以下章節，我們分別就長期負債中的應付公司債及長期票據，做基本的介紹及其會計處理。

一、非流動負債的基本介紹及其定義

　　非流動負債，有時稱爲長期負債。企業在經營的過程中，可能會爲了要擴建廠房、增加設備、研究發展等因素，而需要大量的長期資金，面對這種情況，企業可以選擇發行股票由股東投入資金，或是舉借債務獲取資金。非流動負債就是這種企業向債權人募集的一種長期資金，非流動負債除了具備一般債務的性質外，同時也具有金額較大、償還期間較長的特性。

　　非流動負債，有時稱爲長期負債，是指由於企業過去的交易或事項件所形成的現時義務，預期會導致經濟利益流出企業的現時義務，而該現時義務的所需清償的時點大於一年或一個營業週期〔較長者〕。常見的長期負債，像是應付公司債、長期應付票據、應付抵押款、退休金負債及租賃負債。

二、非流動負債的種類及其會計處理

(一) 應付公司債

1. 應付公司債的基本介紹

　　根據我國公司法第兩百四十六條規定，公司募集公司債須經董事會決議，並將募集原因及有關事項報告股東會。其他長期負債的發行與募集多半也都須經相同程序。

　　一般來說，長期負債會有多種承諾與限制，以保護債權人與債務人。契約中通常會包含發行數量、票面利息、到期日、贖回條款、財產抵押債券、償債基金要求、營運資金與股利限制，及其他額外債務的限制。當這些訊息能夠有助於外部使用者對於公司財務狀況、營運情形有更全面的了解時，公司應將這部分的資訊於財務報表中表達。

2. 應付公司債的種類

(1) 擔保公司債與無擔保公司債

擔保公司債是指發行者以公司特定資產作為此公司債之擔保。無擔保公司債則是指公司發行公司債時，並未提供特定財產給銀行當作抵押品者。發行無擔保公司債之企業，純粹是以企業的信譽作為擔保，因此無擔保公司債又稱信用公司債，為信用評等良好的大公司所廣泛使用。

(2) 定期及分期還本公司債

定期還本公司債是指公司債本金到期時一次清償者。分期還本公司債則是公司債本金分期清償者。

(3) 記名及無記名公司債

公司債載明債券所有人姓名者，稱記名公司債。債權轉讓時以登記為主，才可以獲得法律的保障。每當公司付息時，會依據發行公司登記之債券所有人資料，將債息以匯款或支票方式送達債權人；無記名公司債則是公司債未載明債券所有人姓名。因發行債券公司並無債券所有人姓名等資料，故債券本身都附有息票，每到付息日持有人可自行將息票剪下，前往代付利息之金融機構領取。

(4) 可轉換及不可轉換公司債

債券契約載明賦予債券持有人於到期日前，選擇是否轉換為普通股之權利者，稱可轉換公司債。債券契約並未賦予債券持有人到期日前選擇是否轉換為普通股之權利，稱不可轉換公司債。

(5) 可贖回與可收回公司債

債券契約載明給予債券持有人於到期日前，可選擇是否要求發行人贖回該債券之權利，此類債券稱可贖回公司債。債券契約載明給予債券持有人於到期日前之某特定期間，選擇是否要求向債券發行人贖回該債券之權利者，稱可收回公司債。

(6) 固定利率與浮動利率公司債

公司債的票面利率在發行時即固定，直至到期日止均不再變動，稱為固定利率公司債。浮動利率公司債係指公司債發行條件載明公司債票面利率，會

隨著指標利率波動。若設計浮動利率有上限與下限時，當指標利率波動過大時，利率將採上限或下限。

3. 應付公司債的會計處理

發行及銷售應付公司債的過程不是一蹴可幾的事情，公司通常要花費數個禮拜到幾個月的時間來完成發行。首先，發行公司必須找好承銷商幫它行銷債券，接著公司需要獲得主管機管的允許、並有會計師簽證，及發布創辦說明書，最後才是印製公司債券。在賣出債券以前，發行公司通常會先建立債券契約中的條款及約定，而在公司設定條約及實際發行出去的這段期間，市場環境及公司財務狀況仍不斷在變動，這些改變會影響債券的銷售情形及銷售價格。

債券的銷售價格的決定因素有市場供需、相對風險、市場情況以及整體的經濟環境。一般來說，評價債券是用未來現金流量的折現值，而未來現金流量的組成分別有利息及本金。折現利率是投資人可接受的投資報償利率。在本票上所註明的利率稱為「票面利率」或「名目利率」，表示方法為該本票面值的一個百分比。而投資人可接受的投資報酬率則稱為「有效利率」、「實質利率」或「市場利率」。

(1) 原始認列

i. 平價發行

當債券發行的「市場利率」與「票面利率」相同時，就稱為「平價發行」。也就是債券的面值等於未來現金流量的折現值。

ii. 折溢價發行

當債券發行的「市場利率」與「票面利率」不同時，債券面值就不等於未來現金流量的折現值（債券發行價格）。而面值與折現值的差異就決定了買方實際支付的價格。當發行價格小於面值時，稱為「折價」；反之，當發行價格大於面值時，稱為「溢價」。若債券是折價發行，則「市場利率」大於「票面利率」；反之，若債券是溢價發行，則「市場利率」小於「票面利率」。市場利率和債券價格間存有反向關係。債券的銷售價格通常是以面額的百分比表示，舉例來說：

A公司應付公司債以92.6〔面額92.6%〕折價銷售，或以102〔面額102%〕溢價銷售。

當債券的銷售價格低於面值，亦即債券投資人需求的利率大於票面利率。通常這種情況出現在投資人可藉由其他的投資行為賺取更高的報酬。由於投資人無法改變票面利率，於是他們會選擇不以面額的價值購買該債券，而以較便宜的價格購買，以達到原先設定的報酬。投資人拿到以票面利率計算出來的利息，而實際上，賺到的是有效利率，該有效利率大於票面利率，因為投資人以折價購買債券。反之亦然。

釋例

假設台北公司於2011年1月2日發行面值$200,000之公司債，五年期，票面利率10%，每年6月30日及12月31日付息

(1)若市場利率亦為10%

(2)若市場利率為8%

(3)若市場利率為12%

試作發行時相關分錄。

解：

(1) 若市場利率亦為10% →平價發行

本金$200,000，利率5%，10期之複利現值：

$200,000×P_{10,5\%}$ = $200,000×0.613913=　　　　　　$122,783

利息$10,000，利率5%，10期之年金現值：

$10,000×P_{10,5\%}$ =$10,000×7.721735=　　　　　　　　77,217

合計　　　　　　　　　　　　　　　　　　　　　　$200,000

分錄為：

現金　　　　　　200,000

　　應付公司債　　　　　　　200,000

(2) 若市場利率為8% → 溢價發行

本金$200,000，利率4%，10期之複利現值：

$200,000 \times P_{10,4\%}$ = $200,000 \times 0.675564 = \hspace{2cm} $135,113

利息$10,000，利率4%，10期之年金現值：

$10,000 \times P_{10,5\%}$ = $10,000 \times 8.110896 = \hspace{2cm} \underline{81,109}

合計 \hspace{6cm} \underline{$216,222}

分錄為：

現金	216,222	
應付公司債		200,000
公司債溢價		16,222

(3) 若市場利率為12% → 折價發行

本金$200,000，利率6%，10期之複利現值：

$200,000 \times P_{10,6\%}$ = $200,000 \times 0.558395 = \hspace{2cm} $111,679

利息$10,000，利率5%，10期之年金現值：

$10,000 \times P_{10,6\%}$ = $10,000 \times 7.360087 = \hspace{2cm} \underline{73,601}

合計 \hspace{6cm} \underline{$185,280}

分錄為：

現金	185,280	
公司債折價	14,720	
應付公司債		200,000

(2) **續後衡量—直線法與有效利率法**

如同上面所說的，債券投資人在購買債券時可能是以折價購買或以溢價購買，也就是投資人實際賺得的報酬與票面利並不相同。債務人除了於每個利息支付日支付利息外，在到期日也要還給債權人本金。當債券是折價發行時，債權人於到期日收回的本金會大於原先支付的價格；若是溢價發行，則收回的本金會小於原先支付的價格。將債券的票

面利率利息費用調整爲市場利率利息費用的過程，稱爲攤銷。折價的攤銷會增加利息費用，溢價的攤銷會減少利息費用。

若是採用直線法攤銷，則僅需將須攤銷數額除以期數，每一期攤銷的數額均相同，並於到期日時，攤銷完畢。若是採用有效利率法，公司要先以期初債券的帳面金額成以市場利率，計算出利息費用，再比較利息費用與實際應付的利息（現金 = 本金×票面利率）決定折價或溢價的攤銷。

i.　折價發行

釋例

桃園公司於2011年1月1日發行公司債，面額$100,000，票面利率8%，每年1月1日及7月1日付息，2016年1月1日到期，市場利率爲10%，試分別以直線法及有效利率法做頭兩期的攤銷分錄。

解：

公司債面額	$100,000
本金$100,000，利率5%，10期之複利現值：	
$100,000 \times P_{10,5\%}$ = $100,000 \times 0.61391$ =	$61,391
利息$4,000，利率5%，10期之年金現值：	
$4,000 \times P_{10,5\%}$ = $4,000 \times 7.72173$ =	30,887
合計	(92,278)
應付公司債折價	$7,722

攤銷表：

日期	現金	利息費用	折價攤銷	應付公司債帳面價值
1/1/11				$92,278
7/1/11	$4,000	$4,614	$614	92,892
1/1/12	4,000	4,645	645	93,537
7/1/12	4,000	4,677	677	94,214
1/1/13	4,000	4,711	711	94,925
7/1/13	4,000	4,746	746	95,671
1/1/14	4,000	4,783	783	96,454
7/1/14	4,000	4,823	823	97,277
1/1/15	4,000	4,864	864	98,141
7/1/15	4,000	4,907	907	99,048
1/1/16	4,000	4,952	952	100,000
	$40,000	$47,722	$7,722	

(1) 直線法

　　2011/07/01：

　　利息費用　　　　　　4,772

　　　　現金　　　　　　　　　4,000

　　　　公司債折價　　　　　　772*

　　*$7,722/10 = $722

　　2011/12/31：

　　利息費用　　　　　　4,772

　　　　應付利息　　　　　　　4,000

　　　　公司債折價　　　　　　772

　　2012/01/01：

　　應付利息　　　　　　4,000

　　　　現金　　　　　　　　　4,000

(2) 有效利率法

　　2011/07/01：

利息費用	4,614	
現金		4,000
公司債折價		614

2011/12/31：

利息費用	4,645	
應付利息		4,000
公司債折價		645

2012/01/01：

| 應付利息 | 4,000 | |
| 現金 | | 4,000 |

ii. 溢價發行

釋例

　　新竹公司於2011年1月1日發行公司債，面額$100,000，票面利率8%，每年1月1日及7月1日付息，2016年1月1日到期，市場利率為6%，試分別以直線法及有效利率法做頭兩期的攤銷分錄。

解：

公司債面額		$100,000
本金$100,000，利率3%，10期之複利現值：		
$100,000 \times P_{10,3\%} = \$100,000 \times 0.74409=$	$74,409	
利息$4,000，利率3%，10期之年金現值：		
$4,000 \times P_{10,3\%} = \$4,000 \times 8.53020$	34,121	
合計		(108,530)
應付公司債溢價		$8,530

攤銷表：

日期	現金	利息費用	溢價攤銷	應付公司債 帳面價值
1/1/11				$108,530
7/1/11	$4,000	$3,256	$744	107,786
1/1/12	4,000	3,234	766	107,020
7/1/12	4,000	3,211	789	106,231
1/1/13	4,000	3,187	813	105,418
7/1/13	4,000	3,162	838	104,580
1/1/14	4,000	3,137	863	103,717
7/1/14	4,000	3.112	888	102,829
1/1/15	4,000	3,085	915	101,914
7/1/15	4,000	3,057	943	100,971
1/1/16	4,000	3,029	971	100,000
	$40,000	$31,470	$8,530	

(1) 直線法

2011/07/01：

利息費用	3,147	
公司債溢價	853*	
現金		4,000

*$8,530/10 = $853

2011/12/31：

利息費用	3,147	
公司債溢價	853	
應付利息		4,000

2012/01/01：

應付利息	4,000	
現金		4,000

(2) 有效利率法

2011/07/01：

利息費用	3,256	
公司債溢價	744	
現金		4,000

2011/12/31：

利息費用	3,234	
公司債溢價	766	
應付利息		4,000

2012/01/01：

應付利息	4,000	
現金		4,000

iii. 應計利息

　　先前我們所討論的例子都是付息日與財務報表日剛好相同，那如果兩者不相同的時候呢？那就必須先計算好這一期預期會付多的利息費用、現金與攤銷數額，再以已過的時間除以整期的時間當作比例，計算出至財務報表日為止，應付的利息費用、現金與攤銷數額。記住，此時的利息並未真正付出，因此做分錄時，應先貸記「應付利息」，於實際支付日當天在與現金對沖。

 釋例

　　承前例，若新竹公司的資產負債表日為2月底，試以有效利率法做2011/02/28之分錄。

解：

2011/02/28：

利息費用	1,085.33	
公司債溢價	248	
應付利息		1,333.33

應計利息($4,000×2/6)	$1,333.33
溢價攤銷($744×2/6)	(248)
利息費用(1月〜2月)	$1,085.33

iv. 應付公司債於付息日間發行

公司在發行債券時，會在債券上註明利息支付日期，譬如企業於1/1發行公司債並註明每半年於7/1與1/1支付利息。但若公司發行債券當天並非付息日呢？若公司發行債券日為4/1，則投資人應先將自上次利息給付日到現在為止（1/1～4/1）的應付利息先付給發行人，也就是投資人預先付半年利息的一部分給發行人，而該段期間的利息其實並不屬於投資人，因為該段期間並未持有，然後，在接下來的利息給付日，投資人會拿到完整六個月的利息。

釋例一：平價發行

苗栗公司於2011年5月1日平價發行$100,000，五年期公司債，公司債票面上的發行日期為2011年1月1日，於每年1月1日、7月1日付息，票面利率為8%，試作發行及第一次付息分錄。

解：

2011/05/01：

現金　　　　　　100,000

　　應付公司債　　　　　100,000

現金　　　　　2,667*

　　利息費用　　　　　2,667

*$100,000 × 0.08 × 4/12 = $2,667

2011/07/01：

利息費用　　　　4,000

　　現金　　　　　　4,000

→公司實際上記錄的利息費用為$4,000 − $2,667 = $1,333

釋例二：溢價發行

　　台中公司於2011年5月1日發行$100,000，五年期公司債，公司債票面上的發行日期為2011年1月1日，於每年1月1日、7月1日付息，票面利率為8%，市場利率為6%，試作發行及第一次付息分錄。

解：

公司債面額		$100,000
本金$100,000，利率3%，10期之複利現值：		
$100,000 \times P_{10,3\%} = \$100,000 \times 0.74409 =$	$74,409	
利息$4,000，利率3%，10期之年金現值：		
$4,000 \times P_{10,3\%} = \$4,000 \times 8.53020 =$	34,121	
合計		(108,530)
應付公司債溢價		$ 8,530

→5/1帳面價值：

$108,530 \times 0.03 \times (4/6) - \$4,000 \times (4/6) = \$496$

$108,530 - \$496 = \$108,034$

2011/05/01：

現金	108,034	
應付公司債		100,000
應付公司債溢價		8,034

現金	2,667*	
利息費用		2,667

*$100,000 \times 0.08 \times 4/12 = \$2,667$

2011/07/01：

利息費用	4,000	
現金		4,000

應付公司債溢價	253*	
利息費用		253

*利息費用 ＝ $108,034 × 0.06 × 2/12 = $1,080

7/1獲得的淨現金 ＝ 5/1～7/1應得的利息 ＝ $100,000 × 0.08 × 2/12 = $1,333

$1,333 － $1,080 = $253

(二) 長期應付票據

1. 長期應付票據的基本介紹

流動應付票據與長期應付票據的差異在於到期日的長短，流動應付票據是指一年內或一個營業循環內到期的票據，而長期應付票據只是超過一年或一個營業週期以上到期的票據。

長期應付的性質與應付公司債相似，同樣有特定到期日與票面利率。然而票據在公開市場上，並不像公司債一樣容易流通。通常獨資、合夥或小型的公司採用發行票據作為長期資金的來源，而較大型的公司會同時採用發行票據與應付公司債的方式。

2. 長期應付票據的會計處理

長期應付票據的會計處理方法與公司在類似，長期應付票據也是用未來現金流量的折現值評價。若為折溢價發行，公司會於票據流通期間將折溢價攤銷完畢。長期應付票據同樣也有「附息票據」及「不附息票據」，處理方法也與先前介紹短期應付票據的方法相同。

(1) 按面額發行

釋例

彰化公司2011年1月1日平價簽發面額$10,000，三年到期的附息票據一紙，市場利率10%，年底付息，試作發行分錄及第一期付息分錄。

解：

2011/01/01：

現金	10,000	
應付票據		10,000

2011/12/31：

利息費用	1,000	
現金		1,000

(2) 非按面額發行

i. 零息票據

若公司發行零息票據，則該票據是以未來流入現金的折現值來衡量，隱含利率是使現在收到的現金等於未來支付現金的折現值相等的利率。發行公司將面額與未來現金流量折現值的差額記為「應付票據折價」或「應付票據溢價」。

釋例

雲林公司於2011年1月1日簽發票據一紙，面額10,000，不附息，三年後到期，市場利率9%，試作相關分錄

解：

攤銷表：

日期	現金	利息費用	折價攤銷	應付票據帳面價值
01/01/11				$7,722
12/31/11	$-0-	$695	$695	8,417
12/31/12	-0-	758	758	9,175
12/31/12	-0-	825	825	10,000
	$-0-	$2,278	$2,278	

2011/01/01：

現金	7,722	
應付票據折價	2,278	
應付票據		10,000

2011/12/31：

利息費用	695	
應付票據折價		695

2012/12/31：

利息費用：	758	
應付票據折價		758

2013/12/31：

利息費用	825	
應付票據折價		825

2014/01/01：

應付票據	10,000	
現金		10,000

ii. 附息票據

零息票據是票面利率與有效利率的極端差異情形，在很多情況下兩者的差異並非那麼大。

釋例

嘉義公司於2011年1月1日簽發附息票據一紙，面額10,000，票面利率10%，三年後到期，市場利率12%，試作相關分錄

解：

攤銷表：

日期	現金	利息費用	折價攤銷	應付票據帳面價值
01/01/11				$9,520
12/31/11	$1,000	$1,142	$142	9,662
12/31/12	1,000	1,159	159	9,821
12/31/12	1,000	1,179	179	10,000
	$3,000	$3,480	$480	

2011/01/01：

現金	9,520	
應付票據折價	480	
應付票據		10,000

2011/12/31：

利息費用	1,142	
現金		1,000
應付票據折價		142

2012/12/31：

利息費用	1,159	
現金		1,000
應付票據折價		159

2013/12/31：

利息費用	1,179	
現金		1,000
應付票據折價		179

2014/01/01：

應付票據	10,000	
現金		10,000

3. 特殊的應付票據議題

(1) 發行票據交換所有權、商品、服務

有時候，企業會以發行票據的方式交換所有權、商品或服務，在正常交易情況下，我們會假設該票面利率是公允的，除非(a)該票據無票面利率，(b)該票面利率不合理，(c)該票面利率對於相類似交換所有權、商品、服務的債務顯然有極大差異。

這種情況下，企業會以該所有權、商品、服務的公允價值作為該票據的衡量依據。若該票據沒有票面利率，則票據面額與所有權、商品、服務之公允價值的差額即為利息。

釋例

台南公司於2011年1月1日簽發不附息票據一紙，面額$100,000，三年期，向高雄公司購買一機器，假設市場利率為9%，該機器估計可用5年，無殘值，試作該年度分錄。

解：

2011/01/01：

機器設備	77,218*	
應付票據折價	22,782	
應付票據		100,000

$100,000 × P_{3,9\%} = 77,218$

2011/12/31：

利息費用	6,950	
應付票據折價		6,950

折舊費用	25,739	
累計折舊—機器		25,739

(2) 利率的選擇

票據的交易當中，市場利率的決定通常都是根據該交易的種種特性。可是一旦企業無法決定該所有權、商品、服務的公允價值，且該債券沒有一個明確的市場，無法決定該票據的現值。在這種情況下，企業要考量到整體環境以後，自行估算該債券的現值，並計算出適用的利率，這種推算出的利率，稱為「隱含利率」。

企業在決定該利率時，要考量具有類似信用評等的債務工具所採用的利率，同時還要考量限制條款、抵押品、償還期間等等。

三、其他長期負債的相關議題

(一) 非流動負債的除列

企業如何記錄非流動負債的消滅？若企業將債券或票據持有至到期日，則在到期日當天，會剛好攤銷完畢，而公司清償負債不會發生任何損失或利益，此時該負債的帳面金額、面值及公允價值會剛好相等。

這裡我們討論三種流動負債的消滅方式，分別是提前清償、以資產或證券清償及修改債務合約。

1. 提前清償

公司提前向債權人收回債券，在該收回日，公司債帳面價值為到期日的應付總額減去溢折價未攤銷完的部分，也就是收回日當天公司債帳面金額應該攤銷至收回日。公司收回債券的金額與帳面金額間的差額，即為收回公司債的損益，又稱「償債損益」。簡單來說，當收回金額高於公司債帳面金額時，則有償債損失；而收回金額低於公司債帳面金額時，則有償債利益。

通常公司可以藉由收回流通在外的應付公司債，並另發行較低利率的應付公司債中獲利，稱為「舉新還舊」，不論應付公司債的提前贖回或消滅是以舉行還舊的方式與否，企業都要認列該帳面價值與收回價格的差異，並於收回當期認列損益。

釋例

屏東公司於2011年1月1日發行公司債,面額$100,000,票面利率8%,每年1月1日及7月1日付息,2016年1月1日到期,市場利率為10%,若公司於2013年1月1日提前以101的價格買回公司債,試以有效利率法做買回分錄。

解:

攤銷表:

日期	現金	利息費用	折價攤銷	應付公司債 帳面價值
1/1/11				$92,278
7/1/11	$4,000	$4,614	$614	92,892
1/1/12	4,000	4,645	645	93,537
7/1/12	4,000	4,677	677	94,214
1/1/13	4,000	4,711	711	94,925
7/1/13	4,000	4,746	746	95,671
1/1/14	4,000	4,783	783	96,454
7/1/14	4,000	4,823	823	97,277
1/1/15	4,000	4,864	864	98,141
7/1/15	4,000	4,907	907	99,048
1/1/16	4,000	4,952	952	100,000
	$40,000	$47,722	$7,722	

→買回價($100,000×1.01)	$101,000
帳面價值	(94,925)
償債損失	$6,075

應付公司債	100,000	
償債損失	6,075	
現金		101,000
應付公司債折價		5,075

2. 以資產或證券清償

除了以現金償還債務外,企業也可以用非現金資產,如:不動產等來償還債務,另外,也可以以股票償還債務。債權人應以這些非現金資產或證券的公允價值入帳。若債務的帳面價值高於非現金資產或證券的公允價值,則債務人有利益,要認列償債利益;若債務的帳面價值低於非現金資產或證券的公允價值,則債務人有損師,要認列償債損失。

釋例一:以資產清償

宜蘭公司積欠花蓮公司$20,000,000票據一紙,現因財務困難,與花蓮公司進行債務協商,花蓮公司同意宜蘭公司以一閒置之房地產抵債,該房地產帳面價值$21,000,000,公允價值為$16,000,000,試為宜蘭公司作相關分錄。

解:

應付票據	20,000,000	
處分資產損失	5,000,000	
其他資產		21,000,000
償債利益		4,000,000

釋例二:以證券清償

花連公司積欠怡蘭公司$20,000,000票據一紙,現因債務困難,雙方進行債務協商,怡蘭公司同意花蓮公司以320,000股普通股償債,每股市價$50,是為花連公司作償債相關分錄。

應付票據	20,000,000	
普通股股本		3,200,000
資本公積—普通股		12,800,000
償債利益		4,000,000

3. 修改債務合約

　　企業有時候可能會因為資金周轉不靈，或營運上的困難等因素，無法如期償還債務，他們可能會與債權人商討修改債務合約，修改辦法有降低債務利息、降低須償還的本金、延長償還的年限及延後償還或免除積欠的利息等等。

　　通常修改債務合約對於債務人來說都有利益，整個修改的過程就如同消滅舊合約，簽訂新合約，而新合約公允價值與舊合約帳面價值的差額，就是修改債務利益。

 釋例

　　金門公司積欠馬祖公司$10,500,000票據一紙，每年底付息，到期日為2010年12月31日，在2010年12月31日金門公司因為債務困難無力依約償還，於是與馬祖公司進行債務協商，馬祖公司同意將本金由$10,500,000降到$9,000,000，到期日向後延到2014月12月31日，並同意將利率由12%降到8%，債務修改時的市場利率為15%，試作相關分錄。

解：

　　修改後的現金流量折現值：

　　本金$9,000,000，四年期，以15%折現

　　$9,000,000 \times P_{4,15\%} = \$9,000,000 \times 0.57175$　　　　　　$5,145,750

　　每年利息$720,000，四年期，以15%折現

　　$720,000 \times P_{4,15\%} = \$720,000 \times 2.85498$　　　　　　　2,055,586

　　修改後應付票據的公允價值　　　　　　　　　　　　　$7,201,336

　　償債利益 ＝ 舊的應付票據帳面價值 － 修改的應付票據公允價值

　　　　　　 ＝ $10,500,000 - \$7,201,336 = \$3,298,664$

攤銷表：

日期	現金	利息費用	折價攤銷	應付公司債 帳面價值
12/31/10				$7,201,336
12/31/11	$720,000	$1,080,200	$360,200	7,561,536
12/31/12	720,000	1,134,230	414,230	7,975,767
12/31/13	720,000	1,196,365	476,365	8,452,132
12/31/14	720,000	1,267,820	547,868	9,000,000

2010/12/31：

應付票據（舊）	10,500,000	
應付票據折價（新）	1,798,664	
償債利益		3,298,664
應付票據（新）		9,000,000

2011/12/31：

利息費用	1,080,200	
應付票據折價		360,200
現金		720,000

2012/12/31：

利息費用	1,134,230	
應付票據折價		414,230
現金		720,000

2013/12/31：

利息費用	1,196,365	
應付票據折價		476,365
現金		720,000

2014/12/31：

利息費用	1,267,868	
應付票據折價		547,868
現金		720,000

2014/12/31：

應付票據	9,000,000	
現金		9,000,000

(二) 公允價值的選擇與爭議

　　先前所介紹的非流動負債均按有效利率法以攤銷後成本衡量。然而事實上，對於大部分的金融工具（含金融資產與金融負債），企業可以自由選擇是否以公允價值衡量。國際會計準則委員會認為，使用公允價值衡量金融工具可提供投資人較攸關及較易懂的資訊，因為公允價值可以提供金融工具的現時現金約當價值。

　　若公司決定採用公允價值，則原先以攤銷後成本衡量的金融負債，要隨公允價值的增減認列未實現持有損益，而該未實現損益要記錄在該期的損益當中。

釋例

　　澎湖公司於2010年5月1日平價發行面額$500,000，6%應付公司債，到2010年12月31日時，由於市場利率上升至8%，應付公司債的公允價值變成$480,000，澎湖公司選擇用公允價值衡量，試作相關分錄。

解：

應付公司債	20,000	
未實現負債持有損益		20,000

　　一般我們假設應付公司債的價值減損是因為利率上升，但債券價值的減損也有可能是因為公司的違約可能性上升，也就是說，當公司信用下降時，債券的價值跟著下降。若公司採用公允價值法評價，將應付公司債因信用下降而導致的公允價值變動歸屬於損益，公司因信用變差而認列損益，這樣有點不合邏

輯。但IASB認為債權人的損失就是股東的利益，此外，公司信用的下降也可能導致公司資產價值的下降，因此公司也應認列資產減損，可以與負債認列的利益相抵銷。

(三) 資產負債表外融資

資產負債表外融資是指企業使用一些手法，使得負債的事實，不用在資產負債表中表達。著名的安隆案，當年就是隱藏了極大筆數目的資產負債表外融資。常見的方法如下：

1. **利用不須編製合併報表的子公司**：在國際會計準則規定下，對於持股比例不超過百分之五十的子公司，母公司不須編製合併報表，也就是不用將子公司的資產負債合併編製報表，在這種情況下，投資人只能看到母公司對子公司的投資數，而無法察覺母公司向子公司借了極大一筆債務。

2. **特殊目的實體**：公司設立一個空殼公司來進行業務或財務上的操作。舉例來說，公司想要建立一間廠房，但是不想要將建造該廠房所借來的負債顯現在財務報表上，則公司會成立一個特殊目的實體，而該實體的目的就是建造廠房，融資借錢及建造廠房的事實都掛名在該特殊目的實體下，而公司則保證會購買其所生產的所有產品。由於特殊目的實體不須與公司編製合併報表，因此公司也不用記錄有關的資產及負債。

3. **營業租賃**：公司可藉由租賃來進行資產負債表外融資，公司將本身的資產出租給他人，而藉由迴避融資租賃的條款，採用經營租賃的會計處理。

習 題

一、選擇題

( ) 1. 東方公司發行五年期應付公司債$1,000,000，若該公司債為溢價發行，係指 (A)市場利率大於票面利率 (B)票面利率大於市場利率 (C)市場利率等於票面利率 (D)市場利率與票面利率間沒有關係。

( ) 2. 使用有效利率法作債券的續後衡量，固定期間攤銷金額會 (A)若該債券為折價發行，攤銷金額會遞增 (B)若該債券為溢價發行，攤銷金額會遞減 (C)若該債券為溢價發行，攤銷金額會遞增 (D)不論債券為折價或溢價發行，攤銷金額都會遞增。

( ) 3. 若債券於付息日間發行，則發行分錄包括： (A)借記應付利息 (B)貸記應收利息 (C)貸記利息費用 (D)貸記預收利息。

( ) 4. 發行債券之發行成本，如債券印刷費、律師公費、會計師簽證費等，應如何處理？ (A)支出時認列為費用 (B)作為應付公司債面值的減項 (C)視為發行公司債所得現金的減少，分期攤銷反映於利息費用中 (D)直到債券到期時才需認列為費用。

( ) 5. 攤銷溢價發行之應付公司債，會 (A)減少應付公司債之淨額 (B)增加利息費用 (C)減少公司債的帳面價值 (D)增加付給債權人之現金。

( ) 6. 原溢價發行且於付息日間發行之應付公司債，於贖回時， (A)所有發行成本於贖回日需攤銷完畢 (B)溢價於贖回日需攤銷完畢 (C)需計算上次付息日至贖回日之應付利息 (D)以上皆是。

( ) 7. 因購買商品、設備或勞務而開立應付票據，該票據之現值應如何衡量？ (A)該商品、設備或勞務之公允價值 (B)該票據之公允價值 (C)將所有未來的因該票據之支出以市場利率折現 (D)以上皆可。

( ) 8. 因購買商品、設備或勞務而開立應付票據，除下列何者狀況外，該票面利率視為公允？ (A)票面無利率 (B)票面利率不合理 (C)票據之面值與類似商品之銷售價格有顯著差異 (D)以上皆是。

( ) 9. 於債務除列時，以轉移資產清償債務，當該資產之公允價值小於債務之帳面價值時，債務人會認列 (A)不認列償債利益也不認列償債損失 (B)認列償債利益 (C)認列償債損失 (D)以上皆非。

（　）10.於債務清償時，修改債務合約，則下列何者情況，會產生債務整理利益：
　　　(A)債務之帳面價值小於所有的未來現金流量　(B)債務之現值小於所有未來
　　　現金流量之折現值　(C)債務之帳面價值大於所有未來現金流量之折現值
　　　(D)債務之現值大於所有未來現金流量之折現值。

（　）11.為了誘導可轉換公司債的債權人轉換成普通股，乃在期限內加發股票予轉換
　　　之債權人，下列何者為其所加發之普通股之正確之處理？　(A)以其市價借
　　　計非常損失　(B)以其市價借計當期費用　(C)以其面值借計非常損失　(D)以
　　　其面值借計當期費用。

（　）12.溢價發行之公司債，若以直線法攤銷其溢價，則其流通期間初期之利息費用
　　　將會　(A)較採利息法之利息費用為高　(B)較採利息法之利息費用為低
　　　(C)與採利息法之利息費用相等　(D)較依票面利率計算之利息費用為高。

（　）13.西北公司於×1年7月1日發行五年期，面額$1,000,000，年利率6%之應付公司
　　　債，以98折的價格發行，每年7月1日及1月1日付息。問發行之分錄包括下列
　　　何者？　(A)借記現金$1,000,000　(B)貸記現金$980,000　(C)借記應付公司債
　　　折價$20,000　(D)貸記應付公司債$980,000。

（　）14.南西公司發行4年期，面額$2,000,000，年息10%之公司債，每半年付息一
　　　次。該公司債之有效利率為8%，問其發行價格為何？　(A)$2,000,000
　　　(B)$2,134,655　(C)$1,470,060　(D)$2,132,485。

（　）15.承上題，南西公司採有效利率法攤銷公司債折溢價。第一個付息日，應攤銷
　　　之折溢價金額為何？　(A)攤銷溢價$14,614　(B)攤銷溢價$15,198　(C)攤銷折
　　　價$15,806　(D)攤銷折價16,438。

（　）16.承上題，南西公司於最後一個付息日，應攤銷之折溢價金額為何？　(A)折
　　　價$17,096　(B)溢價$17,780　(C)折價$18,491　(D)溢價$19,237。

（　）17.東會公司於×2年1月1日發行十年期公司債$5,000,000，票面利率7.6%，有
　　　效利率8%。每半年付息一次，付息日為6月30日及12月31日。發行價格為
　　　$4,864,097，該公司採用有效利率法攤銷公司債折價，問×2年應認列多少利
　　　息費用？　(A)$190,000　(B)$380,000　(C)$389,292　(D)$389,682。

（　）18.承上題，問×2年底財務狀況表顯示之應付公司債帳面價值為何？
　　　(A)$4,873,407　(B)$5,000,000　(C)$4,868,661　(D)$4,878,343。

（　）19.清發公司於×5年4月1日以105的價格加計應計利息出售面值$5,000,000，年

利率6%，十年期之公司債。該公司債於×5年1月1日核准發行，每年6月30日及12月31日付息。該公司會計年度於12月31日結束，並採用直線法攤銷溢價。問該公司於×5年度需認列多少公司債之利息費用？　(A)$215,769　(B)$205,769　(C)$305,769　(D)$315,769。

(　) 20.芭比公司於1月1日以102買回面額$100,000之公司債。於買回日當天公司債之帳面價值為$96,250。問相關之買回分錄包括下列何者？　(A)貸記償債損失$3,750　(B)借記應付公司債$96,250　(C)借記償債利益$5,750　(D)借記應付公司債$3,750。

(　) 21.臺中公司採曆年制，92年5月1日以105加計利息發行面額$700,000，年息10%，票面日期92年1月1日，102年1月1日到期之公司債一批，該公司每年1月1日付息一次，公司債溢價攤銷採直線法。93年4月1日,臺中公司以102加計利息買回並註銷面額$350,000之公司債。則買回公司債之損益若干？　(A)利益$9,042　(B)利益$8,898　(C)利益$8,840　(D)利益$8,387。

二、計算題

1.2010年5月1日，麥可公司發行十年期、面額$500,000之公司債，票面利率6%，有效利率8%，每年4月30日付息一次。該公司採用有效利率法攤銷折溢價。

試問：

(A)公司債之發行價格為何？

(B)編製前四年之攤銷表。

(C)假設每年4月30日都會認列利息費用及折溢價攤銷，試作2013年12月31日之調整分錄。

2.下表為以琳公司發行之公司債的攤銷表，該公司債為2005年1月1日發行之五年期公司債，每年1/1付息。

日期	現金支出	利息費用	公司債折價攤銷	公司債帳面價值
2005/ 1/1				$92,418
2005/12/31	$8,000	$9,242	$1,242	93,660
2006/12/31	8,000	9,366	1,366	95,026
2007/12/31	8,000	9,503	1,503	96,529
2008/12/31	8,000	9,653	1,653	98,182
2009/12/31	8,000	9,818	1,818	100,000

(A)計算票面利率及有效利率為何？

(B)2005年1月1日之發行分錄為何？

(C)2005年12月31日之分錄為何？

(D)2007之分錄為何？(該公司並未使用迴轉分錄)

3.恩平公司債務困難，因此向富達銀行協商，重新訂定債務合約，恩平公司積欠富達銀行原始平價發行之票據面額$3,000,000，還有三年到期，票面利率10%，有效利率12%。

試做下列情況之分錄：

(A)富達銀行同意恩平公司以債作股，恩平公司發行100,000股抵債，普通股面額$10，公允價值$22。

(B)富達銀行同意接受恩平公司以一塊土地抵債，該土地之帳面價值為$1,950,000，公允價值為$2,400,000。

解答：

一、選擇題

1. B	2. D	3. C	4. C	5. A	6. D	7. D	8. D	9. B	10. C
11. B	12. B	13. D	14. B	15. A	16. D	17. C	18. A	19. B	20. B
21. C									

二、計算題

1.(A)每年付息：$500,000×6%=$30,000

發行價格=30,000×$P_{10,8\%}$+500,000×$P_{10,8\%}$=$432,899

(B)

日期	現金支出	利息費用	公司債折價攤銷	公司債帳面價值
2010/5/1				$432,899
2011/4/30	$30,000	$34,632	$4,632	437,531
2012/4/30	30,000	35,002	5,002	442,531
2013/4/30	30,000	35,402	5,402	447,933
2014/4/30	30,000	35,835	5,835	453,768

(C)2012/12/31

利息費用　　　　23,601*

　　應付利息　　　　　　20,000**

　　應付公司債　　　　　3,601

*35,402×8/12

**30,000×8/12

2.(A)票面利率=8,000/100,000=8%

有效利率=9,242/92,418=10%

(B)<u>2005/1/1</u>

現金	432,899	
應付公司債		432,899

(C)2005/12/31

利息費用	9,242	
應付利息		8,000
應付公司債		1,242

(D)2007/1/1

應付利息	8,000	
現金		8,000

2007/12/31

利息費用	9,503	
應付利息		8,000
應付公司債		1,503

3.(A)

應付公司債	3,000,000	
普通股股本		1,000,000
普通股發行溢價		1,200,000
債務整理利益		800,000

(B)

應付公司債	3,000,000	
土地		1,950,000
處分土地利益		450,000
債務整理利益		600,000

第十一章

權　益

現在已經有愈來愈多國家採用或正準備採用國際會計準則，整個市界逐漸朝向一個共同的會計語言發展，而這樣的趨勢也會導致世界各地資本市場的整合，以下我們先來看證券交易市場的發展趨勢，進而了解全球財務市場的改變。

2007年，紐約證券交易所與歐洲證券交易所合併組成紐約泛歐證券交易所，成為世界上第一個跨洲的證券交易所，同時也是全球規模最大、流動性最高的證券交易所，共有4000多家公司掛牌，產生29兆美金的市值。同樣的，納斯達克證券交易所併購北歐證券交易商瑞典OMX公司，併購後的新集團將命名為納斯達克-OMX集團，NASDAQ與OMX擁有39個國家的大約4,000家上市公司，市場總資本大約為5.5兆美元。

另外一個推動國際會計準則的原因，則是由於「首次公開募股」市場的興起。其中，巴西、俄國、印度及中國（所謂的金磚四國），在2007年更是占了全球「首次公開募股市場的」41%。

而跨國企業也不斷在成長中，Bombardier現在已有超國96%的收入來自海外，波音公司銷售至海外的飛機也比銷售自美國本的還多。整體來說，全球財務市場逐漸擴大，並朝一個「地球村」的型態邁進。

在稍微了解全球資本市場的發展以後，我們來看看台灣資本市場的情形，台灣證券交易所從民國62年成立至今，曾經歷三次萬點行情，當然也曾低迷過，但整體而言，資本市場呈現穩定的成長趨勢，且外資持股及交易比重亦逐年上升，見下圖。

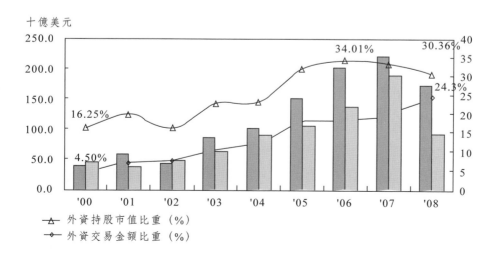

台灣證券上市上櫃統計表：

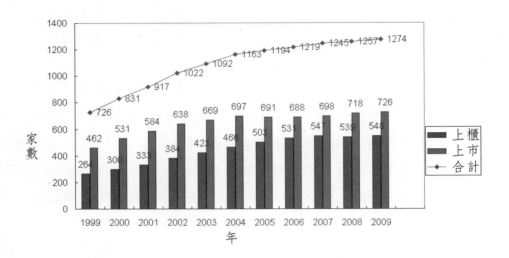

　　根據以上所述，我們可以知道整個世界的權益資本市場都在不斷茁壯擴張，而且不斷地整合，形成一個整體的全球資本市場。而一個健全的資本市場，不但可以成為連結儲蓄者與投資者的橋樑，合理而有效率地運用社會上的長期資金，促進經濟發展，並能協調企業資金的籌措與調度，也影響經濟的穩定成長。近年來，隨著金融與證券業的自由化，直接金融的成長遠大於間接金融的成長，使得資本市場在溝通企業籌資及民間投資理財活動上扮演更為重要的角色。因此市場的投資人也需要更多有用的資訊來瞭解資本市場，在接下來這兩章中，我們首先介紹與公司權益有關的議題及會計處理方法，接著介紹財務報表中重要的財務指標——每股盈餘。

一、 權益的定義與概念的基本介紹

　　一個企業在創業或是成立後要擴張的過程中，往往都需要投入很多的資金，而企業的資金來源共有兩部分，一是債權人借給企業的，另一個是股東出資的部分，而權益就是指企業全體資產減去全體負債的部分，是歸屬於股東的部分。影響權益變動的原因很多，像是公司增資、減資、保留盈餘的增減等。有時候權益本身及其價值，也可供企業用來取得商品或勞務，像是交換資產、股份基礎給付、發行股票清償債務等等。

根據IAS 32 ：「權益工具是指可表示爲企業資產減除所有負債後剩餘權
益的合約。」決定一項金融工具屬於負債或權益的判斷標準爲：發行人是否有
義務交付現金或其他資產予持有人，或按潛在不利於己的條件與持有人交換金
融資產/金融負債的合約。若發行人能夠無條件拒絕交付現金或其他金融資產
給持有人，則該工具屬權益工具。

　　舉個簡單的例子來看，在支付普通股股利時，因爲公司可以自行決定今年
要不要發股利，則我們可以知道普通股是屬於一種權益工具；另一方面，應付
公司債的利息，每一期利息支付日到的時候，公司就必須支付該利息，而不能
自行決定付或不付，因此，應付公司債是債務工具。

二、權益的相關名詞

1. **權益工具**：權益工具是指可表示爲企業資產減除所有負債後剩餘權益
   的合約。

2. **普通股**：普通股是指在公司的經營管理和盈利及財產的分配上享有普
   通權利的股份，代表滿足所有債權償付要求及優先股東的收益權與求
   償權要求後，對企業盈利和剩餘財產的索取權，它構成公司資本的基
   礎，是股票的一種基本形式，也是發行量最大，最爲重要的股票。

3. **特別股**：公司發行之股票可分爲普通股與特別股，享有一般之股東權
   利者稱爲普通股，享有特殊權利、或某些權利受到限制者是爲特別
   股。依我國公司法之規定，公司發行特別股時，應就下列各款於章程
   中定之，否則不生效力：(1)特別股分派股息及紅利之順序、定額或定
   率。(2)特別股分派公司賸餘財產之順序、定額或定率。(3)特別股之股
   東行使表決權之順序、限制或無表決權。(4)特別股權利、義務之其他
   事項。

4. **其他綜合淨利**：其他綜合淨利是指企業根據企業會計準則規定未在損
   益中確認的各項利得和損失扣除所得稅影響後的淨額。

5. **認股權**：認股權是指授予公司員工以一定的價格，在將來某一時期購
   買一定數量公司股票的選擇權。認股權一般授予高級管理人員或對公

司有重大貢獻的員工。

6. **股利**：股利指股份公司按發行的股份分配給股東的利潤，依給付方式不同又可分成現金股利及股票股利。

7. **庫藏股**：公司將自己已經發行的股票重新買回，存放於公司，而尚未註銷或重新售出。

8. **股份基礎給付**：企業取得商品或勞務之交易，其對價係以本身之權益商品支付或係產生負債，該負債之金額由企業本身之股票或其他權益商品價格（或價值）決定。

三、權益的架構及其種類

股東權益的組成項目共有三大項，依序分別為：投入資本、其他綜合損益及保留盈餘，其架構見下頁表說明之。

1. **投入資本**：為股東或他人投入公司的資本，又可細分為股本及資本公積：股本又分為普通股及特別股。特別股享有特別的權利與特別的限制。此外，應分配股票股利也歸屬於股本項下。資本公積又稱為額外投入資本，常見的資本公積有股本溢價、庫藏股票交易、認股權等等。

2. **其他綜合損益**：為不透過損益表，直接列入股東權益的資產價值增加或減少。

3. **保留盈餘**：則是累積未分配盈餘，保留在公司以供繼續運用。

- ●投入資本
  - ■股本
    - ◆普通股
    - ◆特別股
    - ◆應分配股票股利
  - ■資本公積
    - ◆股票發行溢價
    - ◆庫藏股票交易
    - ◆認股權
    - ◆註銷認股權
    - ◆特別股轉換
- ●其他綜合損益
  - ■未實現資產重估增值
  - ■未認列為退休金成本之淨損失
  - ■現金流量避險的未實現損益
- ●保留盈餘
  - ■已指撥
  - ■法定公積
  - ■特別公積
- ●未指撥：未分配盈餘（累積虧損）

(一) 股票種類

公司的股票主要可以分成兩大類，一是普通股，二是特別股，普通股為一間公司最基本的股份類別。一般來說，通常為公司資本的主要部分，普通股股東享有各種基本權利，主要像是投票權、盈餘分配權、優先認股權及剩餘財產分配權。而特別股是在某些權利方面，較普通股股東享有優先權的，像是優先分配股利等，同時也受到特別的限制，如無投票權。

特別股又分為累積/非累積特別股及參加/非參加特別股。對於以前年度積

欠的股利,當公司在以後年度有盈餘時,應優先償還者,稱爲累積特別股。累積特別股若有積欠股利,要在財務報表中附註揭露,但不用列爲負債,因爲尚未宣告,不構成負債的要件。而當年度因無盈餘未發放的股利,當公司再以後年度有盈餘時,也不予補發者,則稱爲非累積特別股。

另外參加特別股是指當普通股股東的股利率超過特別股股東的股利率時,特別股股東可以參與普通股股東的分配,其中又分爲完全參加(特別股股東可與普通股股東享有相同股利率)及非完全參加(特別股股東僅能一定上限的分配)。非參加特別股則是特別股股東僅能享有定額或定率的股利,不論普通股股東的股利率高或低,皆不得參與普通股股東的分配。

(二) 股票發行的會計處理

公司發行股票的形式有很多種,從一開始創業時期的認購發行,到日後增資的現金發行、非現金發行、合併發行等等。以下我們會分別介紹不同發行模式的會計處理。

1. 認購發行

公司公開招募新股時,通常會等到募足股份總數後,再開始收取股款。當認股人填寫認股書後,公司就有權利向其收取股款,因此產生「應收股款」,而在尚未收足股款前,股票並未發行,乃先以「已認購普通股股本」(視其所發行的是普通股還是特別股,若爲特別股,則該科目爲「已認購特別股股本」),認購價格高於面值的部分列入「資本公積—普通股發行溢價」。

當認股人於繳納期間繳納股款,則公司應沖減「應收股款」。等股款全部收足後,公司發行股份,應將原先貸記的「已認購普通股股本」沖轉爲「普通股股本」。

當認股人於繳納期限屆滿仍未繳清股款,視爲違約,公司可向認股人請求受到的損害,共有以下四種處理方法:

(1) 退還原認股人已繳股款,其原先所認股份另行招募。

(2) 發行相當於已繳股款所能認購的股份給原認股人,其餘另行招募。

(3) 沒收原認股人已繳股款，也不給予股票。

(4) 將股票另行招募，新募得的股款購除募款產生的費用為其原先認購價格，若有剩餘，則退還予原認股人，認有虧損，則可向原認股人要求賠償。

2. 現金發行

根據我國公司法規定，每股股份應明示面額，又明定股票之發行價格不得低於票面金額。但公開發行公司，證券機關另有規定者，不在此限。當發行價格高於面額時，稱為「溢價發行」；當發行價格小於面額時，則稱為「折價發行」。發行價格超過面額的部分，列為「資本公積－××股發行溢價」；發行價格不足面額的部分，列為「資本公積－××股發行折價」

釋例

台北公司於2011年1月1日發行普通股1,000股，每股市價17元，試做發行分錄。

解：

2011/01/01：

現金	17,000	
普通股股本		10,000
資本公積－普通股發行溢價		7,000

3. 合併發行

當有兩種以上證券合併發行時，應將發行總價款分攤至各證券，以決定個別證券所分攤的溢折價。分攤方法有三種：相對市價法、增額法、相對面值法。

(1) 相對市價法：當兩種權益證券合併發行，且皆有公開市價時，應將合

併所得價款按公開市價的比例分攤予各權益證券。當一權益證券與一債務證券合併發行時，應將所得價款先按債務證券的公允價值認列負債，再將剩餘部分歸於權益證券。

釋例

皇冠公司合併發行普通股10,000股及特別股5,000股，普通股面值為$10，特別股面值為$20。假設發行時普通股的市價為$16，特別股市價為$32，所得總價款為$300,000，試作發行之分錄。

解：

現金	300,000	
普通股股本		100,000
資本公積－普通股發行溢價		50,000
特別股股本		100,000
資本公積－特別股發行溢價		50,000

*普通股：$300,000 \times \dfrac{160,000}{160,000 + 160,000} = \$150,000$

*特別股：$300,000 \times \dfrac{160,000}{16 \times 10,0000 + 32 \times 5,000} = \$150,000$

(2) 增額法：若兩種證券合併發行，然而其中只有一種證券有公開市價，則採取增額法，以該證券的市價為標準，先將發行總價款按該公開市價歸屬於該證券，再將剩下的價款歸屬於其他證券。

釋例

皇宮公司合併發行普通股10,000股及特別股1,000股，普通股面值為$10，特別股面值$30。假設發行時普通股的市價為$16，特別股無市價，所得總價款為$200,000，試作發行之分錄。

解：

總價款	$200,000
分配給普通股	(160,000)
分配給特別股	$40,000

現金　　　　　　200,000

普通股股本	100,000
普通股發行溢價	60,000
特別股股本	30,000
特別股發行溢價	10,000

(3) 相對面值法：若兩種證券皆無市價可循，則總價款可先暫時按相對面值總額的比例分攤至各證券，等到之後有市價，再按市價比例更正。

 釋例

皇上公司合併發行普通股10,000股及特別股2,000股，普通股面值為$10，特別股面值為$200。兩者皆無公開市價可循，所得總價款為$300,000，試作發行之分錄。

解：

現金　　　　　　300,000

普通股股本	60,000*
特別股股本	240,000**

$$*\$300,000 \times \frac{100,000}{100,000+400,000} = \$60,000$$

$$**\$300,000 \times \frac{400,000}{100,000+400,000} = \$240,000$$

4. 非現金發行

公司發行股票以來交換其他非現金資產及勞務者，稱為「非現金發行」，公司所發行股票的價值，是以交換來的非現金資產及勞務的公允價值作為衡量基礎。若換入的資產或勞務價值高估，則股票價值跟著被高估，稱為「攙水股」；若換入的資產或勞務價值低估，則股票價值跟著被低估，稱為「秘密準備」。

釋例

桃園公司發行10,000股，交換新竹公司的專利權，該專利權的公允價值為$140,000。

專利權	140,000	
普通股股本		100,000
資本公積－普通股發行溢價		40,000

5. 可轉換特別股

另外附有轉換權的特別股，即約定一定期限以後，特別股股東有權將其股票按照事先約定的比率轉換為公司之普通股。發行時的會計處理與普通股相同，借記所得價款，並分別按面值及溢價部分貸記「特別股股本」、「資本公積──特別股發行溢價」。轉換時，股本及溢價部分都要沖銷，以帳面價值作為入帳基礎，若帳面價值>普通股股本面值，差額部分貸記「資本公積──普通股發行溢價」；若帳面價值<普通股股本，則差額部分借記「未分配盈餘」，當作公司對於特別股股東的額外股利。

6. 可贖回特別股

特別股若依章程記載的價格贖回，則原先特別股的股本以及發行溢價均應沖銷，並以帳面價值作為入帳基礎。若帳面價值>贖回價格，差額部分貸記

「資本公積——贖回特別股」；當贖回價格>帳面價值，差額部分借記「未分配盈餘」，當作公司對股東得額外股利。

(三) 庫藏股票

庫藏股票是指公司將已發行之股票予以收回，且尚未註銷者。一般來說，企業可能會爲了提增每股盈餘及股東權益報酬率、使本身股票更有價值、穩定股價、因應未來需支付給員工之股票或因應合併需求而收回已發行之股票。企業收回已發行股票作爲庫藏股時，該庫藏股票宜作爲股東權益的減項，而非列爲資產項下。此外，由於庫藏股票交易屬於投入資本的變動，一個企業買回自己已發行之股票，並不是資產的增加，而是淨資產的減少。因此，庫藏股票交易產生的差額應該反映於股東權益項下，而不宜在損益表中認列。而有關庫藏股票的法律限制，應於財務報表中附註揭露。

庫藏股票的會計處理：

1. 收回時會計處理

公司收回已發行股票作爲庫藏股票時，其屬買回者，應將所支付之成本借記「庫藏股票」科目；其屬接受捐贈者，應依公平價值借記「庫藏股票」。

買回（按買回成本作分錄）　　　　　接受捐贈（按公允價值作分錄）

庫藏股票	
	現金／其他資產

庫藏股票	
	資本公積——受贈

2. 處分時會計處理

(1) 出售庫藏股票：若庫藏股票爲分批取得，帳面金額應按各批取得成本加權平均計算。當出售庫藏股的價格大於成本時，差額部分貸記「資本公積——庫藏股票交易」；相反的，若出售價格小於成本，則差額部分借記「未分配盈餘」或「資本公積——庫藏股票交易」（當帳上

有同種類庫藏股票交易所產生的資本公積）。

出售價格 > 成本	出售價格 < 成本
現金 　　庫藏股票 　　資本公積——庫藏股票交易	現金 資本公積—庫藏股票交易／未分配盈餘 　　庫藏股票

公司因認股權證持有人認股而交付庫藏股票時，應以認購價格及認股權證帳面價值之合計數作為庫藏股票之處分價格。處分價格若大於成本，差額部分貸記「資本公積——庫藏股票交易」；處分價格若小於成本，則差額部分借記「未分配盈餘」或「資本公積——庫藏股票交易」（當帳上有同種類庫藏股票交易所產生的資本公積）。

公司因證券持有人行使轉換權利而交付庫藏股票時，應以轉換證券之帳面價值作為庫藏股票之處分價格。同樣的，處分價格若大於成本，差額部分貸記「資本公積——庫藏股票交易」；處分價格若小於成本，則差額部分借記「未分配盈餘」或「資本公積——庫藏股票交易」（當帳上有同種類庫藏股票交易所產生的資本公積）。

3. 註銷時會計處理

公司註銷庫藏股票時，應貸記「庫藏股票」科目，並按股權比例借記「資本公積—股票發行溢價」與「股本」。若有貸差，則貸記「資本公積—庫藏股票交易」；如有借差，則借記「資本公積—庫藏股票交易」（當帳上有該種類庫藏股票交易所產生的資本公積），如有不足，再借記「保留盈餘」。

釋例

　　東北公司2011年7月31日之股東權益包括股本$40,000,000（共發行並流通在外普通股4,000,000股，每股面額$10），發行溢價之資本公積$10,000,000，保留盈餘$6,000,000。

　　試作以下分錄：

(1) 於8月1日以每股$22收回已發行之普通股股票200,000股。

(2) 又分別於9月15日以$25賣出庫藏股50,000股及11月3日以$18賣出庫藏股60,000股。

(3) 12月15日將剩餘的90,000股庫藏股票註銷。

解：

(1)

2011/07/31：

庫藏股票－普通股	4,400,000	
現金		4,400,000

(2)

2011/9/15：

現金	1,250,000	
庫藏股票－普通股		1,100,000
資本公積－庫藏股票交易		150,000

2011/11/03：

現金	1,080,000	
資本公積－庫藏股票交易	150,000	
保留盈餘	90,000	
庫藏股票		1,320,000

(3)

2011/12/15：

普通股股本	900,000	
資本公積—普通股發行溢價	225,000	
保留盈餘	855,000	
庫藏股票—普通股		1,980,000

(四) 保留盈餘/累積虧損

保留盈餘是指公司是指公司歷年來累積的淨利，且沒有以現金或其他資產方式分配給股東（分配股利），相反的，則是累積虧損。

有時公司會因為法令限制或企業未來需求等目的而限制保留盈餘，不做分配股利，這種情形稱為「提撥」或「指撥」，像是「法定盈餘公積」、「特別盈餘公積」皆為受限制之保留盈餘；而剩餘未受限制的部分，則稱為「未分配盈餘」。

(五) 股利

公司通常以保留盈餘或是資本公積做為分配股利的依據，並以現金、股票或其他資產支付股利。股利有以下幾種形式：

1. 現金股利

當公司的董事會宣告發放現金股利後，公司仍需要一段時間來確認現有的股東名單，因此導致了一個宣告與支付上的時間差異。

舉例來說：公司於1月10日（宣告日）宣告發放現金股利，並於1月25日（除息日）作為基準，填發領取股息通知書，最後於2月5日發放股利給股東。以下為相關分錄：

1/10（宣告日）保留盈餘	×××	
應付股利		×××
1/25（除息日）無分錄		
2/5　（發放日）應付股利	×××	
現金		×××

宣告現金股利，產生負債（應付股利），由於宣告至支付的期間通常不會太長，因此將應付股利歸類為流動負債。宣告股利的方式可能採用百分比或採用特定的數值。值得注意的是，公司並不會宣告或發放庫藏股票的股利，因為庫藏股不屬於流通在外的股票。

2. 財產股利

當公司無現金可供分配股利，而以其他資產作為股利分配，便稱為「財產股利」。財產股利應宣以告日當天財產的公允市價為入帳基礎，並認列處分資產損益。

舉例來說：公司於×1年12月28日宣告以公司所持有之「交易目的金融資產——債券」作為財產股利的分配，該債券成本為$1,250,000，於宣告日的公允價值為$2,000,000。該財產股利於×2年1月30日發放。以下為相關分錄：

×1 12/28（宣告日）	交易目的金融資產——債券	×××	
	金融資產評價利益		×××
	保留盈餘	×××	
	應付財產股利		×××
×2 1/30	應付財產股利	×××	
	交易目的金融資產——債券		×××

3. 清算股利

當公司沒有盈餘，卻仍以現金或財產分配股利，就稱為清算股利。這種情形下，公司是以股東的資本在分配股利；換句話說，當公司不是以盈餘分配股利，便會導致投入資本的減少（資本退回），也就是所謂的清算股利。當公司分配的股利超過所賺得之盈餘，超過部分也算是清算股利。

分錄為：

股本	×××	
現金		×××

4. 股票股利

當公司以本公司的股票作爲股利分配給股東，則稱爲「股票股利」，這種情況下，公司並沒有分配任何資產，只是將保留盈餘或資本公積轉爲股本，因此「股票股利」又稱爲「盈餘轉增資」或「資本公積轉增資」。公司採用股票股利方式分配股利的原因可能是缺乏現金，或雖有現金，但因未來營運擴充需要資金而不宜分配。股票股利分配後，所有的股東仍然維持相同的持股比例以及相同的總股票帳面價值，每股帳面價值下降因爲數量增加。

(1) 大額股票股利：股票股利占流通在外股分20%或25%以上者，採用「面值法」。

(2) 小額股票股利：股票股利占流通在外股分20%或25%以下者，採用「市價法」。

暐暐輪胎公司資本結構如下：

普通股，每股面值$10，核定、發行 　並流通在外2,000,000	$20,000,000
資本公積——普通股發行溢價	5,000,000
保留盈餘	7,000,000

普通股目前市價爲$15，該公司於×1年3月13日召開股東會宣布發放股票股利，4月1日爲除權日，5月1日爲發放日，是做下列兩種情形之分錄：

(A) 發放15%股票股利

(B) 發放25%股票股利

(六) 股票分割

當公司很長一段時間沒有分配盈餘，累積了相當的保留盈餘，便會增加流通在外股票的公允價值，當股票的市價愈高，可以負擔的投資人便愈少。當公司希望可以有更多的投資人來投資，相對的股票市價必須維持在一個人可以接受的範圍，於是便產生了「股票分割」。

從會計的角度來看，當公司分配股票股利時，並不用作任何分錄，僅需於備忘錄中做紀錄，敘明每股面值及增加的股數。

　　舉例來說，當一個公司有每股面值$10的普通股股票1,000股流通在外，公司決定辦理股票分割，一股分成兩股，影響如下：

股票分割前		股票分割後	
普通股，每股面值$10，		普通股，每股面值$5，	
流通在外1,000股	$10,000	流通在外2,000股	$10,000
保留盈餘	5,000		5,000
	$15,000		$15,000

➡️股票股利與股利分割的比較：

項目	股數	面值	股本	保留盈餘	股東權益	市價
股票股利	增加	不變	增加	減少	不變	降低
股票分割	增加	減少	不變	不變	不變	降低

四、股份基礎給付

(一) 股份基礎給付定義的及其基本介紹

　　企業有時候取得商品或是勞務時，並非以現金或票據等作為對價支付，而是以權益工具作為支付，就是股份基礎基付的基本概念。股份基礎給付的定義是企業取得商品或勞務之交易，其對價係以本身之權益商品支付（種類1）或係產生負債，該負債之金額由企業本身之股票或其他權益商品價格（或價值）決定（種類2）。所取得之商品或勞務，若不符合資產認列條件，應認列為費用。

(二) 股份基礎給付的相關名詞

1. **既得**：在股份基礎給付協議下，交易對方於符合特定既得條件時，即

有權取得現金、其他資產或企業權益商品。

2. **既得條件**：在股份基礎給付協議下，爲有權取得現金、其他資產或企業權益商品，交易對方所應符合之條件。包括服務條件及績效條件，服務條件係要求交易對方完成特定期間服務之條件（如需服務滿五年）；績效條件則爲要求達成特定績效目標之條件（如在特定期間內，企業之盈餘應達特定幅度之成長）。

3. **既得期間**：達成股份基礎給付協議所有既得條件之期間。

4. **給與日**：企業與交易對方對於股份基礎給付協議（含條款及條件）有共識之日。若非於同一天對所有條款及條件達成共識，則以最後全部達成共識之日爲給與日。於給與日企業同意給與交易對方若符合約定既得條件，則可取得現金、其他資產或企業本身權益商品之權利。若該協議須經核准（如須經董事會通過），則核准日爲給與日。

5. **衡量日**：衡量所給與權益商品公平價值之日。對於與員工之交易而言，衡量日即給與日；對於與非員工之交易而言，衡量日係指企業取得商品或對方提供勞務之日。

6. **內含價值**：交易對方有權認購（無論有無附帶條件）或取得股份，該股份之公平價值與交易對方爲取得股份所需支付履約價格之差額。例如，履約價格爲10元之認股權，標的股票之公平價值爲12元時，則內含價值爲5元。

7. **市價條件**：權益商品之履約價格、取得既得權利或執行權利之依據條件，係與企業權益商品市價有關者，例如股票達到特定股價、認股權達到特定之內含價值，或企業權益商品市價（或變動）達到設定比較之其他企業權益商品市價（或變動）。

8. **其他績效條件**：權益商品之履約價格、取得既得權利或執行權利之依據條件，係與企業之其他績效有關者，例如企業年收入達一定水準。

(三) 股份基礎給付的種類

1. **權益交割之股份基礎給付**：企業取得商品或勞務，係以本身權益商品（含認股權）作爲對價。

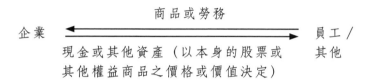

2. **現金交割之股份基礎給付**：企業取得商品或勞務所產生之負債，係以企業本身之股票或其他權益商品價格（或價值）決定，並以現金或其他資產償付。

```
                        商品或勞務
企業  ◄────────────────────────────────────►  員工／
        現金或其他資產（以本身的股票或            其他
        其他權益商品之價格或價值決定）
```

3. **得選擇權益或現金交割之股份基礎給付**：企業取得商品或勞務之協議，允許企業本身或交易對象選擇權益交割或現金交割。

(四) 股份基礎給付的會計處理

1. 權益交割之股份基礎給付

(1) 交易對象若是員工，應以給與日權益商品之公允價值衡量所取得勞務之公允價值；交易對象若非員工，則應以商品或勞務取得日之公允價值為入帳基礎，若無法可靠估計所取得商品或勞務之公允價值時，應根據所給與權益商品公允價值衡量。

(2) 企業給與的權益商品若屬於立即既得，則企業應於給與日認列所取得之勞務，並認列相對之權益；若非屬立即既得，交易對方必須於特定期間內完成特定條件方屬既得，則應將勞務成本分攤於既得期間，並認列相對之權益。

(3) 企業所給與的權益商品價值應以衡量日之公允價值衡量（若有參考之市價，以市價為衡量基礎；如無市價，應以適當估計方法衡量）。

(4) 估計股票或認股權於衡量日之公平價值時，應考慮市價條件。但估計既得權益商品數量時，應考慮市價條件以外之其他績效條件。

釋例一

忠孝公司於2011年初給與200位員工各100單位之認股權。合約規定既得期間為3年，於2014年起方得行使，行使之有效期間為兩年。忠孝公司估計每一認股權之公允價值為$15，並估計每年離職率為20%

試作2011年至2013年底認列勞務成本之分錄。

解：

2011/12/31：

薪資費用	64,000*	
資本公積－認股權		64,000

*200×0.8×0.8×100×$15/3 = $64,000

2012/12/31：

薪資費用	64,000*	
資本公積－認股權		64,000

*200×0.8×0.8×100×$15×2/3 − $64,000 = $64,000

2013/12/31：

薪資費用	64,000*	
資本公積－認股權		64,000

*200×0.8×0.8×100×$15×3/3 − 128,000 = $64,000

釋例二

仁愛公司於2011年初給與500位員工各100單位之認股權。

認股權的相關資料如下：

數量	既得期間	每單位之公允價值
50	2年	$10
50	3年	$15

信義公司估計每年離職率為20%，試作各年底認列勞務成本之分錄。

解：

2011/12/31：

薪資費用　　　144,000*

　　資本公積—認股權　　　144,000

*500×0.8×0.8×50×$10/2 + 500×0.8×0.8×0.8×50×$15/3 = $144,000

2012/12/31：

薪資費用　　　144,000*

　　資本公積—認股權　　　144,000

*500×0.8×0.8×50×$10/2 + 500×0.8×0.8×0.8×50×$15/3 = $144,000

2013/12/31：

薪資費用　　　64,000*

　　資本公積—認股權　　　64,000

*500×0.8×0.8×0.8×50×$15/3 = $64,000

(5) 若交易對象於規定期間內離職，則視為未既得，應沖銷已認列之商品
　　金額或勞務成本（貸記：薪資費用）；若於既得後未行使（逾期），
　　則企業應迴轉已認列之商品金額或勞務成本（貸記：資本公積——
　　×××逾期）；若交易對象於既得後放棄該權利，則企業亦應迴轉已
　　認列之商品金額或勞務成本（貸記：資本公積——註銷×××）。

 釋例

　　信義公司於×1年初給與300位員工各100單位之認股權。每權可按$25認購面
值為$10之普通股一股。合約規定員工必須服務滿五年，於×6年起方得行使，行
使之有效期間為兩年。忠孝公司估計每一認股權之公允價值為$30，且假設五年內
都沒有員工離職。

　　試求：

(1) ×1年至×5年底之分錄。

(2) 若有200位員工於×6年初行使全部認股權，試作分錄。

(3) 若有5位員工於×7年初放棄該權利，試作分錄。

(4) 若剩下的95位員工至×7年底皆未行使認股權，試作×8年初之分錄。

解：

(1)

×1～×5 12/31：

薪資費用	180,000	
資本公積—認股權		180,000

(2)

×6/01/01：

現金	500,000	
資本公積—認股權	600,000	
普通股股本		200,000
資本公積—普通股發行溢價		900,000

(3)

×7/01/01：

資本公積—認股權	15,000	
資本公積—註銷認股權		15,000

(4)

×8/01/01：

資本公積—認股權	285,000	
資本公積—認股權逾期		285,000

(6) 企業應於既得期間，以預期給與權益商品之最佳估計數量為基礎，認列所取得商品或勞務之金額，之後若有資料顯示與原先估計數量不同，再做調整。既得日後，不得再調整原先認列的商品或勞務之金額，但可以做權益科目間的調整。

釋例

和平公司於×1年初給與500位員工各100股普通股。給與日之股價為$30,既得條件與既得期間如下表所示:

市占率	既得期間
×1年達20%	1年
×1~×2年平均達15%	2年
×1~×3年平均達12%	3年

其餘資料如下:

年度	實際市佔率	當年離職人數	預估×2年離職人數	預估×3年離職人數
×1	16%	30人	30人	27人
×2	13%	28人	—	25人
×3	11%	23人	—	—

試求:

(1) ×1年至×3年底之分錄。

(2) 若有2位員工於×4年放棄該認股權,試作分錄。

(3) 若×3年實際市占率為4%,則×3年底之分錄為何?

解:

(1)

×1/12/31:

薪資費用　　　　　660,000*

　　　資本公積—股份基礎給付　　　　　660,000

*(500 − 30 − 30)×100×$30/2 = $660,000

×2/12/31:

薪資費用　　　　　174,000

　　　資本公積—股份基礎給付　　　　　174,000

*(500 − 30 − 28 − 25)×100×30×2/3 = 174,000

×3/12/31：

薪資費用	423,000	
資本公積─股份基礎給付		423,000

*(500 − 30 − 28 − 23)×100×30 − 660,000 − 174,000 = $423,000

資本公積─股份基礎給付	1,257,000	
普通股股本		419,000
資本公積─普通股發行溢價		838,000

(2)

×4/01/01：

資本公積─股份基礎給付	6,000	
資本公積─註銷股份基礎給付		6,000

(3)

×3/12/31

資本公積─股份基礎給付	834,000	
薪資費用		834,000

(7) 若企業權益商品的公允價值無法可靠衡量，則應改採內含價值入帳，
　　並於後續之資產負債表日及交易最終確定日將內含價值之變動數認列
　　損益入帳。

釋例

公誠公司於×1年初，以服務滿三年為條件，給與50位員工各1,000單位之認股權。每權的履約價值為$60，既得後行使之有效期間為三年。和平公司於給與日無法可靠估計所給與之認股權的公允價值，有關資料如下：

年度	年底股價	行使人數	當年離職人數	預估未來離職人數
×1	$63	0	3	7
×2	$65	0	2	2
×3	$75	0	4	---
×4	$88	13		
×5	$85	18		
×6	$90	10		

假設認股權皆於年底行使，試求各年度應認列之勞務成本。

解：

×1年：$(50 - 3 - 7) \times 1,000 \times (\$63 - \$60) \times \dfrac{1}{3} = \$40,000$

×2年：$(50 - 3 - 2 - 2) \times 1,000 \times (\$65 - 60) \times \dfrac{2}{3} - 40,000 = \$103,333$

×3年：$(50 - 3 - 2 - 4) \times 1,000 \times (\$75 - \$60) - 40,000 - 103,000 = \$471,667$

×4年：$41,000 \times (\$88 - \$75) = \$533,000$

×5年：$28,000 \times (\$85 - \$88) = \$(84,000)$

×6年：$10,000 \times (\$90 - \$85) = \$50,000$

(8) 企業應該於給與日依市價條件最有可能的結果來預測既得期間，若績效條件是市價條件，敘後不得修正其估計；若市價條件提前達成，應於達成時認列，若是價條件未達成而其他績效條件皆達成，仍應認列商品或勞務成本。

釋例

勤毅公司於×1年初，給與10位經理各10,000單位之認股權，要求股價必須於10年內超過$70，且尚須在職方能行使。勤毅公司估計每單位認股權之公允價值為$25，預測既得期間為5年，5年內將有2人離職。結果×3~×5每年各有1人離職，股價直到×6年才超過$70。

試計算：

(1) ×1~×6各年應認列之勞務成本。

(2) 若股價在×3年即達成目標，則×1~×6各年應認列之勞務成本為何？

(3) 若10年內股價始終未達成目標，則×10年底應做何分錄？

解：

(1)

×1年：$80,000 \times \$25 \times \frac{1}{5} = \$400,000$

×2年：$80,000 \times \$25 \times \frac{2}{5} - 400,000 = \$400,000$

×3年：$80,000 \times \$25 \times \frac{3}{5} - 800,000 = \$400,000$

×4年：$80,000 \times \$25 \times \frac{4}{5} - 1,200,000 = \$400,000$

×5年：$70,000 \times 25 - 1,600,000 = \$150,000$

×6年：$0

(2)

×1年：$80,000 \times \$25 \times \frac{1}{5} = \$400,000$

×2年：$80,000 \times \$25 \times \frac{2}{5} - 400,000 = \$400,000$

×3年：$90,000 \times \$25 - \$800,000 = 1,450,000$

×4年：$0

×5年：$0

×6年：$0

(3)

×10/12/31：

資本公積－認股權	1,750,000	
資本公積－註銷認股權		1,750,000

2. 現金交割之股份基礎給付

(1) 取得商品或勞務所產生之負債，應以所產生負債之公允價值來衡量，企業應在資產負債表日及交割日重新衡量負債之公允價值，並將其變動數調整薪資費用。

(2) 企業應於應於員工提供勞務之既得期間，認列所取得之勞務及爲支付
該勞務之負債

 釋例

溫良公司於×1年初，以服務滿三年爲條件，給與500位員工各100單位之現金股票增值權。規定既得後三年內必須行使。

各年底有關資料如下：

年度	公平價值	內含價值	行使人數	當年離職人數	預估未來離職人數
×1	$14.4	—	—	35	60
×2	$15.5	—	—	40	25
×3	$18.2	$15	150	22	—
×4	$21.4	$20	140		
×5	—	$25	113		

假設認股權皆於年底行使，試作各年度認列勞務成本之分錄。

解：

×1/12/31：

薪資費用 　　　　　　　　194,400*

　　股票增值權負債 　　　　　　　194,400

$*(500 - 35 - 60) \times 100 \times \$14.4 \times \dfrac{1}{3} = \$194,400$

×2/12/31：

薪資費用 　　　　　　　　218,933*

　　股票增值權負債 　　　　　　　218,933

$*(500 - 35 - 40 - 25) \times 100 \times \$15.5 \times \dfrac{2}{3} - \$194,400 = \$218,933$

×3/12/31：

薪資費用	272,127*	
股票增值權負債		272,127

*(150×100×15 + 253×100×$18.2) − $413,333 = $272,127

股票增值權負債	225,000**	
現金		225,000

**150×100×$15 = $225,000

×4/12/31：

薪資費用	61,360*	
股票增值權負債		61,360

*(140×100×20+113×100×$21.4) − $460,460 = $61,360

股票增值權負債	280,000**	
現金		280,000

**140×100×$20 = $280,000

×5/12/31：

薪資費用	40,680*	
股票增值權負債		40,680

*113×100×$25 − $241,820= $40,680

股票增值權負債	282,500**	
現金		282,500

**113×100×$25 = $282,500

3. 交易對象得選擇權益交割或現金交割

(1) 此種情況下，企業等同給與交易對象複合金融商品（含負債組成要素與權益組成要素），應於給與日以該商品或勞務之公平價值與負債組成要素之公平價值之差額，衡量複合金融商品之權益組成要素。

(2) 交易對方若選擇現金交割而放棄權益交割，則企業支付的現金全數用來清償負債，已認列之權益組成要素仍列為權益，但得作權益科目間之調整。

(3) 交易對方若選擇權益交割而放棄現金交割，則企業發行權益商品以交付，原先認列之負債應轉列為權益，作為發行權益商品之對價。

釋例

恭儉公司於×1年初，以服務三年為條件，給與總經理一項可選擇取得1,000股等值現金或1,200股股票，股票於記得後三年內不得出售。給與日股價為$50，估計給與日選擇領取股票的公允價值為$48，×1、×2、×3年各年底股價分別為$52、$55、$60。

試作：

(1) 各年底認列勞務成本之分錄。

(2) ×3年底總經理選擇現金交割。

(3) ×3年底總經理選擇權益交割。

解：

(1)

×1/12/31：

薪資費用	19,866	
股票增值權負債		17,333*
資本公積－股份基礎給付		2,533**

$*1,000 \times \$52 \times \frac{1}{3} = \$17,333$

$**(1,200 \times 48 - 1,000 \times \$50) \times \frac{1}{3} = \$2,533$

×2/12/31：

薪資費用	21,867	
股票增值權負債		19,334*
資本公積－股份基礎給付		2,533

$*1,000 \times \$55 \times \frac{2}{3} - \$17,333 = \$19,334$

×3/12/31：

薪資費用	25,867	
股票增值權負債		23,333*
資本公積－股份基礎給付		2,534

*1,000 × $60 − $36,667 = $23,333

(2)

×3/12/31：

股票增值權負債	60,000	
現金		60,000

資本公積－股份基礎給付	7,600	
資本公積－註銷股份基礎給付		7,600

(3)

×3/12/31：

股票增值權負債	60,000	
資本公積－股份基礎給付		60,000

資本公積－股份基礎給付	67,600	
普通股股本		12,000
資本公積－普通股發行溢價		55,600

4. 企業得選擇權益交割或現金交割

(1) 企業應決定目前是否有現金交割之義務，若有現金交割之義務，則按現金交割之股份基礎給付方式處理。

(2) 企業目前若無現金交割義務，則按權益交割之股份基礎給付方式處理。交割時，若企業選擇以現金交割，則應將現金支付作為權益之買回，衝減權益科目；若企業選擇以權益交割，無須作進一步之會計處理，但得作權益科目間之調整；若企業選擇以交割日公允價值較高之交割方式，則應將現金與權益商品公允價值之差額認列為費用。

5. 其他議題：修改合約條款及合約條件（含取消及交割）

(1) 企業若修改股份基礎給付協議，增加所給與權益商品之公平價值，於

衡量應認列之勞務金額時，應包含所給與之增額公平價值。

(2) 企業若是在既得期間修改協議，則應於剩餘之原既得期間，認列原始權益商品於給與日之公平價值，並應於修改日至修改後權益商品既得日間，認列增額公平價值。若是在既得期間以後修改，則應該立即認列增額公平價值。若有修改既得期間，則應於新的既得期間認列原權益商品於給與日之公平價值及增額公平價值。

(3) 企業若修改協議，應以修改日的股票公平價值為基礎，在已經取得商品或勞務範圍內認列以現金清償得負債。

(4) 若修改條件對員工不利，則企業不得考慮修改後之既得條件，仍應按照原先的既得條件認列勞務成本與權益商品。

釋例

　　禮樂公司×1年初給總經理10,000普通股，需服務滿三年方能取得，禮樂公司於×2年底修改協議，給予總經理選擇現金交割之權利，即取得10,000股票或10,000股之等值現金。股價資料如下：

日期	股價
×1/01/01	$33
×2/12/31	$24
×3/12/31	$20

試作：

(1)×1年底之分錄。

(2)×2年底之分錄。

(3)×3年底之分錄。

(4)×3年底總經理選擇領取現金。

(5)×3年底總經理選擇領取股票。

解：

(1)

×1/12/31：

薪資費用	110,000*	
資本公積－股份基礎給付		110,000

$*10,000 \times \$33 \times \dfrac{1}{3} = \$110,000$

(2)

×2/12/31：

薪資費用	110,000*	
資本公積－股份基礎給付		110,000

$*10,000 \times \$33 \times$ － $\$110,000 = \$110,000$

資本公積－股份基礎給付	160,000**	
股票增值權負債		160,000

$**10,000 \times \$24 \times \dfrac{2}{3} = \$160,000$

(3)

×3/12/31：

薪資費用	70,000	
股票增值權負債		40,000*
資本公積－股份基礎給付		30,000

$*10,000 \times \$20$ － $\$160,000 = \$40,000$

(4)

×3/12/31：

股票增值權負債	200,000	
現金		200,000

資本公積－股份基礎給付	90,000	
資本公積－註銷股份基礎給付		90,000

(5)

×3/12/31：

股票增值權負債	200,000	
資本公積－股份基礎給付		200,000
資本公積－股份基礎給付	290,000	
普通股股本		100,000
資本公積－普通股發行溢價		190,000

習 題

一、選擇題

( ) 1. 牛寶公司以每股$15發行普通股2,500股,每股面值$10,此外另有承銷成本及法律費用$3,000。問牛寶公司應將$3,000認列為 (A)借記普通股發行溢價 (B)借記融資費用 (C)貸記普通股發行溢價 (D)貸記普通股股本。

( ) 2. ×1年1月,齊家公司以每股$15之價格發行每股面值$10之普通股10,000股,×1年7月1日,齊家公司以每股$12買回1,000股,買回庫藏股股票會造成: (A)減少股東權益 (B)增加股東權益 (C)不影響股東權益 (D)可能減少也可能增加股東權益。

( ) 3. 以成本法評價庫藏股票,再賣出庫藏股票所獲得之利益應貸記 (A)資本公積—庫藏股票交易 (B)股本 (C)保留盈餘 (D)其他收入。

( ) 4. 累積特別股 (A)限制分配給每股特別股之累積股利 (B)當股利要發放給普通股股東時,一定要先付清過去積欠的特別股股利 (C)股東可以累積特別股,直到特別股與普通股的面值相同時,可轉換成普通股 (D)特別股股東可累積特別股股利,直到與特別股面值相同可以股利交換特別股。

( ) 5. 積欠的累積特別股股利應於公司財務狀況表中表示為: (A)流動負債之增加 (B)股東權益之增加 (C)附註 (D)短期需償還的部分列為流動負債,長期部分列為非流動負債。

( ) 6. 清算股利: (A)在IFRS下是禁止的 (B)認列時,須貸記普通股股本 (C)減少資本公積 (D)以上皆是。

( ) 7. 下列有關財產股利之敘述,何者為非? (A)財產股利經常以別家公司權益證券之形態存在 (B)財產股利為股利的一種 (C)財產股利的認列須以交換之非現金資產的帳面價值為基礎 (D)以上皆是。

( ) 8. 下列何者為股票分割及股票股利的共同特色: (A)增加公司的股本 (B)對股東權益沒有影響 (C)增加公司的負債 (D)減少公司的投入資本。

( ) 9. 若公司在公開市場上買回自己流通在外的普通股股票,購買價格較購買時每股帳面價值為高,則此事件對於其每股帳面價值及每股盈餘之影響為何? (A)增加每股帳面價值及每股盈餘 (B)降低每股帳面價值及每股盈餘 (C)不影響每股帳面價值,但增加每股盈餘 (D)降低每股帳面價值,但增加每股

盈餘。

( ) 10.股票分割，一股分割為兩股會造成什麼影響：

	每股面值	保留盈餘
(A)	無影響	無影響
(B)	增加	無影響
(C)	減少	無影響
(D)	減少	減少

( ) 11.就對財務報表之影響而言，下列何者與公司發放現金股利最接近？ (A)發放股票股利 (B)購入庫藏股票 (C)贖回公司債 (D)向股東購入土地。

( ) 12.聚品公司以100股的庫藏股票（每股面值$10之普通股）交換企業營業用的土地。此庫藏股票每股成本$60，交換時每股公允價值$70。在拆除土地上之房屋時，售得$1,500廢料收入，問土地成本為何？ (A)$4,500 (B)$5,000 (C)$5,500 (D)$4,000。

( ) 13.洪仲公司股東權益期初餘額為$800,000，當年度曾發放現金股利$40,000，受贈帳面價值$5,000之機器一台，該機器之公允價值為$20,000。當年度並發行普通股股票得款$120,000，購回庫藏股票$50,000。期末股東權益總額為$820,000。則洪仲公司本期損益為？ (A)$(30,000) (B)$(15,000) (C)$(10,000) (D)$(4,000)。

( ) 14.彥芳公司合併發行普通股1,000股及特別股1,000股，普通股面值為$10，特別股面值為$20。假設發行時普通股的市價為$36，特別股市價為$28，所得總價款為$60,000，問財務狀況表中，特別股股本及特別股發行溢價總合為？ (A)$31,000 (B)$36,000 (C)$26,250 (D)$28,750。

( ) 15.朝國公司於×1年3月2日以每股$20買回庫藏股6,000股，其中3000股於×2年7月31日再以每股$27賣出。×1年12月31日朝國公司普通股之公允價值為$24，×2年12月31日朝國公司普通股之公允價值為$25，該公司採成本法衡量庫藏股交易。問×2年朝國公司在賣出庫藏股票3,000股時，須貸記何項目？ (A)庫藏股股票$81,000 (B)庫藏股股票$60,000及資本公積—庫藏普通股交易$21,000 (C)庫藏股票$60,000及保留盈餘$21,000 (D)庫藏股票$72,000及保留盈餘$9,000。

( ) 16.×0年12月25日，羽訪公司以該公司庫藏股票20,000股（面額$10之普通股）交換一台二手機器。該庫藏股票當初是以每股$40買回，且採成本法衡

量。交換日當天，羽訪公司每股普通股公允市價為$55。問該交易對於羽訪公司之股東權益增加多少？　(A)$200,000　(B)$800,000　(C)1,100,000 (D)$900,000。

(　)　17.花媽公司投資花爸公司，以$218,000買進普通股5,000股。該股票係花媽公司用於發放給花媽公司股東之財產股利。該財產股利係於5月31日宣告並預定於7月15發放給6月20仍在股東名冊上的股東。花爸公司的股票市價5月31日為$63，6月20日為$66，7月15日為$68。問該財產股利對於保留盈餘之淨影響為何？　(A)減少$340,000　(B)減少$330,000　(C)減少$315,000　(D)減少 $218,000。

(　)　18.2011年1月1日，碩億公司有流通在外普通股股數110,000股，每股面值$5。6月1日碩億公司買回庫藏股10,000股。12月1日，該普通股市價為$8，碩億公司根據2012年12月16日的股東名冊宣告10%股票股利。問宣告股票股利對於保留盈餘的影響為何？　(A)減少$50,000　(B)減少$80,000　(C)減少$88,000 (D)不影響。

(　)　19.權益交割之股份基礎交易，其認股權公平價值之估計應考量下列何者？ (A)服務條件　(B)績效條件（非市價條件）　(C)績效條件（市價條件） (D)都應考慮。

(　)　20.台北公司第1年初給予50位員工各100單位認股權，該給予之條件係員工必須繼續服務3年。台北公司估計每一認股權之公平價值為$30。第1年底，有3位員工離職，在考慮可能離職率後，台北公司估計至第3年年底共有10位員工離職，未能取得其認股權。則台北公司第1年認列之薪資費用若干？　(A)$0 (B)$40,000　(C)$47,000　(D)$50,000。

二、計算題

1.有關經典公司之資訊如下，試作各情形之分錄：

(A)經典公司經核准得發行每股面值$100之特別股15,000股及每股面值$10之普通股。

(B)經典公司發行8,000股普通股支付土地成本，土地成本為$300,000。

(C)經典公司以每股$120的價格發行4,000股特別股。

(D)公司發行100股普通股以支付律師相關之開業成本。當時，每股普通股市價為 $70。

2.元大公司發行普通股（面值$10），相關分錄如下：

現金　　　　　300,000

　　普通股股本　　　　　　　　　200,000

　　資本公積—普通股發行溢價　　100,000

試作下列有關庫藏股交易之分錄，採用成本法。

(A)以每股$60買回普通股500股。

(B)以每股$58賣出100股庫藏股。

(C)以每股$64賣出庫藏股120股。

3.甲公司第1年初與500位員工訂定各給予100單位認股權之協議，若甲公司第1年獲利增加超過18%，且員工仍在職服務，則認股權可於第1年底既得，若甲公司在第1、2年間之獲利增加平均每年超過13%，且員工仍在職服務，則可於第2年底既得，若在第1至3年間之獲利平均每年超過10%，且員工仍在職服務，則可於第3年底既得。第1年初之股票市價為每股$30，估計該給予之認股權公允價值每單位$15。第1年底，甲公司獲利增加14%，有30位員工離職。甲公司預期第2年之獲利將維持相同之成長率，仍有30位員工將於第2年離職，另估計30位員工將於第3年離職。第2年，甲公司獲利僅增加10%，實際離職員工28位。甲公司預計第3年會有25位員工離職，而甲公司獲利將至少增加6%，可達成每年平均10%之目標。第3年底，23位員工於第3年離職，甲公司獲利成長率3%，因此員工無法取得認股權。

試作：每年年底與此股份基礎交易攸關之分錄。

解答：

一、選擇題

1. A	2. A	3. A	4. B	5. C	6. C	7. C	8. B	9. D	10. C
11. B	12. C	13. A	14. C	15. B	16. C	17. D	18. B	19. C	20. B

二、計算題

1.(A)無分錄

   (B)土地　　　　　　　　　　　　300,000

       普通股股本　　　　　　　　　　　80,000

       資本公積—普通股發行溢價　220,000

   (C)現金　　　　　　　　　　　　480,000

       特別股股本　　　　　　　　　　400,000

       資本公積—特別股發行溢價　　80,000

   (D)開辦費　　　　　　　　　　　　7,000

       普通股股本　　　　　　　　　　　1,000

       資本公積—普通股發行溢價　　　6,000

2.(A)庫藏股股票—普通股　　　30,000

       現金　　　　　　　　　　　　　30,000

   (B)現金　　　　　　　　　　　　5,800

    保留盈餘　　　　　　　　　　200

       庫藏股股票—普通股　　　　　　6,000

   (C)現金　　　　　　　　　　　　7,680

       庫藏股股票—普通股　　　　　　7,200

       資本公積—庫藏普通股交易　　　480

3.×1/12/31　　薪資費用　　330,000*

         資本公積—認股權　　　　　330,000

 *$440×100×15×1/2=$330,000

  ×2/12/3　　薪資費用　　　87,000**

         資本公積—認股權　　　　　　87,000

 **$417×100×15×2/3−$330,000=$87,000

  ×3/12/31　　資本公積—認股權417,000

         薪資費用　　　　　　　　　417,000

第十二章

稀釋性證券與每股盈餘

公司財務報表的使用者，如公司股東、債權人、投資者等等，在閱讀財務報表時，常常會使用每股盈餘來對公司營運績效的好壞做判斷。每股盈餘是指每一普通股可以爲公司賺到的錢，報表使用者可以藉由每股盈餘的大小判斷公司的經營情況，進而做出下一步的決策。公司報表中除了要在損益表中呈現出每股盈餘的大小外，同時也要呈現稀釋每股盈餘，稀釋性每股盈餘是由於稀釋性證券將來可能轉換或行使，結果稀釋基本每股盈餘，使基本每股盈餘降低。基本每股盈餘是現在的實際狀況，然而報表使用人也關心未來的發展，所以公司必須設算稀釋每股盈餘，告訴報表使用人在考量所有稀釋潛在普通股的影響後，每一普通股對企業在特定期間的經營績效所享有的損益。

　　在以下章節中，我們首先介紹稀釋性證券的種類及行後的影響，接著介紹基本每股盈餘及稀釋每股盈餘。

一、稀釋性證券

(一) 稀釋性證券的基本定義及其介紹

　　很多的金融工具，像是認股權、可轉換公司債、可轉換特別股及員工認股證等，同時具備負債與權益的性質，則公司應該將其分類爲負債還是股東權益？舉例來說：可贖回普通股，公司應將其歸類在股東權益項下，因爲公司並沒有義務要給予持有可贖回普通股的股東股利，也沒有義務在未來的某個時點將該普通股買回，公司有權利自己決定要步要發股利或要不要贖回，可贖回特別股也是一樣的道理。他們都歸屬在股東權益項下，因爲他們都缺少了負債的一個重要特質——公司因過去事項而有的義務，預計會讓公司資源流出。

　　以下我們先介紹同時具有權益與負債性質的證券，如選擇權、認股權、可轉換證券等，在介紹公司在計算每股盈餘時，若考量稀釋性證券的影響。

　　所謂稀釋性證券，就是指將來有可能轉換、行使成普通股的證券，而轉換行使的結果會稀釋基本每股盈餘。

(二) 稀釋性證券的種類與相關會計處理

1. 可轉換債券

可轉換公司債是可以在發行後的某特定期間內轉換成公司股票的債券，債券持有人有權利自行決定是否轉換。當股票不斷升值時，會使得債債券持有人傾向轉換。

公司發行可轉換債券主要有兩個目的：第一個是相較於一般發行股票，可轉換公司債可以使公司不用放棄過多的控制權。第二個是可轉換公司債可以以較低的利率發行，因為可轉換公司債有另外給予轉換的權利，所以債券本身的利率可較低，對公司的財務負擔較小。

可轉換公司債是一種複合式的金融工具，因為它同時具有負債與權益的性質，在做會計處理的時候，國際會計準則規定，要將歸屬於負債的部分與歸屬於權益的部分分開。

可轉換公司債發行時的公允價值（含負債部分與權益部分）	−	發行時，可轉換公司債中負債的公允價值（按未來現金流出折現值評價）	+	發行時，權益部分的公允價值（不含負債部分）

由上面的公式我們可以得知，可轉換公司債的權益部分，是整體公允價值扣除歸屬於負債部分的公允價值後部分。國際會計準則不允許公司先決定權益的公允價值，再決定負債的公允價值。要計算出權益部分的公允價值，首先要先獲得可轉換公司債整體在發行日的發行價格，再減去負債部分的公允價值，也就是負債部分未來現金流出的折現值，就可獲得權益部分的公允價值。

(1) 可轉換公司債原始認列

假設冠誠公司在民國100年初發行了2,000張4年期可轉換公司債，票面利率為6%，依面額$100,000發行，公司實際拿到的現金為$200,000,000。利息為每年12月31日發放，每張可轉換公司債都可以轉換為25張面額為$10的股票。若依照類似但不能轉換的公司債，市場利率為9%。以下為相關的分錄：

本金的現值：$\$200,000,000 \times P_{4,9\%} = 200,000,000 \times 0.70843 =$	$\$1,416,860$
利息的現值：$\$120,000 \times P_{4,9\%} = 120,000 \times 3.23972 =$	388,766
負債組成要素的現值　$\$1,805,606$	

可轉換公司債在發行日的公允價值	$\$2,000,000$
負債組成要素在發行日的公允價值	1,805,606
權益組成要素在發行日的公允價值	$\$\ \ \ 194,394$

發行日該做分錄如下：

100/01/01：

現金	2,000,000	
應付公司債		1,805,606
資本公積－轉換權		194,394

(2) 可轉換公司債續後衡量

① 可轉換公司債到期買回

　　承前例，若可轉換公司債持有人並未在到期前行使轉換，則冠誠公司
　　到期應買回該公司債，到期買回分錄如下：

104/01/01：

應付公司債	2,000,000	
現金		2,000,000

　　由於此時公司債帳面價值與面額相等，故不會產生損益，而原先認列
　　的資本公積轉換權可留在原帳上或轉成資本公積－普通股發行溢價。

② 可轉換公司債到期轉換

若可轉換公司債持有人到期選擇轉換，則冠誠公司做以下分錄：

103/12/31：

應付公司債	2,000,000	
資本公積－轉換權	194,394	
普通股股本		500,000
資本公積－普通股發行溢價		1,588,835

③ 可轉換公司債提前買回

　　承前例，若冠誠公司之可轉換公司債持有人提前轉換，則相關會計處理如下。

攤銷表（有效利率法，票面利率6%，市場利率9%）：

日期	現金利息	費用	折價攤銷	可轉債帳面價值：
01/01/11				$1,805,606
12/31/11	$120,000	$162,505	$42,505	1,848,111
12/31/12	120,000	166,330	46,330	1,894,441
12/31/13	120,000	170,500	50,500	1,944,941
12/31/14	120,000	175,059	55,059*	2,000,000
*誤差補足				

假設該可轉換公司債持有人於2012年12月31日選擇轉換，根據攤銷表，相關分錄如下：

2012/12/31：

資本公積－轉換權	194,394	
應付公司債	1,894,441	
普通股股本		500,000
資本公積－普通股發行溢價		1,588,835

④ 可轉換公司債到期前轉換

　　公司有時候會在可轉換公司債未到期前將其買回，會計處理方式，是先將買回當天可轉換公司債的公允價值決定好，再分別決定歸屬於負債部分的價值與歸屬於權益部分的價值。跟發行日的方式一樣，也是要先決定負債的部分，才能決定出權益的部分。決定好買回當天各部分的價值後，在與帳面上歸屬於負債的部分與歸屬於權益的部分比較。負債部分若有差額，認列爲損

益；權益部分若有差額認列為權益。

以上述冠誠公司為例，若冠誠公司於2012年12月31日將可轉換公司債買回，當天可轉換公司債（含負債及權益部分）的公允價值為$1,965,000，而負債部分的公允價值為$1,904,900（由未來的現金流量折現兩期得出），首先我們要計算出買回的損益：

2012/12/31負債部分的現值	$1,904,900
2012/12/31負債部分的帳面價值	(1,894,441)
買回損失　　　10,459	

接著計算權益部分在買回日的價值：

2012/12/31　可轉換公司債之公允價值（含負債及權益）	$1,965,000
減：2012/12/31　可轉換公司債負債部分公允價值	（1,904,900）
2012/12/31　可轉換公司債權益部分公允價值	$ 60,100

相關分錄如下：

2012/12/31：

應付公司債	1,894,441	
資本公積－轉換權	60,100	
買回損失	10,459	
現金		1,965,000

→資本公積－轉換權原先認列的$194,384與買回日公允價值$60,100間的差額$134,284通常會轉到資本公積－庫藏股票交易。

2. 可轉換特別股

可轉換特別股是給予特別股股東特定的權利，可以將特別股轉換成一定數額的普通股。可轉換特別股與可轉換公司債最大的不同在於，可轉換公司債同時具有負債與權益的部分，而可轉換特別股僅僅具有權益的性質。因此可轉換特別股歸類在股東權益項下，要特別注意的是，公司不能因為現存的股東交易

而認列任何損益。

假設文修公司發行1,000股可轉換特別股,每股$200,面額$1,發行分錄如下:

現金	200,000	
特別股股本		1,000
資本公積－特別股發行溢價		199,000

每股特別股可轉換15股普通股(面額$10),每股普通股市價$30,轉換分錄如下:

庫藏股票－特別股	1,000	
資本公積－特別股發行溢價	199,000	
普通股股本		150,000
資本公積－普通股發行溢價		50,000

若可轉換特別股沒有轉換而是公司買回,則分錄如下:

庫藏股票－特別股	1,000	
資本公積－特別股發行溢價	199,000	
保留盈餘		210,000
現金		410,000

3. 認股權證

認股權證是指給予持有人於某特定時間以某特定價格獲取股份的一種權證。認股權證行使時也會對公司的每股盈餘造成稀釋作用,就跟可轉換公司債及可轉換特別股一樣,最大的差別是可轉換公司債與可轉換特別股在轉換的時候,不用再支付另外的價款,而認股權證則是需要支付價款取得股份。

二、每股盈餘

(一) 每股盈餘的定義及其基本介紹

每股盈餘是指在某一報導期間,每一普通股所能享有的企業淨利潤或需承

擔的企業淨虧損。這項指標可用來比較同一報導期間不同企業的表現，及同一企業不同報導期間的表現，進而衡量一個企業的獲利能力及投資的風險。大多數公司必須將每股盈餘列示於損益表中的淨利項下，但基於成本效益的考量，非公開發行公司不在此限。

　　每股盈餘不適用於特別股，因為特別股的性質較類似於負債，每期的股利通常相同，不會和公司分享獲利或損失，每股盈餘的大小與特別股股價無關，因此每股盈餘只適用於普通股。

(二) 每股盈餘的相關名詞

1. **反稀釋**：指假設可轉換工具被轉換、選擇權或認股證被執行，或因滿足特定條件而發行普通股，所導致之每股盈餘增加或每股損失減少。
2. **或有股份協議**：係指滿足特定條件始發行股份之協議。或有發行普通股係指滿足或有股份協議所訂之特定條件時，僅收取少量或未收取現金或其他對價即應發行之普通股。
3. **稀釋**：指假設可轉換工具被轉換、選擇權或認股證被執行，或因滿足特定條件而發行普通股，所導致之每股盈餘減少或每股損失增加。
4. **選擇權、認股證及其他類似權利**：指給予持有者普通股購買權之金融工具。
5. **普通股**：次於所有其他類別權益工具之權益工具。
6. **潛在普通股**：可能使其持有者有權取得普通股之金融工具或其他合約。
7. **普通股賣權**：給予持有者於一定期間內，以特定價格賣出普通股之權利之合約。

(三) 每股盈餘種類及計算

　　以下每股盈餘的計算，我們分為簡單資本結構及複雜資本結構兩種情形。簡單資本結構下，公司資本結構的組成，只含普通股或不包含可能轉換及行使的潛在普通股；複雜資本結構則包含可能對每股盈餘造成稀釋作用的潛在普通股，亦即稀釋性證券。

1. 每股盈餘—簡單資本結構

IAS33規定：「企業應計算歸屬於母公司普通股股東之損益的基本每股盈餘金額，以及，如果有列報時，歸屬於這些普通股股東之繼續營業單位損益的基本每股盈餘金額。」

簡單來說，當企業有列報停業單位損益時，應獨立計算出繼續營業單位損益的基本每股盈餘，以瞭解整體基本每股盈餘中，繼續營業單位所佔的比重。

基本每股盈餘稅前稅後		
繼續營業單位損益	$ 1.45	$ 1.16
停業單位損益	(0.1)	(0.08)
本期損益	$ 1.35	$ 1.08

$$\text{基本每股盈餘（Basic EPS）} = \frac{\text{歸屬於母公司普通股股東的本期損益(1)}}{\text{普通股流通加權平均股數(2)}}$$

(1) 分子——**歸屬於母公司普通股股東的本期損益**

i. 何謂歸屬於母公司普通股股東的本期損益：

歸屬於母公司普通股股東的本期損益是指

(a) 母公司繼續營業單位的損益；及

(b) 母公司損益的金額調整「歸類為權益的特別股股利的稅後金額」、「清償特別股所產生的帳面金額與給付金額的差異」，以及「特別股的其他類似影響」。「所得稅費用」與「歸類為負債的特別股股利」也應列入歸屬於母公司普通權益持有人的本期損益。

已扣除所得稅費用及歸類為負債的特別股股利：

基本每股盈餘

↓

$$= \frac{\text{母公司繼續營業單位損益／本期損益 − 歸屬於權益的特別股利 ± 清償特別股所產產生的帳面金額與付金額的差異 ± 特別股之其他類似影響}}{\text{普通股流通加權平均股數}}$$

ii. 累積特別股/非累積特別股：

分子部分需要扣除的「歸屬於權益的特別股股利」，若為非累積特別股僅須扣除本年度宣告的部分，若沒有宣告則無需扣除；若為累積特別股，則不論有無宣告都要扣除當年度的股利，以前年度積欠的股利無須在本年度重複扣除。

釋例

北投公司×1年資本結構如下：

特別股（面值$100，8%）　　　　　　　　$ 1,000,000

普通股（面值$10）　　　　　　　　　　　5,000,000

設：

(1) ×1年淨利為100,000，特別股為累積特別股。

(2) ×1年淨利為（60,000），特別股為非累積特別股。

(3) ×1年淨利為（70,000），特別股為累積特別股，已積欠兩年股利。

試計算各種情形下，北投公司×1年每股盈餘。

解：

(1)

$$EPS = \frac{100,000 - 1,000,000 \times 8\%}{500,000} = 0.04$$

(2)

$$EPS = \frac{(60,000)}{500,000} = -0.12$$

(3)

$$EPS = \frac{(70,000) - 1,000,000 \times 8\% \times 3}{500,000} = -0.62$$

iii. 遞增股利率特別股：

當特別股以折價發行時，公司一開始以較便宜的價格發行特別股，初期給予投資人較低的股利，接著股利逐年遞增至市場水準，這種特別

股稱爲「遞增股利率特別股」；相反的，特別股以溢價發行時，公司一開始以較高的價格發行特別股，初期給予投資人較高的股利，接著股利逐年遞減至市場水準。遞增股利率特別股不論以溢價或折價發行，都要按照有效利率法逐年攤銷保留盈餘，作爲特別股股利，並於本期損益中加減調整後計算每股盈餘。

iv. 特別股再買回：

企業向投資人買回特別股時，若支付特別股的公允價值超過帳面價值，超過的部分視爲特別股股東的報酬，在計算歸屬於母公司普通權益持有人的本期損益要將其扣除；若支付特別股的公允價值低於帳面價值，不足的部分視爲特別股股東的贈與，在計算歸屬於母公司普通權益持有人的本期損益要將其加回。

公允價值 > 帳面價值（減除）：

| 特別股 |
| 保留盈餘 |
| 現金 |

公允價值 < 帳面價值（加回）：

| 特別股 |
| 保留盈餘 |
| 現金 |

(2) 分母——普通股流通加權平均股數

i. 何謂普通股流通加權平均股數：

普通股流通加權平均股數係指當期期初流通在外普通股股數，調整乘上時間加權因子的當期收回或發行的普通股股數；也等於當其中各期間普通股流通在外股數乘上時間加權因子。時間加權因子是指該股份流通在外天數佔當期總天數的比例。使用普通股流通加權平均股數作爲計算依據，是爲了反映股東所投資的資本在報導期間的變化。

ii. 普通股計入流通加權平均股數的時點：

股份通常自可收取對價之日起計入加權平均股數中〔通常是指股份發行日〕，舉例來說：

(a) 以現金增資方式發行的的普通股應於現金可收取之日計入。

(b) 以股票股利方式發行的發行的普通股應於股利再投資之日計入。

(c) 因可轉換工具的轉換而來的普通股，應於利息停止收取之日計入。

(d) 以發行普通股的方式來取代其他金融工具的利息或本金，該普通股應於利息停止收取之日計入。

(e) 以發行普通股的方式清償債務，該普通股應於清償日計入。

(f) 以發行普通股的方式購買非現金資產，該普通股應於購買日計入。

(g) 以發行普通股的方式交換勞務，該普通股應於勞務提供時計入。

(h) 企業合併時，發行普通股作為移轉對價，該普通股應於企業併購日計入。

(i) 發行普通股以因應強制轉換工具之轉換，該普通股應於合約簽訂日計入。

(j) 當所有必要條件都滿足時，或有發行股份才可以列入計算，且至達成日起，該股份視為流通在外。

(k) 流通在外且受再買回限制之普通股並不作為流通在外的處理，亦即不列入每股盈餘的計算，直到該限制不存在為止。

釋例一

喜君公司於2011年股份流通在外情形如下：

01月01日期初流通在外股份90,000股

04月01日現金發行30,000股

07月01日買回庫藏股39,000股

11月01日現金發行60,000股

試計算該年普通股流通加權平均股數。

解：

期間	股數	流通比例	加權平均股數
1/1～4/1	90,000	$\frac{3}{12}$	22,500
4/1～7/1	120,000	$\frac{3}{12}$	30,000
7/1～11/1	81,000	$\frac{4}{12}$	27,000
11/1～12/31	141,000	$\frac{2}{12}$	23,500

普通股流通加權平均股數　　103,000

釋例二

邦邦水泥公司某年普通股有關資料如下：

A. 1月1日普通股流通在外200,000股。

B. 3月1日購回庫藏股20,000股。

C. 8月1日現金發行新股70,000股。

E. 10月1日出售庫藏股15,000股。

試計算該年普通股流通加權平均股數。

解：

	(A)	(B)	(A)×(B)
流通在外期間	流通在外股數	時間	加權因子加權股數
1/1～2/28	200,000	2/12	33,333
3/1～7/31	180,000	5/12	75,000
8/1～9/30	250,000	2/12	41,667
10/1～12/31	265,000	3/12	66,250

普通股流通加權平均股數　216,250

iii. 資源無變動而普通股股數產生增減（權益的變動未伴隨資產或負債的增減）的例子：

(a) 發放股票股利。

(b) 任何其他發行的紅利因子，例如現有股東股份認購權的紅利因子。

(c) 股份分割，如：一股分成三股，3-1。

(d) 股份反向分割〔股份合併〕，如：兩股合併成一股，1-2。

　　像這類的未伴隨資源變動的普通股股數增減，應假設該事件於期初已發生，將事件發生前的普通股案變動比例調整。

 釋例一

維維水泥公司某年普通股有關資料如下：

A. 1月1日普通股流通在外100,000股。

B. 3月1日現金發行新股30,000股。

C. 4月1日買回庫藏股20,000股。

D. 5月1日發放股票股利。

E. 6月1日合併甲公司增發15,000股。

F. 8月1日出售庫藏股18,000。

G. 11月1日將一股分割成兩股。

試計算該年普通股流通加權平均股數。

解：

期間股數	追溯調整	流通比例	加權平均股數
1/1～3/1	$100,000 \times 1.2 \times 2$	$\frac{2}{12}$	40,000
3/1～4/1	$130,000 \times 1.2 \times 2$	$\frac{1}{12}$	26,000
4/1～5/	$1110,000 \times 1.2 \times 2$	$\frac{1}{12}$	22,000
5/1～6/1	$132,000 \times 2$	$\frac{1}{12}$	22,000
6/1～8/1	$147,000 \times 2$	$\frac{1}{12}$	49,000
8/1～11/1	$165,000 \times 2$	$\frac{3}{12}$	82,500
11/1～12/31	330,000	$\frac{2}{12}$	55,000

普通股流通加權平均股數 __296,500__

釋例二

台灣水泥公司某年普通股有關資料如下：

A. 1月1日普通股流通在外100,000股。

B. 4月1日發行股票股利20%。

C. 5月1日購入庫藏股股票20,000股。

D. 8月1日辦理股票合併1-2。

E. 10月1日辦理現金增資30,000股，每股認購價$20。

F. 9月30日普通股每股收盤價$30。

試計算該年普通股流通加權平均股數。

解：

1.除權日發行

《理論除權法》：

$$調整因子 = \frac{行使新股認購前一天的每股股市（公允價值）}{理論上每股除權後的公允價值}$$

理論上每股除權後的公允價值

$$= \frac{行使新股認購前一日的股價總市值 + 行使權利所得金額}{新股認購權行使後的流通普通股股數}$$

$$= \frac{50,000 \times \$30 + 30,000 \times \$20}{50,000 + 30,000} = \frac{\$2,100,000}{\$80,000} = 26.25$$

$$調整因子 = \frac{30}{26.25} = 1.14$$

期間	股數追溯調整	流通比例	加權平均股數
1/1～4/1	$100,000 \times 1.2 \times \frac{1}{2} \times 1.14$	$\frac{3}{12}$	17,100
4/1～5/1	$120,000 \times \frac{1}{2} \times 1.14$	$\frac{1}{12}$	5,700
5/1～8/1	$100,000 \times \frac{1}{2} \times 1.14$	$\frac{3}{12}$	14,250
8/1～10/1	$50,000 \times 1.14$	$\frac{2}{12}$	9,500
10/1～12/31	80,000	$\frac{3}{12}$	20,000

普通股流通加權平均股數 66,550

釋例三

西南公司於×5年底併購東北公司,換股比例為1:3,並於合併合約中規定,合併後兩年內任一年淨利達200,000,000以上,即於×8年額外發行普通股200,000股給予原東北公司股東。設×6年合併後西南公司全年普通股流通加權平均股數為100,000,000股,且合併後淨利為310,000,000,已達成合約目標。×7年無其他影響流通在外股數的事件。

試計算西南公司×6年、×7年普通股流通加權平均股數。

解:

×6年:$100,000,000+200,000 \times (\frac{0}{12}) = 100,000,000$

×7年:$(100,000,000+200,000) \times (\frac{12}{12}) = 120,000,000$

 釋例四

花旗公司成立於×2年,發行累積特別股2,000股,10%,每股面值$100,普通股50,000,每股面值$10,×2年7月1日又發行新股20,000,當年損益表資料如下:

繼續營業單位純損	$(80,000)
停業單位利益	20,000
非常損失	(10,000)
本期淨損	$(70,000)

試列示該年度損益表中有關每股盈餘之表達。

解:

普通股流通加權平均股數 = $50,000 \times 6/12 + 70,000 \times 6/12 = 60,000$

特別股股利 = $2,000 \times \$100 \times 10\% = \$20,000$

解：

<u>基本每股盈餘</u>

繼續營業單位損益	($1.67)
停業單位利益	0.33
非常損失	(0.16)
本期損益	($1.5)

2. 每股盈餘—複雜資本結構

複雜資本結構下，公司資本結構包含可能對每股盈餘造成稀釋作用的潛在普通股，所謂潛在普通股是指能使其持有人有權取得普通股的一種金融工具或其他合約，如選擇權、認股權、可轉換工具、或有發行股份，將來有可能轉換、行使成普通股，而稀釋基本每股盈餘。

所謂稀釋（Dilution），是指由於假設可轉換工具轉換、選擇權或認股證行使，或滿足特定條件發行普通股，所導致每股盈餘的減少或每股損失的增加。而反稀釋則是由於假設可轉換工具轉換、選擇權或認股證行使、或滿足特定條件發行普通股，所導致每股盈餘的增加或每股損失的減少。有些證券具有稀釋作用，有些則具有反稀釋作用，在計算稀釋每股盈餘時，反稀釋證券的影響，不列入計算。

基本每股盈餘是現在的實際狀況，然而報表使用人也關心未來的發展，所以公司必須設算稀釋每股盈餘，告訴報表使用人在考量所有稀釋潛在普通股的影響後，每一普通股對企業在特定期間的經營績效所享有的損益。當公司為複雜資本結構時，公司於報表會同時列示基本每股盈餘與稀釋每股盈餘。若一間公司所具有的證券皆為反稀釋證券，則公司僅需列報基本每股盈餘；另外，若公司繼續營業單位為純損時，將潛在普通股列入計算，皆會產生反稀釋作用，故不列入計算。

IAS 33規定：「企業應計算歸屬於母公司普通股股東損益的稀釋每股盈餘金額，以及，如果有列報時，歸屬於這些普通股股東的繼續營業單位損益的稀釋每股盈餘金額。」

稀釋每股盈餘的計算與基本每股盈餘類似，只是多考慮了稀釋性潛在普通股的影響，稀釋每股盈餘爲基本每股盈餘做以下調整後的結果：

(a) 歸屬於母公司普通股股東的損益應加上屬於當期認列的稀釋性潛在普通股股利及利息費用（稅後金額），並調整其他因稀釋性潛在普通股轉換而產生的所得與費用；及

(b) 普通股流通加權平均股數應加上所有稀釋性潛在普通股假設轉換後增加的普通股流通加權平均股數。

稀釋每股盈餘(Diluted EPS)

稀釋每股盈餘

$$= \frac{\text{歸屬於母公司普通權益持有人的本期損益 + 可轉換特別股股利 + 可轉換公司債稅後利息 ± 因轉換產生的其他收益及費損}(1)}{\text{普通股流通加權平均股數 + 稀釋性潛在普通股轉換後流通加權平均股數}(2)}$$

每股盈餘 ＝ 基本每股盈餘 ＋ 可轉換工具轉換後之影響 ± 因轉換產生的其他收益及費損

└───┘
稀釋每股盈餘

(1) 分子

基本每股盈餘的分子（已減除可轉換特別股股利及可轉換公司債稅後利息費用）調整下列三項的稅後影響：

(a) 加回在計算基本每股盈餘歸屬於母公司普通權益持有人的本期損益時，所減除的任何與稀釋性潛在普通股有關的股利及其他項目。

(b) 當期認列任何與稀釋性潛在普通股有關的利息費用。

(c) 任何因稀釋性潛在普通股轉換而產生的收益及費損。

(2) 分母

稀釋每股盈餘之分母，爲基本每股盈餘之分母加上所有稀釋性潛在普通股假設轉換後增加的普通股流通加權平均股數。稀釋性潛在普通股應假設在期初或在發行日（若在本期中發行）即已轉換。

各期間報導的稀釋潛在普通股應分別計算,一個本年度至今的稀釋性潛在普通股股數,並不等於各期稀釋潛在普通股加權平均後的結果。

潛在普通股應按其流通期間加權,潛在普通股若在本期註銷或失效,則其流通期間仍應列入稀釋每股盈餘計算;若在本年度轉換,則從期初到轉換日應列入稀釋每股盈餘的計算。轉換後的普通股流通期間,則應列入基本每股盈餘及稀釋每股盈餘的計算。

(3) 稀釋每股盈餘的計算

在決定普通股是否具有稀釋作用時,應以「繼續營業單位損益」為基礎,先計算出基本每股盈餘,再分別計算出各項潛在普通股的「增額股份盈餘」,「增額股份盈餘」為可節省之稅後利息或股利除以轉換後淨增加之約當股數。

若增額股份盈餘小於基本每股盈餘,則該潛在普通股具有稀釋作用。在計算時,要由稀釋作用最大者至稀釋作用最小者依序列入計算,當該項潛在普通股列入時,具有反稀釋作用,則不列入計算,而在列入該反稀釋潛在普通股前所計算出的每股盈餘,即為稀釋每股盈餘。

① 選擇權、認股證或其他類似權證:

i.庫藏股票法:

假設選擇權(買權)、認股證或其他類似權證於期初或本期發行日行使,以行使後所得價款,依流通期間之平均市價購回庫藏股票,以支付權證持有人。當行使價格低於平均市價,此時公司若僅使用權證行使後所得價款,不夠買回所須支付的股數,公司需另外增加股數,因此產生稀釋作用。若行使價格高於平均價格,則產生反稀釋作用,不列入計算。

$$淨增加之股數 = 可認購股數 - 收回庫藏股之股數$$

$$= 可認購股數 - \frac{可認購股數 \times 認購價格}{流通期間之平均市價}$$

ii. 反庫藏股票法:

適用於賣權或其他類似權證,假設於期初或本期發行日行使,以行

使後所需支付價款，依流通期間之平均市價賣出庫藏股票，以支付
權證持有人。當買回價格大於平均市價，則產生稀釋作用；反之，
則產生反稀釋作用，不列入計算。

$$淨增加之股數 = 可買回股數 - 實際買回股數$$

$$= \frac{實際買回股數 \times 買回價格}{流通期間之平均市價} - 實際買回股數$$

釋例

如如儀器公司×2年度有關資料如下：

A. 期初流通在外200,000股，3/1現金增資發行40,000股，11/1購回庫藏股
20,000股。

B. ×2年淨利$464,000。

C. 不可轉換特別股80,000，股利率5%。

D. 普通股全年平均市價$25。

E. 年初有員工認股權25,000權流通在外，每權可按$20認購一股。

F. 年初有賣權10,000權流通在外，持有人可要求公司按$30之價格買回其所
持有之如如儀器公司之普通股。

試計算該年度基本每股盈餘及稀釋每股盈餘。

解：

(1) 普通股流通加權平均股數：

200,000×2/12+240,000×8/12 + 220,000×2/12 = 230,000

(2) 各項稀釋性潛在普通股：

認股證：$25,000 - \frac{25,000 \times 20}{\$25} = \$5,000$，增額股份盈餘$= \frac{0}{\$5,000} = 0$

賣權：$\frac{10,000 \times 30}{\$25} - \$10,000 = \$2,000$，增額股份盈餘$= \frac{0}{\$2,000} = 0$

(3) 依序列入計算：

$$基本每股盈餘 = \frac{\$464,000 - \$80,000 \times 5\%}{\$230,000} = \frac{\$460,000}{\$230,000} = \$2.00$$

$$稀釋每股盈餘 = \frac{\$460,000 + 0 + 0}{\$230,000 + \$5,000 + \$2,000} = \$1.94$$

iii. 可轉換工具：

假設轉換法：假設可轉換工具轉換爲普通股，則與該可轉換工具有關之稅後利息（含溢折價攤銷）及股利便不會發生，屬於普通股的本期損益也會隨之增減；另一方面分母部分（普通股流通加權平均股數）也會因假設轉換而增加。至於是否產生稀釋作用，則要看可節省之稅後利息/股利除以轉換後淨增加之股數產生的增額股份盈餘，是否具稀釋作用。

$$可轉換公司債 = \frac{可節省之稅後利息}{轉換後淨增加之股數}$$

$$可轉換特別股 = \frac{可節省之股利}{轉換後淨增加之股數}$$

釋例

青山儀器公司×3年度有關資料如下：

A. 期初流通在外280,000股，7月1日現金增資發行40,000股。

B. 純益$565,000，稅率30%。

C. 可轉換特別股，8%，按面值$100發行，發行並流通在外10,000股，每股可轉換爲普通股8股。

D. 可轉換公司債$400,000，6%，按面值發行，每$1,000債券可轉換爲普通股30股。

試計算該年度之基本EPS及稀釋EPS。

解：

(1) 普通股流通加權平均股數：

　　280,000×6/12 + 320,000×6/12 = 300,000

(2) 各項稀釋性潛在普通股：

可轉換特別股：個別EPS $= \dfrac{10,000 \times 100 \times 8\%}{80,000} = 1$

可轉換公司債：個別EPS $= \dfrac{400,000 \times 6\% \times (1-30\%)}{400,000/1,000 \times 30} = 1.4$

(3) 依序列入計算：

基本每股盈餘 $= \dfrac{\$565,000 - \$10,000 \times 100 \times 8\%}{300,000} = \dfrac{\$485,000}{300,000} = \$1.62$

稀釋每股盈餘 $\rightarrow \dfrac{\$485,000 + \$80,000}{300,000 + 80,000} = \$1.49$

$\rightarrow \dfrac{\$485,000 + \$80,000 + \$16,800}{300,000 + 80,000 + 12,000} = \$1.48$

iv. 或有發行股份：

或有發行股份是指在滿足或有股份合約中約定好的事項時，應當發行的普通股。在計算基本每股盈餘時，或有股份自「條件達成日」方予計入，若未全部達成，則不予計入；在計算稀釋每股盈餘時，若期末已達成必要條件，則該或有股份自「期初」即計入，若期末未全部達成，則假設期末情況會維持至合約期滿，進而決定該或有股份是否自「期初」計入。

釋例

華泰公司×5年全年流通在外普通股1,200,000股。最近因企業合併而有或有發行股份之條件如下：

A. 若×5每新開幕一家分店，即發給20,000股普通股。

B. 若×5年度及×6年度平均合併稅後淨利超過1,000,000時，超過部分每100,000發給10,000股普通股。

C. 華泰公司分別於×5年4月1日、7月1日、10月1日各有一家新店開幕。

D. ×5年合併稅後淨利1,700,000。

試計算×5年度之基本每股盈餘及稀釋每股盈餘。

解：

(1) 基本EPS= $\dfrac{1,700,000}{1,200,000 + 20,000 \times \dfrac{9}{12} + 20,000 \times \dfrac{6}{12} + 20,000 \times \dfrac{3}{12}}$ = \$1.38

(2) 稀釋EPS= $\dfrac{1,700,000}{1,200,000 + 20,000 + 20,000 + 20,000 + 7,000}$ = \$1.28

習題

一、選擇題

( ) 1. 計算基本每股盈餘時，累積且可轉換特別股的股利應如何處理？ (A)如果特別股轉換會對每股盈餘有稀釋作用，可以不計入分子的減項 (B)一律要計入分子的減項 (C)當年度虧損時，可以不計入分子的減項 (D)當年沒有宣告發放股利時，可以不計入分子的減項。

( ) 2. 可轉換公司債 (A)根據權益組成要素與負債組成要素的公允價值可拆成兩部分 (B)可區分成負債組成要素與費用組成要素 (C)較一般應付公司債，公司可用較低的價格發行可轉換公司債 (D)以上皆是。

( ) 3. 發行附認股權之債券，收取之價款超過一般未附認股權債券之公允價值時，超過部分應貸記為： (A)資本公積—普通股發行溢價 (B)保留盈餘 (C)負債 (D)資本公積—認股權。

( ) 4. 品慧公司有流通在外可轉換公司債$2,500,000，每$1,000債券可轉換成普通股。債券票面利率為8%，每年1月31日及7月31日付息一次。×3年7月31日，債權人行使轉換權轉換債券$800,000，轉換日債券之市價為105，普通股每股市價為$36。剩餘的未攤銷可轉換公司債為$175,000。品慧公司對於該項債權人轉換公司債，應認列： (A)貸記資本公積—普通股發行溢價$136,000 (B)貸記資本公積—普通股發行溢價$120,000 (C)貸記應付公司債$56,000 (D)損失$8,000。

( ) 5. ×1年3月1日，倩如公司以104發行票面利率8%之不可轉換公司債$800,000，於×21年2月28到期。此外每$1,000債券附有25個單位的認股權，每單位認股權給予債權人得以每股$50的價格購買面值$25的普通股。一般沒有附認股權的應赴公司債價格為95。×1年3月1日，倩如公司普通股市價為$40，認股權公允價值為$2。問倩如公司於×1年3月1日應認列多少資本公積—認股權？ (A)$40,000 (B)$83,200 (C)$42,000 (D)$72,000。

( ) 6. 計算稀釋每股盈餘時，可轉換公司債該如何處理： (A)不論具稀釋性或反稀釋性，計算時皆假設轉換 (B)具有反稀釋性時，計算時假設轉換 (C)具有稀釋性時，計算時假設轉換 (D)不列入計算。

( ) 7. 當可轉換公司債經轉換後影響效果為下列何者時，於計算稀釋每股盈餘應列

入計算：

	稀釋	反稀釋
(A)	是	是
(B)	是	否
(C)	否	是
(D)	否	否

(   ) 8. 計算稀釋每股盈餘時，使用庫藏股票法，再買回普通股時使用的市價為：
(A)年底市價　(B)平均市價　(C)年初市價　(D)以上皆非。

(   ) 9. 反稀釋證券　(A)於計算稀釋每股盈餘時應列入計算，計算基本每股盈餘時則不需列入計算　(B)當基本每股盈餘大於稀釋每股盈餘時，列入計算　(C)當股票選擇權及認股權的執行價格小於平均市價時，該選擇權及認股權即為一種反稀釋證券　(D)不論在計算基本每股盈餘或稀釋每股盈餘時，皆不列入計算。

(   ) 10.假設現有兩種稀釋性證券，於計算稀釋每股盈餘時，何者要先列入計算？
(A)對於增加盈餘影響較大者　(B)對於增加每股盈餘影響較大者　(C)對於減少盈餘影響較大者　(D)對於減少每股盈餘影響較大者。

(   ) 11.于庭公司於×0年12月31日發行300,000股普通股。×1年7月1日又發行了300,000股普通股。期初時，于庭公司另有流通在外股票選擇權，允許持有人得於×1年以每股$28買入90,000股。×1年于庭公司平均每股市價為$35。計算稀釋每股盈餘時，股數為何？　(A)672,000　(B)618,000　(C)522,000　(D)468,000。

(   ) 12.丁順公司×1年之本期純益為。×1年平均在外流通股數為200,000股。若考量流通在外選擇權，每單位得以$30買入一股，則在外流通股數為12,000股。×1年平均每股市價為$36。問于庭公司×1年稀釋每股盈餘為何？　(A)$1.42　(B)$1.43　(C)$1.49　(D)$1.50。

(   ) 13.臺東公司於95年1月1日有普通股10,000流通在外，95年7月1日現金增資普通股5,000股，每股認購價格為$12，95年6月30日，該公司普通股市價為每股$24。若該公司95年純益為$297,00，則該公司95年之基本每股盈餘為多少？
(A)$19.8　(B)$22　(C)$23.76　(D)$20。

(   ) 14.丙公司94年底流通在外普通股計有1,000,000股，95年5月1日增資發行新股120,000股。96年3月1日宣告並發放20%股票股利。95年度淨利為$3,473,280。

丙公司於96年4月20日公告之95年度財務報表中，應列示之基本每股盈餘為
　　何？　(A)$2.68　(B)$2.97　(C)$3.11　(D)$3.22。

(　　) 15.甲公司在民國94年1月1日及12月31日皆有1,200,000股的普通股流通在外，
　　　　在民國93年6月甲公司為了從前任子公司股東手中買下子公司，被要求在
　　　　民國95年7月1日額外發行50,000股普通股。公司在民國94年分配特別股股利
　　　　$200,000，該年度淨利為$3,400,000。試問甲公司在民國94年稀釋每股盈餘
　　　　為：　(A)$2.83　(B)$2.72　(C)$2.67　(D)$2.56。

(　　) 16.乙公司96年初有10,000個賣權流通在外，每個賣權持有人得依$30之價格賣
　　　　回面額$10之普通股1股給公司，若96年普通股實際加權平均流通在外股數
　　　　為60,000股，普通股96年度平均市價為$25，96年底市價為$28，則在計算
　　　　稀釋每股盈餘時，分母應為：　(A)60,000股　(B)60,714股　(C)62,000股
　　　　(D)70,000股。

(　　) 17.丙公司95年及96年均有普通股240,000股、可轉換特別股24,000股及7%可轉換
　　　　公司債面額$1,000,000流通在外。該公司96年度發放普通股股利（每股$1）及
　　　　特別股股利（每股$2.5）。又特別股可轉換成24,000股普通股，7%可轉換公
　　　　司債可轉換成40,000股普通股。若丙公司96年淨利為$720,000，稅率為25%，
　　　　則其96年稀釋每股盈餘為：　(A)$3.00　(B)$2.75　(C)$2.73　(D)$2.54。

二、計算題

1.羽山公司核准得發行9,000,000普通股(每股面值$10)，該公司沒有發行稀釋性證
　券。以下為羽山公司股權變動的情形：

➤ ×1年12月31日普通股核准發行並流通在外之股數　　2,400,000

➤ ×2年9月30日宣告並發放10%股票股利　　　　　　　240,000

➤ ×3年3月31日發行新股　　　　　　　　　　　　2,000,000

　×3年12月31日普通股核准發行並流通在外之股數　4,640,000

➤ ×4年3月31日股票分割1股分割為2股

(A)計算×3年合併財務報表中×2年基本每股盈餘所使用之加權平均股數。

(B)計算×3年合併財務報表中×3年基本每股盈餘所使用之加權平均股數。

(C)計算×4年合併財務報表中×3年基本每股盈餘所使用之加權平均股數。

(D)計算×4年合併財務報表中×4年基本每股盈餘所使用之加權平均股數。

2.震旦公司於×0年發平價發行75張票面利率8%可轉換公司債（每張面值

$1,000），每張可轉換成100股普通股。根據市場利率10%，每張可轉換公司債歸屬於負債組成要素為$950。震旦公司×1年收入為$17,500，不包含利息及稅負的費用為$8,400（假設稅率為40%）。×1年，共有流通在外股數2,000股，沒有任何債券買回或轉換。

(A)計算×1年稀釋每股盈餘

(B)假設該可轉換公司債於×1年9/1才發行，計算稀釋每股盈餘

(C)假設有2,500張的可轉換公司債於×1年7/1轉換，計算稀釋每股盈餘

3.肥舖公司2011年有關每股盈餘之資料如下：

> 本期純益$5,000,000，稅率25%。

> 期初有普通股1,000,000股流通在外，每股面值$10。本年度現金增資500,000股，每股發行價格$20，以5月1日為除權日，4月30日普通股每股市價$30。

> 2011年4月1日平價發行4%公司債600張，每張面額$10,000，每張公司債附200單位認股權。每張公司債連同認股權可另加$2,000認購200股普通股，2011年沒有人行使此項權利，2011年4月1日至12月31日平均股價為$40。

試計算基本每股盈餘及稀釋每股盈餘。

解答：

一、選擇題

1. B	2. C	3. D	4. A	5. D	6. C	7. B	8. B	9. D	10. D
11. D	12. C	13. B	14. A	15. D	16. D	17. D			

二、計算題

1.(A)$2,400,000 \times 9/12 \times 1.1 + 2,640,000 \times 3/12 = 2,640,000$

(B)$(2,640,000 \times 3/12) + (4,640,000 \times 9/12) = 4,140,000$

(C)$4,140,000 \times 2 = 8,280,000$

(D)$(4,640,000 \times 3/12) \times 2 + (9,280,000 \times 9/12) = 9,280,000$

2.(A)×1年純益為 $= [\$17,500 - (\$8,400 + 75 \times 950 \times 10\%)] \times (1-40\%) = \$1,185$

稀釋每股盈餘 $= [\$1,185 + (1-40\%) \times \$7,125]/2,000 + 7,500 = \$5,460/9,500 = \$0.57$

(B)×1年純益為 $= [\$17,500 - (\$8,400 + 75 \times 950 \times 10\% \times 4/12)] \times (1-40\%) = \$4,035$

稀釋每股盈餘

$= [\$4,035 + (1-40\%) \times \$2,375]/(2,000 + 7,500 \times 1/3)$

$$=\$5,460/4,500$$

$$=\$1.21$$

(C) ×1年純益為 $=[\$17,500-(\$8,400+75\times950\times10\%\times1/2+50\times950\times10\%\times1/2)]\times(1-40\%)$

$$=\$1.897$$

稀釋每股盈餘

$$=[\$1,897+(1-40\%)\times\$5,938]/(2,000+2,500\times1/2+5,000+2,500\times1/2)$$

$$=\$5,460/9,500$$

$$=\$0.57$$

3.除權後每股價值 $=(1,000,000\times\$30+500,000\times\$20)/(1,000,000+500,000)=\$26.67$

換算比例 $=\$30/\$26.67=1.12$

➤ 加權平均流通在外股數：

$$1,000,000\times4/12\times1.12+1,500,000\times8/12=1,373,333$$

➤ 公司債個別EPS $=(\$180,000\times9/12)/((120,000-30,000)\times9/12)=\$135,000/\$67,500=\$2$

➤ 基本EPS $=\$5,000,000/1,373,333=\$3.64$

➤ 稀釋EPS $=(\$5,000,000+\$135,000)/(1,373,333+67,500)=\$3.56$

第十三章

收　　入

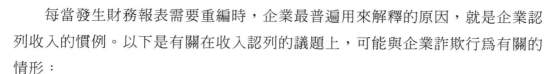

每當發生財務報表需要重編時，企業最普遍用來解釋的原因，就是企業認列收入的慣例。以下是有關在收入認列的議題上，可能與企業詐欺行為有關的情形：

- Qwest communication International Inc.（USA）的前任董事長、執行長，以及其他前任的職員，被控告詐欺並違反美國證交法。他們的作為是將一次性銷貨產生的非經常性收入（non-recurring）分類為公司的經常性銷貨收入。知情的內部人士指出，當公司達不到預計的銷貨金額時，高層經常利用這種交易方式來填補不足的銷貨金額。

- 三位前iGo（USA）公司的高級職員，經常在商品及服務尚未提供或出貨時就先認列了銷貨收入。

- Homestore公司（USA）的前任董事長、執行長，以及前業務開發部門的副總被控介入了一項詐欺計畫，而使公司高估了廣告及會員服務的收入。該計畫內容包括利用第三方公司進行了複雜的「往返交易」（round-trip transaction），使公司在實際上認列了自己賣給自己的收入。

- Lantronix公司（USA）遭人懷疑賣出過多的商品給自己下游的經銷商，而且很慷慨的允許他們有退還這些商品的權力，以及延長還款的期限。除此之外，在被懷疑「塞貨」（channel stuffing）的情況下，Lantronix公司為了避免經銷商之後退貨，還貸款給經銷商下游的第三方購買Lantronix公司賣給經銷商的商品，但最後第三方方面還是退貨了。這些知情的第三方還宣稱知道Lantronix公司有其他不正當的收入認列行為，其中包含了在沒有訂單的情況下出貨，還有提早認列尚未發生的銷貨收入。

以上這些收入認列的案例雖然都是詐欺或不符合規定的，但是也並非所有的收入認列錯誤都是蓄意的。例如在2005年4月American Home Mortgage Investment 公司（USA）宣布將迴轉認列在2004年第四季的收入，而認列在2005年第一季的收入裡。結果就是，重編2004年的財務報表。

所以公司到底應該如何適當的認列收入？我們將在這回的章節裡找到答案。

一、收入的定義與概念基本介紹

收入依照IAS 18的定義是指在一段期間內，企業從一般正常的營運活動（ordinary activities）而產生對企業經濟利益的總流入，並能使企業權益增加的部分，此定義排除了因為業主直接投資於企業，而使股東權益增加的部分。

按照公報的定義，收入是指一般正常的營運活動產生的經濟效益流入，意味著企業在本業經營上的競爭力，因此例如處分閒置資產的利得或投資收益，這些非屬企業本業產生的經濟效益流入，就不能定義為收入；另外代收的款項，例如7-11代收一般民眾的帳單、費用，雖然有經濟利益的流入，但是並沒有使企業的權益部分增加，因此也不能認列為收入。在對收入作定義後可以發現，它呈現出來的數字是衡量企業經營績效好壞的重要指標，也就是說，對財務報表的外部使用者而言，收入可以用來評估是否值得繼續投資該企業的認定方式，進而影響到企業的股價及籌資的難易度。因此對企業管理階層而言，收入的會計處理方式是其最關注的重要議題，其中又以收入應該何時認列最為關鍵。

收入的認列時點，原則上是當未來的經濟利益很有可能流入企業，並且流入的金額可以可靠衡量時，企業才得以認列收入。也就是說，企業認列收入的時點並非以收取現金為要件，而是在經濟事項發生時，企業是否會產生未來經濟效益的流入才是關鍵，且該經濟效益的流入是很有可能發生（more likely than not）的情況下，也就是已收取（received）或可收取（receivable）的概念。在決定收入認列的時點後，接下來的問題便是收入金額的衡量，依照公報規定，收入金額衡量的方式是以交易對價的公允價值作為企業入帳的基礎。

以上是公報對於企業收入認列原則的描述，企業當以此原則對該產業的營運活動認列收入，但其實各行各業在收入的認列上由於產業性質的不同，而使交易的方式上會有差異，為什麼認列收入還要考慮交易的方式呢？別忘了收入雖然是用來衡量企業經營績效的指標，但只單看收入根本無法評估企業經營狀況的好壞，還必須同時考慮付出的成本才有意義。在美國一般公認會計準則

下，收入認列的條件必須符合，已實現（realized）或可實現（realizable）及已賺得（earned），其中的已賺得，就是指企業在認列收入時，已爲賺取收入所需支付的成本投入全部或大部分，而使當期經營的績效可合理呈現予財務報表使用者。基於這項觀念，IAS 18規範了三種收入認列的型態，分別是：

1. 銷售商品
2. 提供勞務
3. 讓渡資產的使用權利

　　IAS 18將交易區分爲這三種型態，主要就是因爲這三種型態的交易方式不同，而會使收入認列的時間點也不同，因此我們接下來將會爲各位讀者介紹這三種收入認列型態的特性與詳細規定。

(一) 會計問題與制度沿革

　　目前大多數的交易在認列收入的時點上都沒碰到太大的問題，因爲交易的開始與結束都在同一個時間點。但其實有些交易並非如此簡單，例如手機業者爲了促銷新機種，便提供買新機送幾分鐘通話費、簡訊免費等優惠，另外再提供其他售後服務，將銷售手機這項交易與其他附帶的優惠服務包裝起來，提供給消費者。此時消費者付錢購買了手機，業者也將手機給消費者，但是與這項交易有關的優惠和服務此時尚未提供，提供的時點是在未來消費者使用時才提供服務，那麼回過頭來看，業者賣出手機當下這項交易結束了嗎？業者已經可以認列這筆交易的銷貨收入了嗎？答案可能需要討論。

　　在競爭激烈的商場上，業者爲了增加銷貨利潤，不斷在交易內容的包裝上推陳出新，但也因此增加了業者在認列銷貨收入時的難度，應該在交易的哪一階段認列？認列多少金額？這些問題都一直困擾著企業也困擾著會計師，使得編製財務報表時，這部分的精準度最難拿捏，也產生很大的影響。收入認列的方法如果沒有加以嚴格規範的話，除了讓報表使用者無法比較企業間的獲利能力外，也會增加管理階層舞弊的動機。

　　企業在經營上有時爲了分散風險或增加經營的效率，會將資源分散到各種不同的產業，而產生多角化的經營方式。但這種商業模式所產生的各項經濟利

益流入，究竟哪些才是屬於企業一般正常營運活動而產生的呢？依照收入的定義，非一般正常營運活動的經濟利益流入不得納入收入的計算，否則會使收入的認列失真。但若非原始本業產生的經濟利益一律排除於收入之外時，又可能會使企業的獲利能力被低估，因此該如何判斷成為企業管理階層與會計師的一大難題。

目前兩大會計委員會IASB及FASB正朝向將雙方收入認列準則整合的方向邁進，在這之前，IASB的收入認列主要是規範在IAS18及相關散落在其他章節的規定中；與IASB相反的是，FASB有超過100篇以上的公報解釋到相關收入認列的方式，但每篇在解釋上又與其他篇的內容不盡一致，因此對企業是一種困擾外，對報表使用者更是摸不著頭緒。造成雙方會有如此差異，源自於雙方對制定會計準則的基礎不同。IASB主張各行各業抓住原則認列收入最重要，若以規定的方式，將有可能造成認列時偏離經濟實質；FASB認為各行業有其特殊性存在，若採用原則方式認列，勢必使管理階層有操作的空間，因此需以規則為基礎的方式來規範企業認列收入。

不論IASB與FASB對收入認列的處理上有何不同，其實都抓著一項宗旨在解釋，那就是經濟實質重於法律形式，也就是著重交易合約的條文內容來做實質認列。舉例來說，企業出售商品給經銷商，經銷商付錢給企業後這筆銷貨交易就完成了。但是，若交易內容中又規定企業於一段時間後，須以特定價格向經銷商買回當初出售的商品時，則此項交易的本質就不是銷貨，而是借貸，企業在交易當時便不能認列收入，而是負債，否則會誤導報表使用人。

本章將以IASB的觀點介紹收入認列，在原則的基礎上，考慮對交易的經濟實質會造成影響的因素有哪些？哪些是影響收入認列的時點與金額的因素？如何才能做到將交易做出最貼近事實的報導？這些都是在學習本章節時讀者需時時提醒自己的地方。

至於有關長期工程的收入認列，則單獨規範在IFRS11。

(二) 收入的基本定義

收入是指企業在一定會計期間內，由企業正常的營業活動產生的經濟利益流入總額。形式上除了業主投資外，可透過資產之增加或負債之減少，而使業

主權益增加的方式。舉例來說，假設企業是專門在賣手機的，則出售手機或手機相關產品的所得才是該企業的收入，如果是變賣企業的資產、轉投資或是老闆自己挹注資金到企業，而使股東權益增加的話，這部分就不屬於收入定義的範圍內。

二、銷售商品

(一) 銷售商品的收入認列

銷售商品的收入須符合下列所有條件時才得以認列

1. 收入金額得以可靠衡量

收入若因某項不確定因素而無法可靠衡量時，應俟不確定因素消除後才得以認列收入。而依據IAS 18規定，收入金額的衡量應按企業與買方或使用者所協議出來的交易對價（Consideration）的公允價值為入帳基礎，且該對價應同時考慮企業給予的商業折扣或數量折扣等因素。

2. 商品之顯著風險及報酬已移轉於買方

通常在商品的所有權移轉後，與商品有關的風險及報酬也會同時移轉給買方，這就像大部分零售業的銷售模式。但有時商品的所有權與其風險、報酬移轉的時點並不一致，例如買方未來可以依據契約內容無條件將商品退還給企業，且企業也無足夠的經驗評估退貨的可能性時，此時企業未來經濟利益的流入就會受到影響，而不符合認列收入的條件。因此企業必須等到影響經濟利益流入的因素消除後，才得以認列收入，也就是在這個時候商品主要的風險、報酬才算移轉於買方。

3. 對已出售商品不再參與管理，也不會繼續介入其控制。

企業將商品移轉於買方後，若仍繼續保有該商品的控制權時，縱使法律形式上商品的所有權已屬於買方了，但從會計的觀點下，商品仍然像是保留在

原有企業裡，因此在企業尚未失去該商品的控制權前，企業不應認列銷貨收入。

4. 與交易有關之經濟利益很有可能流入企業

企業交易之對價以公允價值衡量，且該對價必須符合已收取（received）或可收取（receivable）時，才得以認列。

5. 能合理衡量與交易有關之已發生或將發生的成本。

認列收入時，與該收入發生之有關成本應於同一期間認列，以符合會計上的配合原則。費用如各種提供商品或服務的交易成本、保固費用及其他費用等。若成本無法合理估計時，則相關收入就不得認列，應將收取之價款列為負債，俟可合理估計時再轉為收入。

以上為IFRS 18對銷售商品時認列收入的基本原則，接下來介紹三項值得討論的銷售型態以幫助讀者更能瞭解其意義。

1. 附買回協議銷貨（Sales with Buyback Agreement）

受景氣循環或產業趨勢影響，企業有時帳上會累積大量的存貨，而造成資金暫時積壓在存貨上而缺乏現金周轉的窘境，此時企業會先將存貨出售於買方，並約定一段期間後再按約定價格買回。此種銷售方式是否可以視為銷貨呢？

此種附買回協議銷貨，由於企業仍有買回存貨的權利或義務，亦即對買方而言並未取得對該商品的控制力，因此不符合認列為收入的條件，也就是說銷貨並未發生。此時重點應放在契約內容裡的買回價格，若買回價格等於或大於原始銷售價格（包括時間價值）時，應按照融資協議的方式處理；反之，低於原始銷貨價格時，應視為租賃，按照IAS 17「租賃」內容來處理。

2. 附退貨權銷貨（Sales When Right of Return Exists）

受行業特性的影響，企業有時會允許買方在一段期間內，依據契約協議將

商品退還回來並全額退貨。此時在該銷貨點時是否應認列銷貨收入成為一爭議問題，因為有時退貨率充滿不確定性，且退貨期間也相當長的情況下，會使企業的銷貨收入有高估的疑慮。

有鑑於此，IFRS規定在退貨期間內，若銷售的協議內容已符合收入認列的五項條件時，企業才可以認列銷貨收入。若否，則不得當銷貨交易處理，而應視為寄銷，將毛利遞延，直到退貨期間屆滿為止。

3. 強迫提貨或誘導進貨（Trade Loading and Channel Stuffing）

某些居心不良的企業管理階層在短期績效的壓力下，會設法提高企業當年的銷貨，而所採用的手法是在當期提供產品相當程度的優惠折扣，或預告未來產品價格可能漲價等方式，誘使批發商或經銷商購買超過其當期需求量的商品，藉以裝飾企業當年度的經營績效、利潤或市占率。

這種做法雖然並沒有違反會計原則，但充其量只是將未來的收入提早認列而已，而與企業經營能力的好壞無關，此舉將導致企業未來的銷售下降，並且嚴重誤導財務報表使用人。

(二) 銷貨商品下收入的衡量

銷貨商品的收入應按企業與買方協議的交易對價之公允價值為入帳基礎，當企業收到的是現金或約當現金時便可立即入帳。當以賒帳方式交易時，則應以未來收取現金依設算利率計算得到的現值為公允價值的對價，作為入帳基礎。但若收現期間在一年以內，因為公允價值與到期值的差異不大，基於成本效益的考量，可直接以到期值做為公允價值入帳。

若今天買方並非以現金或票據付款，而是以其他商品交換的方式交易時，則應判斷其交換是否具商業實質。若不具備商業實質，則不視為銷貨交易；若為商業實質，則銷貨收入的認列金額，應以換入商品的公允價值，加（減）收到（支出）的現金或約當現金的金額來衡量。若換入商品的公允價值無法可靠衡量，則應以換出商品的公允價值為衡量入帳的基礎。

三、提供勞務收入

提供勞務賺取收入的概念與銷售商品的概念大致相同，只不過在認列的過程上有些許差異。提供勞務並不像銷售商品是可以馬上一手交錢一手交貨，而是一個過程，過程經過的時間少則幾個小時，長則至以年為單位，因此在收入的認列方式上，就需要有特殊的計算方式，以合理地使付出的努力與獲得的報酬相配合。

(一) 提供勞務收入的認列

1. 交易的結果得可靠估計

依照IFRS規定，若提供勞務的交易結果能可靠估計時，收入認列的金額應按照報導結束日時的完工進度依比例認列，此種認列方式稱之為完工百分比法。

交易結果能可靠估計的情況需符合以下所有條件：

(1) 收入金額能可靠衡量。

(2) 與交易有關的經濟利益很有可能流入企業。

(3) 於報導結束日時，交易的完工進度能可靠衡量。

(4) 交易已發生的成本及未來可能發生的成本能可靠衡量。

也就是說，只要提供勞務的結果得以可靠估計時，收入就必須依照完工比例來認列，這是收入與費用配合原則的應用，使財務報表使用人得以即時瞭解企業營運的績效。

當企業與協議的另一方達成以下協議時，通常就可以掌握勞務活動的結果：

(1) 雙方於提供勞務交易上彼此應盡的權利與義務

(2) 雙方將交易的對價

(3) 清償的方法與條件

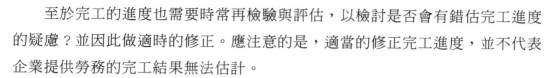

　　至於完工的進度也需要時常再檢驗與評估，以檢討是否會有錯估完工進度的疑慮？並因此做適時的修正。應注意的是，適當的修正完工進度，並不代表企業提供勞務的完工結果無法估計。

　　當結果能可靠估計時，重點就剩下每一期的完工進度的衡量。通常各行各業都有自己的方法以衡量完工進度，但企業必須要依照提供勞務的性質與交易的特性，來採用適當的衡量方法。通常可採用的方法有：

(1) 評估已完成的工作量。（產出衡量）

(2) 已提供之工作量占總共應提供的勞務量的比例。（投入衡量）

(3) 已發生成本占完工時應發生的總成本的比例。應發生的總成本，包括已發生與未來至完工尚應投入的成本。（成本比例法）

　　但當提供的勞務無法可靠衡量時，企業宜按時間經過依直線法來衡量完工進度。除非有證據顯示，其他的衡量方法較直線法更能呈現企業完工的進度。

　　在完工百分比下，本期需認列收入數的計算方式，為企業在報導結束日時之完工進度乘以勞務活動的收入總額，此數字即為活動至今可認列的收入數，但這還包括了以前會計年度已經認列的收入，因此認列至今的收入數扣除以前年度已認列的收入數，便是本期應認列的收入數；至於成本的認列因為配合原則的關係，與收入的認列方式相同。

　　以上討論的都是在提供勞務整體有獲利的情況下。但是當提供勞務的期間，估計出整體將發生損失時，應立即認列全部損失，不得依比例認列。因此可以發現，前期之勞務收入認列得愈多，若之後發現有損失時，當期需認列的損失數將越多。至於認列損失後以後年度發現估計的虧損減少時，則可將當年度減少的損失數沖回，做為該年度的利益。

2. 交易結果無法可靠估計

　　當企業提供勞務的結果無法考靠衡量時，收入之認列應考慮已發生成本回收的可能性為依據來認列。換句話說，在無法可靠衡量結果的情況下，收入無法認列超過已發生成本的部分，即沒有利潤。若已發生成本的回收可能性：

(1) 很有可能收回時，收入應按照已發生成本數可回收範圍內認列。

(2) 非屬很有可能回收時，則不應認列收入，且已發生成本應在當期認列為費用。

當影響結果無法可靠衡量的情況消失時，則必須按照交易結果能可靠衡量的方式開始認列收入。

另外值得一提的是，企業與協議另一方簽訂的合約內容如果同時包括銷售商品與提供勞務時，則銷售商品與提供勞務的部分應分別單獨衡量，分別認列銷貨收入與提供勞務收入；倘若兩者無法區分開來衡量時，則全部以銷售商品收入處理。

3. 交易的結果得可靠估計——完工百分比法

在提供勞務的收入認列情況下，若完工結果能可靠估計，就僅能使用完工百分比法，不能再選擇成本回收法。

四、讓渡資產使用權之利息、股利及權利金

企業除了將資產投入於本業的發展外，有時為了經營策略或分散風險的需要，會將閒置資產讓渡他人使用，以賺取更高的報酬或降低投資上的風險。而一般企業將資產讓渡他人使用時會產生的收入可分為三大類：

(1) 貸予他人資金而產生的利息收入。

(2) 投資他公司股權而產生的股利收入。

(3) 將專利權、著作權、版權或其他無形資產等提供他人使用，而產生的權利金、版稅等收入。

(一) 讓渡資產使用權之收入認列

企業在認列讓渡資產使用權的收入前，須符合以下兩大原則：

(1) 未來的經濟利益很有可能流入企業

(2) 該經濟利益的金額能可靠衡量

(二) 利息收入

　　資金貸予他人使用時由於本身喪失使用該資金的權利，因此相對的必須向債務人收取相對應的報酬以做為補償，也就是收取利息。利息收入的計算是隨時間經過按有效利率法認列。至於有效利率，是指當使用該筆資金或資產時，會產生的未來現金流量折現至原始帳面金額的利率。另外若在投資具附息的投資前已發生利息，則在投資開始時的第一次付息日時，應區分為投資前與投資後的利息，而僅投資後的利息部分才可以認列為利息收入。

(三) 股利收入

　　一般原則上為股東有權領取股利之日，例如以下之日期，唯一但決定後就應一貫採用：

(1) 除息日

(2) 股東會決議日

(3) 若被投資公司之章程有股利發放最低標準，則於被投資公司的年度結束日。

(四) 權利金收入

　　權利金須在應計基礎下按照買賣雙方契約規定的實質內容認列收入。

附錄：特殊銷貨交易之收入認列

一、特許權銷貨（Franchises）

　　一般而言，企業為了廣布銷路、擴大銷售網路的規模，通常傾向採用加盟的方式，擴大企業的影響力、知名度，而特許加盟的同時，藉由提供勞務及讓渡資產的使用權力，而產生了特許權收入。例如統一集團旗下的7-ELEVEn，將其7-11的招牌讓渡予加盟主開店經營，並在加盟條件中註明，於加盟主開業時，將提供的經營技術指導、生財設備、系統軟體、廣告促銷等，這些都屬於提供勞務的性質。

　　特許權收入來源，一般分成原始特許權收入與常年特許權收入，茲分述如下：

(一) 原始特許權收入（Initial Franchise Fees）

　　通常就是來自加盟主的加盟金，是協助加盟開業及授權其使用品牌的權利金。須於連鎖公司已履行大部分義務，且該收入可合理確定是才能認列。

1. 原始權利金釋例

　　握馬公司為大型連鎖零售商，其收取某加盟主$50,000的加盟金，支付方式為$10,000付現，其餘部分分五年分期付款，每年$8,000。握馬公司另外將提供加盟店地點、生財設備及經營技術等服務。有效利率為8%，試依據以下情況紀錄握馬公司認列收入的分錄：

(1) 握馬公司很有可能會退還原始權利金，且沃瑪公司尚須提供約定之服務

現金	10,000	
應收票據	40,000	
應收票據折現		8,058.32
預收權利金		41,941.68

(2) 握馬公司退還原始權利金的可能性很小，且未來仍須提供的服務已大
部分完成

現金	10,000	
應收票據	40,000	
應收票據折現		8,058.32
權利金收入		41,941.68

(3) 握馬公司退還原始權利金的可能性很小，但未來仍須提供的服務仍大
部分未完成。

現金	10,000	
應收票據	40,000	
應收票據折現		8,058.32
權利金收入		10,000
預收權利金		31,941.68

(4) 握馬公司退還原始權利金的可能性很小，且未來仍須提供的服務已大
部分完成，但是應收票據收現的可能性相當不確定。

現金	10,000	
權利金收入		10,000

(5) 與條件4相同，除了握馬公司未來仍需提供的服務大部分未完成。

現金	10,000	
預收權利金		10,000

(二) 常年特許權收入（Continuing Franchise Fees）

則是來自於連鎖公司於加盟店開業後持續提供勞務所賺取的收入，例如廣
告促銷、管理諮詢服務、法律協助等報酬。該收入須於已賺得且可收取時認
列。

1. **優惠承購權**（Bargain Purchase）：若優惠承購權低於相同產品之正常
售價，或賣方毫無利潤可言，則應將部分原始權利金遞延。

2. 承讓選擇權（Option to Purchase）：若於選擇權給予日判定未來很可能買下該授權地點，則原始權利金不得認列爲收入。

二、寄銷（Consignment）

寄銷之性質是指一方將其商品委託他方代售，而委託商品的一方爲「寄銷人」（Consignor），代售商品者稱爲「承銷人」（Consignee）。

寄銷人將商品運交予承銷人時對其帳上存貨數並沒有影響，因爲商品的所有權仍然屬於寄銷人，因此寄銷品並不算出售存貨，不能列銷貨收入。相對的承銷人帳上也不得認列存貨，而僅能在收到寄銷品時備忘記錄商品之承銷狀況。

既然承銷人並沒有商品的所有權，則承銷人銷售商品的相關費用便不能算是承銷商的費用項目，而是先幫寄銷人代墊的款項，因此帳上出現的對寄銷人的現金請求權。

最後是商品出售，承銷人此時會通知寄銷人銷售金額、代墊的款項及傭金，對承銷人而言，所能認列的部分爲傭金收入，其餘收取款項須匯還給寄銷人。對寄銷人而言，商品的所有權此時移轉給第三人，因此商品售出，此時得以認列銷貨收入及銷貨成本、銷售費用。

三、建造工程合約收入（Construction Contract）

建造工程有別於一般勞務服務，主要在於建造工程的特性通常是大型的工程建設，例如大樓、發電廠、水壩或航運設施等。因此與一般勞務提供不同的地方是，工程從簽訂合約到完工，通常會超過一個以上的會計期間且合約內容也較爲複雜，因此國際會計準則將其單章提出來討論，但其實在會計處理的方法與概念上，長期工程與提供勞務收入兩者是大同小異，以下就IAS11對長期工程的會計處理加以說明。

(一) 建造合約的種類

建造合約工程是指一項或著數項資產，而這些資產無論是在建造時所採用的設計、技術、及功能或著最終目的或用途上，都是密切相關或相互依存。由此敘述可以再次瞭解長期工程合約之內容之複雜。

長期工程合約價格依決定的方式可分為：

1. **固定造價合約**：合約總價已固定的建造合約。
2. **成本加價合約**：合約總價依照與工程有關之總成本加乘一固定比例計算得出。

而工程損益的計算應依照個別合約的實質內容認列。有時候一項合約內容包含多項性質不相近的資產時，應認定為多項合約而分別計算損益；或多項合約，但其實內容上為一組相互關聯的資產時，應合併計算損益。

(二) 長期工程收入認列方法

1. 完工百分比法

當工程合約的結果能可靠估計時，與工程有關之收入與成本應於報導期間結束日時，依照工程的完工進度認列為收入與費用。與工程有關的建造成本與利潤應借記或貸記於存貨中的「在建工程」項目，並與備抵科目「預收工程款」對沖。

所謂合約結果能可靠估計的條件為以下各項：

(1) 合約收入總額能可靠估計（固定造價）。
(2) 與合約有關之經濟效益很有可能流入企業。
(3) 於報導期間結束日時，合約完工進度能可靠估計。
(4) 實際發生之成本能夠區分及可靠衡量。

2. 成本回收法

當工程合約的結果不能可靠估計時，僅能就當期發生的成本認列當期費用，並就發生成本中可收回的部分認列收入，不得認列超過實際發生成本的

收入（不能有利益），無法收回的部分，直到可確認收回前，都不得認列收入。

發生以下例子時，合約成本應視為可能無法收回：

(1) 合約無法完全強制執行

(2) 有未決訴訟或法案立法導致合約無法完成

(3) 有徵收或沒收等情事影響合約之完成

(4) 客戶無法履行其義務

(5) 承包商無法完成或履行義務

然而二法比較之下，仍是以完工百分比法優先使用，因此企業使用成本回收法的前提必須是完工百分比法不適用的情況下。

(三) 完工進度衡量方法

(1) 已完成的合約工作量占預計總工作量的比例。（投入衡量）

(2) 已完成的產出量占全體總量的比例。（產出衡量）

(3) 已發生成本占完工時應發生的總成本的比例。應發生的總成本包括已發生與未來至完工尚應投入的成本。（成本比例法）

(四) 收入、費用的衡量計算方式

(1) 計算出完工比例已完成「進度量／總完成量＝完工比例」。

(2) 當企業知道完工比例時，便以該比例乘以總收入或預計總毛利，而得出完工至今可以認列的收入與毛利數。

(3) 再將至今可認列的收入與毛利數減掉前期已認列之收入與毛利數，便得出當期可認列的收入與毛利數。

至於當工程發生損時有兩種情況：(1)前期估列收入認列太多，此時應按估計變動處理，須將前期多認列的部分於本期沖回，作為本年度的損失。(2)工程整體估計發生損失，及工程總成本大於工程總收入，此時應將工程損失全數認列，不得按比例認列。

習 題

一、選擇題

( ) 1. 收入認列原則指出收入應認列在很有可能發生何種情形下認列？ (A)公司獲得經濟利益 (B)利益可以可靠衡量 (C)公司獲得該經濟利益且該經濟利益得可靠衡量 (D)以上皆非。

( ) 2. 下列何者為正確闡述收入金額的衡量方式？ (A)收到對價的公允價值減現金折扣加上利息 (B)收到對價的公允價值加上現金折扣與數量折扣 (C)放棄或交出的對價的公允價值減掉利息、現金與數量折扣 (D) 放棄或交出的對價的公允價值加上利息，減掉現金與數量折扣。

( ) 3. 當賣方所賣出的商品尚有未來被退回的可能性時，其會計記錄何者較不適當？ (A)不記錄銷貨，直到商品退還的權利過期為止 (B)記錄銷貨，但估計未來可能退還的金額並做為銷貨的減項 (C)記錄銷貨，並直到商品退還時再記錄銷貨退回 (D)以上做法皆適當。
若屬於流動資產，則與一般應收款合併。

( ) 4. 銷貨發生時，若發生何種情況則不應入帳銷貨收入？ (A)賣方非以即期支票付款 (B)賣價低於一般正常售價時 (C)買方未來有權退回商品，且退還金額無法可靠估計 (D)以上情況皆可入帳。

( ) 5. 在寄銷交易中，承銷商應： (A)為承銷商品獨立記錄一份會計報告，內容包括承銷商品的收入、費用與收現狀況 (B)將承銷商品直接入帳為存貨科目 (C)將承銷商品記錄為負債 (D)將承銷商品運送於寄銷商時，記錄為銷貨收入。

( ) 6. 以下何者並非適用完工百分比法時，需要得以可靠估計的項目？ (A)成本 (B)收入 (C)現金流量 (D)完工進度。

( ) 7. 預收工程款與在建工程科目的餘額，在完工前應如何表達於報表上？
(A)預收工程款以收入入帳，在建工程則以存貨入帳 (B)預收工程款做為遞延收入，在建工程則為遞延費用 (C)兩科目合一，若為借方餘額，則做為流動資產，若為貸方餘額，則作為流動負債 (D)兩科目合一，若為貸方餘額，則做為工程收入，若為借方餘額則做為工程損失。

( ) 8. 若於工程建造期間，預期完工時會出現損失的情況時，則該完工損失應？

(A)在完工百分比法下於當期認列，但成本回收法時，則應遞延認列損失至完工時　(B)在成本回收法下當期認列，但完工百分比法下，則應遞延認列損失至完工時　(C)無論何種方法下皆應遞延認列　(D)無論何種方法下皆應遞延認列。

(　)9.如果無法可靠估計交易內容的結果時，則收入的認列方式為？　(A)以合約期間直線認列收入　(B)已發生的成本為基礎採用完工百分比法認列　(C)僅針對已回收成本的部分認列收入　(D)以上皆非。

(　)10.易貨交易下且為相似商品交易時，在國際會計準則的會計處理方式為？(A)認列收入　(B)不認列收入　(C)已是為將該交易將商品的重大利益與風險移轉於買方　(D)該交易考慮的關鍵因素應為商品交易的日期。

(　)11.瑪多公司為出版商，其與書店的付款方式為起運點交貨且六十天後付款，依照書店的經驗，其退還書本的機率為40%，瑪多公司的經驗是退還機率為20%，且平均收款天數為70天。99年8月瑪多公司賣出書本且開立發票$500,000，而該賣出書本在瑪多公司帳上為$150,000，試問在國際會計準則下，99年9月瑪多公司的收入金額為？　(A)$400,000　(B)$450,000　(C)$500,000　(D)$550,000。

試使用以下資訊回答12、13題：

康雄建造公司於99年3月份獲得一建造合約$8,000,000，工程預計於102年10月完工，且估計工程總成本為$7,250,000。99年年底時，工程已投入成本為$1,812,500，估計完工總成本仍相同。99年的請款數為$2,000,000，實際收到現金為$1,800,000。

(　)12.康雄公司99年12月31日可認列多少工程收益？　(A)$150,000　(B)$187,000　(C)$200,000　(D)$220,000。

(　)13.康雄公司99年12月31日的帳上在建工程餘額為？　(A)$187,000　(B)$450,000　(C)$530,000　(D)$1,999,500

(　)14.墨爾公司使用完工百分比法認列工程損益，101年開始一建造工程，其合約價款為$12,000,000，且101年時相關工程資訊如下：

	99年
本年度投入成本	$4,500,000
估計尚需投入成本	5,500,000
該年度請款金額	6,000,000
該年度收款金額	4,000,000

試問99年墨爾公司可認列多少工程收益？

(A)$900,000　(B)$600,000　(C)$0　(D)$2,000,000。

試使用以下資訊回答15、16題：

99年長興公司開始一項三年期合約的工程建造。該合約造價$3,600,000，長興公司採用完工百分比法，公司每年的收益係就每年投入的成本占估計總成本之比例認列。

99年12月31日相關財務報表數據如下：

財務狀況表

應收工程款		$150,000
在建工程	$400,000	
減：已請款數	350,000	
在建工程超過已請款數		50,000

損益表

99年認列工程收益（稅前）	$25,000

(　) 15.99年總共收到多少工程款？　(A)$100,000　(B)$200,000　(C)$300,000　(D)$350,000。

(　) 16.原始估計的工程總利潤金額為？　(A)$150,000　(B)$225,000　(C)$250,000　(D)$300,000。

試使用以下資訊回答17、18題：

哈林公司係採用完工百分比法，100年時以$4,500,000承包一項工程，並於101年完工，下列為工程之成本資訊：

	年底12月31日	
	100年	101年
該年度投入成本	$2,550,000	$1,650,000
估計尚需投入成本	1,700,000	-

( )17.101年12月31日認列的工程利潤金額為？　(A)$150,000　(B)$300,000　(C)$250,000　(D)350,000。

( )18.若哈林公司採用成本回收法，則100年及101年認列之工程利潤各為？

	100年	101年
(A)	$250,000	$0
(B)	$300,000	$0
(C)	$0	$300,000
(D)	$0	$250,000

( )19.102年長宏公司開始一項兩年期合約的工程建造。該合約價格為$2,500,000，長宏公司採用成本回收法，該年年底工程相關數據如下：

該年度投入成本	$1,680,000
估計完工尚需投入成本	1,120,000
已請款金額	2,000,000
已收款金額	1,400,000

102年知工程利潤或損失為：

(A)$0　(B)$300,000 loss　(C)$180,000 loss　(D)$250,000 loss。

( )20.發仔公司100年與一家公司達成特許權經營協議，發仔公司已經提供加盟店所有需要的服務，且加盟店已支付原始特許權費$560,000。特許加盟協議規定，加盟店必須每年支付$48,000的常年特許權費，且其中的20%需做為廣告支出之用。試問發仔公司在100年對於原始特許權費與長年特許權費需做何項分錄？

(A)現金　　　　　　　　　　　608,000
　　特許權費使用收入　　　　　　560,000
　　特許權經營費收入　　　　　　 48,000

(B)現金　　　　　　　　　　　608,000
　　預收特許權費　　　　　　　　608,000

(C)現金　　　　　　　　　　　608,000
　　特許權費使用收入　　　　　　560,000
　　特許權經營費收入　　　　　　 38,400
　　未賺取特許費收入　　　　　　　9,600

(D)預付廣告費   9,600

    現金   608,000

        特許權費使用收入   560,000

        特許權經營費收入   48,000

        未賺取特許費收入   9,600

二、計算題

1.大同建造公司承包一造橋合約，合約價款為\$1,500,000。工程於99年開始建造，並於100年完工，建造工程相關數據如下：

	99年	100年
當年投入成本	\$650,000	\$400,000
估計尚需投入成本	350,000	-

大同公司使用完工百分比法

試做：

(1)99年可認列多少建造收入金額？

(2)工程請款\$550,000之分錄。

(3)記錄工程收益與利潤之分錄。

(4)大同公司100年應認列多少工程利潤？

2.國農公司於100年1月1日開始一項建造合約，工程造價\$8,000,000，預計成本共\$6,000,000且於102年完工。相關工程資訊如下：

	100	101	102
年底累計已投入成本	\$1,380,000	\$4,032,000	\$6,500,000
估計尚需投入成本	4,620,000	2,368,000	-
累計請款金額	4,000,000	6,000,000	8,000,000
已收現數	3,800,000	5,500,000	8,000,000
完工比例	23%	63%	100%

試做：

在完工百分比法以及成本回收法之下，各年度應認列之工程利潤

完工百分比法		成本回收法	
	利潤		利潤
100	_____	100	_____
101	_____	101	_____
102	_____	102	_____

3.幸福導電公司研發出一項科技產品，有更強大的節能省電效果，惟由於該產品才新開發，為了刺激銷售，幸福導電公司提供客戶五個月的退還商品權利，目前有五個客戶向公司購買該產品。幸福導電公司於99年1月1日出售產品共$1,000,000，其客戶最慢需在3月31日前付款。

試做：

(1)幸福導電公司99年1月1日之分錄，假設依據經驗其退還率為25%。

(2)假設其中依為客戶於3月10日退還產品，試做該分錄。假設當初該客戶購買的價格為$200,000。

解答：

一、選擇題

1. C	2. B	3. C	4. C	5. A	6. C	7. C	8. D	9. C	10. B
11. A	12. B	13. D	14. A	15. B	16. B	17. A	18. C	19. C	20. C

二、計算題

1.

(1)

$650,000/$1,000,000 × $1,500,000 = $975,000

(2)

應收工程款	550,000	
預收工程款		550,000

(3)

在建工程	325,000	
工程費用	650,000	
工程收益		975,000

(4)

[$1,500,000−($650,000+$400,000)]−$325,000 = $125,000

2.

	完工百分比法 利潤		成本回收法 利潤
100	$460,000	100	$0
101	$548,000	101	$0
102	$492,000	102	$1,500,000

完工百分比利潤

100年：($8,000,000−$4,000,000)×23%=$460,000

101年：($8,000,000−$6,400,000)×63%−$460,000=$548,000

102年：($8,000,000−$6,500,000)×100%−$1,080,000=$492,000

成本回收法利潤

102年：$8,000,000−$6,500,000=$1,500,000

3.

(1)

應收帳款	1,000,000	
銷貨收入		1,000,000

銷貨退回與折讓	250,000	
備抵銷貨退回與折讓		250,000

(2)

備抵銷貨退回與折讓	200,000	
應收帳款		200,000

第十四章
現金流量表

我國的商業活動裡面，中小企業占了整體企業總數的97%以上，就業人口也高達77%以上，可謂是台灣的經濟發展的穩定力量與推動成長火車的引擎，進而撐起半邊天的景況。而中小企業主旺盛的企業家精神、機動性高的營運模式；員工的勞動力素質、對於工作的高度熱忱……等等，都是支撐中小企業每當面臨經濟環境的巨變時，不斷突破與成長的原因。中小企業主通常為熟悉本業技術的專門技術人員，並且幾乎各人各自擁有一套特殊的經營模式，使得中小企業的成長表現不俗。

　　然而即使擁有如此優異的經營成果，多數的中小企業主卻十分缺乏財務相關的知識與能力，且中小企業存在會計制度不健全透明的問題，以至於要擴大發展規模，或研發新產品、新技術時，無法取得足夠的資金，甚至有時因為財務調度的問題，導致破產或周轉不靈，迫使中小企業的經營承受很大的風險因素在裡面。

　　舉例來說，中小企業常常於進貨時付給供應商現金，卻沒有辦法於銷售的當時收取現金，往往收到的是商業支票。儘管售出貨品或服務時，公司計算收入增加，卻未收到現金，於是一來一往之間，公司手存的現金量可能不足，無法供應下一次的進貨成本。但若沒有進貨，則沒有商品供企業繼續營業；沒有辦法繼續營業，就更不可能支付其他一些必須的開銷，如廠房或店面的水電費、房租……等等，這樣循環幾次下來，企業的經營狀況出現資金調度危機，也出現了經營危機，這時候存續的問題可能就會跟著浮現了。

　　因此，對於企業來說，現金的調度非常重要，但要管理現金調度，要透過一個良好的管道，仔細觀察現金的去留，方能使現金達到最有效的利用，如此一來，不但能使中小企業永續經營的機會增加很多，於未來擴展的資金來源也可以有一個完善的規劃。

一、現金流量表的定義與概念介紹

(一) 現金流量表的定義與概念

　　經過前面所有的章節討論，我們已經知道會計上的入帳方式，是利用應計

基礎編製財務報表的內容。所謂應計基礎，就是用一個交易的實質完成或實現與否，去衡量是不是應該入帳，舉例來說：我們在前面章節提過的預收收入，雖然我們已經收到了錢，但是還沒提供客戶貨品或服務，所以我們不能一口氣認列所有收到的現金為收入，應該要先列為負債，再根據我們提供的貨品或服務，提供多少貨品服務，就分配多少收入到當期的財務報表裡面去認列；又例如我們買的一個資產，買的時候花了一大筆錢，可是我們不能一口氣把那些花出去的錢列為費用，而是要在這個資產未來使用的期間裡面，分期去慢慢的攤銷為折舊費用；還有分期付款銷貨收入、長期工程、保證費用……等等，諸如此類很多的情況下，我們都是用應計基礎去衡量很多的科目，不論收入、費用、利益、損失、資產、負債及相關的備抵項目……等等。

應計基礎是會計的一個基本假設，是為了財務報表的比較性、期間特性，是人為規定出來的一個規則，所以事實上應計基礎所衡量出來的報表，並不能真實地顯示公司的現金收付，然而一個公司的現金收付又非常重要，因為它最後都會跟每個科目有關連，會直接影響到公司的財務周轉能力、危機時候處理的彈性，所以我們需要特別為現金做一張報表，來告訴報表使用者，公司的現金使用狀況。

(二) 現金流量表的功能與使用

應計基礎與現金基礎各有優缺點，前者可以將公司每期的經營績效，放在一個合理分配的情況下去比較，看看本期跟上期比，有沒有比較好或比較壞？在衡量營運績效方面，提供管理當局跟公司外部這些報表使用者，一個決策的參考依據，但是卻無法顯示資金的運用是否恰當？有沒有充分發揮最大的效用？這時候就要用現金流量表來觀察，這個公司不只營運上的資金運用，還可以看到公司將資金投入或取得在投資跟融資的部分，可以去彌補綜合損益表、權益變動表跟財務狀況表此三者單單著重在應計基礎上的不足，使報表使用者可以利用不同的角度來衡量公司的績效表現，避免在決策時可能造成的缺失。因此我們將現金流量表的用處整理如下四點：

1. 公司在未來產生現金流量的能力：利用應計基礎與現金基礎之間的差異，使得現金流量表內的資訊可以提供我們一個主要的目的——觀察

未來現將流量的金額、時間及不確定性。例如我們利用銷貨收入與營業活動淨現金流入，來觀察有多少的銷貨收入尚未都到貨款，如果比例很高，就要去看是因為公司整體授信條件導致帳款收回較慢？或是因為個別客戶本身而常常拖欠貨款的問題？這時我們沒有辦法單獨利用應計基礎的報表來觀察，就要與現金流量表內的互補，才能達到比較好的預測內容。

2. 公司付出股利及履行義務的能力：簡單地說，公司就是要將現金妥善運用，不能讓公司陷於周轉的問題，如果公司不能付出員工薪水、債券利息、給付股利及購買設備，那公司也無法經營下去了。所以現金流量表就是讓員工、債務人、股東等報表使用者能夠瞭解，並預期公司的付出股利與履行義務的能力。

3. 在應計基礎下與現金基礎下的不同處：如前面的課文內容解釋，儘管應計基礎的淨利有其重要的地位不可取代，但同時也有其限制不可忽視，所以經由調整為現金基礎表達，希望能達到彌補應計基礎下財務報表不足的目的。

4. 在一期間內現金與非現金投資、融資活動的交易：除了營業活動、投資活動及融資活動（將在下文詳細介紹），公司有時候並非使用現金與他人交易，所以我們將會在現金流量表的最後將這類資訊補足，期望公開的資訊能夠更完整。

二、現金流量表內容的種類

現金流量表既然是統計所有的現金流入及流出，資訊那麼多，總是要有個方式去加以分類，這樣才能容易被報表使用者拿來利用，不然全部的交易全部雜亂地堆在一起，不但難以清楚地明白裡面所要表達的重點，也很難讓使用者經由這些資料，整理出一個決策的脈絡。

因為現金不論直接或間接，最後牽涉的交易太多，所以我們通常不會去關心每一筆有關現金的交易，而是以總額的變化量來做決策，因此現金的變化量是現金流量表很重要的一項指標。我們知道現金的流動就是許多的現金流

入、流出總合的結果，所以我們可以很直接地列出現金餘額的計算式如下：

$$
\begin{array}{l}
\text{期初現金餘額} \\
+\ \text{本期現金流入} \\
\underline{-\ \text{本期現金流出}} \\
=\ \text{期末現金餘額}
\end{array}
$$

我們將現金的流入及流出分類為三大類：營業活動、投資活動及融資活動。

1. 「**營業活動**」：所謂營業活動，指的就是與公司本身本業經營相關的交易，例如：進貨、銷貨、支付利息、提列折舊……等等，也就是第三章所介紹的綜合損益表內的項目，以及財務狀況表內的流動資產與流動負債的項目，這些項目影響到現金的部分，導致所產生的現金流動，就列入營業活動的範圍內。

2. 「**投資活動**」：就是當公司進行一個與長期資產投資相關的交易時，它所產生的現金流動，例如：購買設備、購買廠房、處分廠房、投資權益證券、投資債權證券……等等，通常資本化的非流動資產的相關變動，不論是購入、增添，只要是列入非流動資產的範圍內的，都會被分類到這一段來揭露。

3. 「**融資活動**」：意思就是與公司資金來源相關的活動，不論資金是負債來源或是股東權益來源，只要與債務相關或與股東之間的交易，都要將之列入本段來揭露，所以公司發行公司債、向銀行舉債、償還借款、發行股票、支付股利……等等，都要列入這一段來揭露。

三、現金流量表的名詞解釋

(一) 營業活動現金流量

來自營業活動的現金流量，是屬於公司在不借助外部資金來源的情形下，自己營運產生的自發性現金流量，這一個部分產生的現金流量，對公司來

說，就是靠自己的力量賺來穩定的資金來源，用來償還借款、維持企業的永續經營、支付股利、進行新的投資等等，對於公司的流動性、償債能力，以及未來投資的能力都有很大的影響。

　　一般來說，我們已經將公司的營運狀況和結果，利用綜合損益表來呈現。但綜合損益表顯示的是應計基礎的情況，跟實際現金流動的情況總會有出入，所以財務報表使用者必須透過現金流量表，來觀察公司在營運方面的現金流量，掌握公司的現金周轉能力。舉例來說：當銷貨的時候，我們認列了銷貨收入，但我們可能是賒銷給客戶，從客戶端收到的是應收帳款或應收票據，還沒有從客戶那端收到現金，那麼如果客戶一直拖欠帳款，我們就要再進行其他的營運活動，例如支付我們的進貨款或是支付利息費用，就可能會出問題；同樣的道理，如果我們購貨時也是給供應商應付帳款或應付票據，而不是給對方現金，這樣我們就有可利用的現金來拖延支付時間，或許還能利用這樣的空檔，做一個短期投資產生一些另外的收入。

　　由上兩例我們可以發現，我們不只要觀察綜合淨利表內的收入、費用科目，還要連帶看到財務狀況表的流動資產跟流動負債，因為這兩個部分裡的流動資產及流動負債項目，大都是為了公司正常營運而存在，所以我們在看營業活動的現金流量的時候，要把財務狀況表裡的流動資產及流動負債一併計算在內。

(二) 投資活動現金流量

　　這一部分的現金流動，不用調整，只要我們報導此期間內所發生的投資行為，以及它們所導致現金流出或流入的部分，在這一段投資活動現金流量裡面，揭露出來就可以了。這一段所代表的意義與觀察的重點，是公司將現金利用在這一部分，它所能產生未來收益及現金流量的效益，所以我們要報導的對象，主角就是在財務狀況表內，認列為非流動資產的支出。

(三) 融資活動現金流量

　　營業活動對資金的來源雖然重要，但是一個公司不可能完全靠營業活動產生的現金流量，支撐所有的投資、營運活動，仍然需要一個資金挹注的來

源，融資就是這樣的一個資金來源，跟投資活動一樣，不需要經過調整，只要將期間內所發生融資相關的交易行為，直接用來計算就可以了。基本上融資活動所牽涉到的就是財務狀況表內的負債與股東權益，指的就是公司向外部或內部取得資金，並支付代價，所謂向外部取得資金，指的就是向金融機構，如銀行，借款取得資金並定期支付利息，作為借款代價；內部就是指向股東借款，這就叫做股東權益，一樣要支付股利作為代價，只是這個代價可以由董事會決定要不要給。

四、現金流量表的會計處理與範例

(一) 現金流量表的內容及其應揭露項目處理

1. 營業活動現金流量

(1) 營業活動現金流量的常見揭露項目：

根據國際會計準則第7號公報——現金流量表所規範，下列為應列入營業活動現金流量的項目：

A. 以銷售商品、勞務或服務所取得的現金；

B. 經由權利金、各項收費、佣金及其他收入所產生的現金收付；

C. 對商品、勞務或服務的提供者所支付的現金；

D. 對員工與派遣人員相關的薪資或獎勵支付；

E. 保險業因為保費、理賠、年金及其他保單相關的現金收取及現金支付項目；

F. 與所得稅入帳處理而產生相關的遞延所得稅資產或遞延所得稅負債，除非可明確辨認屬於投資及籌資活動者，相關的現金收付；

G. 綜合損益表中並未牽涉到實際現金付出的費用及損失，如折舊費用、壞帳費用、攤銷費用、公司債折溢價攤銷……等等都是。

但是要特別注意，有些交易，例如出售廠房時，我們可能產生了處分時認列的利益或損失，但是由於這些利益或損失的科目，出現在綜合損益表裡

面，所以仍然要分屬於營業活動的現金流量。另外如果這個資產，企業製造或取得它，是爲了提供出租他人或爲了出售而支付的現金，這樣屬於這個非流動資產的現金流量項目，因爲公司的目的與意圖，必須要分配到營業活動的現金流量裡來。

　　這樣的例子不只固定資產，像是我們取得的證券投資或放款，目的是爲了未來交易或未來出售，這樣的性質所產生的現金流量，就不能分類爲投資活動，而要分類到營業活動內來；同樣的，如果我們公司本身就是一個金融機構，這些證券投資跟處分，其實就是我們主要的營業活動，就算它在一般的公司列爲投資活動，我們仍然要視行業及經營的特性，將這些活動所產生的現金流量分類爲營業活動現金流量。

(2) 營業活動現金流量的調整處理

　　根據國際會計準則第7號中規定，企業報導來自營業活動的現金流量時，應選擇以下兩種方式之一：

A. 直接法：利用現金收取總額之主要類別及現金支付總額之主要類別之資訊，如銷貨實際收現、進貨實際付現、費用實際付現，然後再將總收現減總付現，得到營業活動的現金收付淨額。有關現金收取總額之主要類別及現金支付總額之主要類別之資訊，可由下列兩種途徑取得：

i　從企業本身的會計記錄；或

ii.　從下列項目調整綜合損益表之銷貨收入、銷貨成本及其他項目：

　　a 當期存貨及營業相關應收、應付款的變動；

　　b 不影響現金變動的項目，如折舊費用、遞延所得稅費用、壞帳費用、公司債折溢價攤銷……等等；及

　　c 其他項目，其現金影響數屬投資或籌資之現金流量者。

在直接法下常見項目的調整通則：

應計基礎	調整相關的項目	現金基礎
營業收入	+（-）應收款項—含應收帳款、應收票據及應收關係人款項—減少（增加）的金額	銷貨收現金額
利息收入	+（-）應收利息減少（增加）的金額	利息收現金額
	+（-）非流動資產—長期投資公司債溢價（折價）攤銷數	
股利收入	+（-）應收股利減少（增加）的金額	股利收現金額
營業成本	（-）應付款項—含應付帳款、應付票據及應付關係人款項—減少（增加）的金額	進貨付現金額
	+（-）存貨增加（減少）的金額	
薪資費用	+（-）應付薪資減少（增加）的金額	薪資費用付現金額
利息費用	+（-）應付公司債溢價（折價）攤銷數	利息費用付現金額
	+（-）應付利息減少（增加）的金額	
所得稅費用	+（-）應付所得稅負債減少（增加）的金額	所得稅費用付現金額
	+（-）遞延所得稅資產增加（減少）的金額	
	+（-）遞延所得稅負債減少（增加）的金額	
其他營業收益	+（-）其他應收項目減少（增加）數	其他營業收益收現數
	+（-）預收收入項目增加（減少）數	
其他營業費用	+（-）其他應付項目減少（增加）數	其他營業費用付現數
	+（-）預付費用項目增加（減少）數	

B. **間接法**：利用綜合損益表裡面已經有的資訊：淨利，再去加回那些沒有實際支付現金的費用、因為負債增加而沒有實際付出的現金，或是減去讓資產增加而付出的現金，讓負債減少而付出的現金，這樣的做法就是利用應計基礎的資料，去調整回現金基礎下的流入、流出。影響現金流動的項目有以下：

i. 當期存貨及營業相關應收、應付款的變動；

ii 不影響現金變動的項目，如折舊費用、遞延所得稅費用、壞帳費用、公司債折溢價攤銷……等等；及

iii 所有其他項目，其現金影響數屬投資或籌資之現金流量者。

在間接法下常見項目的調整通則：

應計基礎	調整相關的項目	現金基礎
本期淨利	＋（－）應收款項—含應收帳款、應收票據及應收關係人款項—減少（增加）的金額 ＋（－）應收利息減少（增加）的金額 ＋（－）應收股利減少（增加）的金額 ＋（－）應付款項—含應付帳款、應付票據及應付關係人款項—減少（增加）的金額 ＋（－）存貨增加（減少）的金額 ＋（－）應付薪資減少（增加）的金額 ＋（－）應付利息減少（增加）的金額 ＋（－）應付所得稅負債減少（增加）的金額 ＋（－）遞延所得稅資產增加（減少）的金額 ＋（－）遞延所得稅負債減少（增加）的金額 ＋（－）其它應收項目減少（增加）數 ＋（－）預收收入項目增加（減少）數 ＋（－）其他應付項目減少（增加）數 ＋（－）預付費用項目增加（減少）數	本期來自營業活動的現金流量
	＋（－）不影響現金變動的費用，如折舊費用、折耗攤提、無形資產攤銷、非流動資產—長期投資公司債溢價（折價）攤銷數、應付公司債溢價（折價）攤銷數、流動資產—短期投資處分損（益）。	
	＋（－）非流動資產—固定資產處分損（益）、非流動資產—長期投資處分損（益）等，屬於投資活動或融資活動相關的項目，卻分類為營業活動的現金流量。	

　　此外，來自營業活動的淨現金流量，可以透過放在綜合損益表裡面揭露的收入、費用、當期存貨及營業相關應收款、應付款的變動，在間接法下面表達出來。

　　直接法跟間接法，在國際會計準則的規定裡都是可以採用的，但是準則內鼓勵企業採用直接報導營業活動的現金流量，因為直接法對於營業活動的實際現金收付，有較完整的揭露。而間接法只是就應計基礎的狀況，去調整成現金基礎，不若直接法可以直接分類成有用的資訊，直接法比間接法來得容易，讓報表使用者清楚明瞭有關於公司本期經由銷貨、進貨或花用費用等資金用

途，所以國際會計準則鼓勵企業使用直接法報導營業活動的現金流量。

2. 投資活動現金流量

(1) 投資活動現金流量的常見揭露項目：

以下是根據國際會計準則的7號公報—現金流量表之規定，分類為投資活動現金流量的例子：

A. 我們取得不動產、廠房、設備、無形資產或其他非流動資產時，支付的現金，其中包括了已經資本化的利息、發展成本……等等的支出；

B. 上述的不動產、廠房設備、無形資產、其他非流動資產及相關資本化的部分，經過出售而收取的現金；

C. 因為投資其他企業的權益證券或債權證券，取得時的現金支付，但不包含視為約當現金或以經紀、交易為目的的證券；

D. 出售上述以投資為目的的權益證券或債權證券時，取得的現金收入，一樣不包括視為約當現金或以經紀、交易為目的的投資證券；

E. 對他人的現金墊款及放款，但不包含對金融機構的墊款及放款；

F. 從上述對他人的現金墊款及放款，收到償還的款項，一樣不包含對象為金融機構的墊款及放款；

G. 因為期貨合約、遠期合約、選擇權合約及交換合約所產生的現金支付，除供經紀、交易為目的或該項合約指定被分類為融資活動者；及

H. 上述的衍生性金融商品所產生相關的現金收取，同樣除供經紀、交易為目的或該項合約指定分類為融資活動者外。

特別要注意的是，上面所提的第7項及第8項，當一個合約存在一個相對做為可辨認部位的避險交易時，該避險交易現金流量的分類方式，將與被避險的部位分類相同。

(2) 投資活動現金流量的調整處理

經調整過後來自營業活動的現金流量	調整項目	來自營業活動及投資活動的現金流量
調整後來自營業活動現金流量的變動金額	＋（－）投資權益證券或債權證券等金融資產出售（購入）的金額 ＋（－）非流動資產—固定資產出售（購入）的金額 － 購入非流動資產—無形資產的金額 ＋處分投資權益證券或債權證券等金融資產所得價款 ＋處分非流動資產—固定資產所得價款	調整後來自營業活動與投資活動的現金流量變動金額

3. 融資活動現金流量

(1) 融資活動現金流量的揭露項目

　　來自融資活動相關現金流量的例子，根據國際會計準則第7號公報—現金流量表的舉例如下：

A. 公司發行股票或其他權益證券，而取得的現金收入；

B. 因取得或贖回上述的股票或其他權益證券，而對股東或業主支付的現金；

C. 公司從發行債務證券、借款、簽發票據、抵押借款及其他短期或長期的借款，所收取的現金收入；

D. 償還上述項目借入的款項，所付出的現金；及

E. 實質視為融資行為的承租人，為減少融資租賃負債未結清的部分，所支付的現金支出。

(2) 融資活動現金流量的調整處理

經調整過後來自營業活動及投資活動的現金流量	調整項目	來自營業活動、投資活動及融資活動的現金流量
調整後來自營業活動及投資活動現金流量的變動金額	＋現金增資的金額 ＋非流動負債—對金融機構長期借款的金額 ＋（－）發行（償還）公司債 ＋（－）賣出（買回）庫藏股 －支付現金股利	調整後來自營業活動、投資活動及融資活動的現金流量變動金額

4. 非現金交易的重大項目

雖然我們在綜合損益表、權益變動表、財務狀況表，以及現金流量表裡面揭露了應計基礎及現金基礎的資訊，但是有些重大的資訊，仍然沒有辦法透過這四張報表表達出來，非現金之間的交換就是這樣的例子。例如：公司透過發行新股取得自用的非流動資產，發行的新股與取得的非流動資產，若是透過一般正常的交易，在活絡公開的市場上，價值可能很高，金額很重大。但是因為沒有動用現金交易，只會在財務狀況表上看到資產增加、權益增加，以至於沒有辦法把兩者之間做一個連結。這時候我們就必須要在現金流量表的最後，以附註的表格或分項說明的方式，揭露類似情況的重大非現金交易給財務報表使用者知道。

(二) 現金流量表的範例

在我們編製一張現金流量表之前，我們先要準備另外三張財務報表，因為現金流量表是要建立在前三張報表上，再去調整出來的產物，以下為另外三張報表的要求及作用：

1. **兩期比較的財務狀況表**：提供我們目標編製的期間，其頭尾兩個時間點之間資產、負債及權益的變動數額。
2. **當期綜合損益表**：因為綜合損益表的性質是一段期間，所以不用比照前項財務狀況表準備兩期比較的資料，只需要目標標誌現金流量表當期的綜合損益表即可，主要目的是為了提供現金運用在日常營運上的資料。
3. **其他附註補充交易事項**：從日記帳上的取得其他詳細資訊，提供其他運用現金的交易或是建，幫助現金流量表之編製。

但是要特別注意一件事情，我們必須使用的是未調整前的試算表數字才可以編製現金流量表，因為一旦經過調整結帳過後，便無法從中取得我們所需的數字，所以這一點要特別注意。

當資料都準備好了，接下來就要開始編製現金流量表，其主要步驟如下：

- 步驟1：決定每個帳戶的期間變化數，並計算其可能導致的現金變動額。
- 步驟2：將上述步驟決定之現金變動額歸類為經由營業活動產生，亦或經由投資、融資活動產生。

下面我們就以釋例來呈現如何編制現金流量表。

 釋例一

　　假設古田公司成立於民國100年1月1日，隨即發行了60,000股的普通股，每股面額$10，取得$600,000，購買了土地、辦公大樓及設備，並開始營業。今欲編製民國100年的現金流量表，資料如下：

古田公司 比較財務狀況表			
	100年12月31日	100年1月1日	增減數
資產			
應收帳款	$360,000	$-0-	增加360,000
現金	490,000	-0-	增加490,000
總資產	$850,000	$-0-	
權益及負債			
權益			
股本	$600,000	$-0-	增加600,000
保留盈餘	150,000	-0-	增加150,000
總權益	$750,000	$-0-	
負債			
應付帳款	$100,000	$-0-	增加100,000
總負債	$100,000	$-0-	
總權益及負債	$850,000	$-0-	

古田公司	
綜合損益表	
100年1月1日至100年12月31日	
營業收入	$1,250,000
營業成本	(850,000)
稅前淨利	400,000
所得稅費用	(60,000)
稅後淨利	$340,000

解：

・步驟1：

首先，要編製現金流量表必須先確定本期現金的變化金額，如上例，我們可知從100年1月1日到12月31日，現金增加了$490,000，所以我們所編製出來的現金流量表，現金的變化應等於$490,000。

・步驟2：

我們將現金變化區分為經由營業活動產生，有以下兩法：

直接法

由於直接法是以現金實際收取及付出計算出營業活動所產生的現金流量，所以我們可以從前面以應計基礎入帳的綜合淨利表得知，今年總共產生$1,250,000的營業收入，然而從財務狀況表我們可以知道，因賒銷而產生的應收帳款增加數為$360,000，所以我們可以經由計算得到今年因為銷貨而收到的現金是$890,000（＝$1,250,000－$360,000）。同理，我們也可以藉由本期產生之營業成本$850,000與應付帳款增加$100,000。計算出今年付給供應商的現金為$750,000（＝$850,000－$100,000）。而因為本期期末並未產生應付所得稅，所以代表本期所得稅全數以現金支付了，所以我們可以計算出所得稅費用支出現金為$60,000，所以將以上的計算列式如下：

現金流入		
從客戶收到現金		$890,000
現金流出		
支付現金給供應商	$750,000	
現金支付所得稅費用	60,000	810,000
營業活動產生淨現金流入		$ 80,000

間接法

　　不同於上述直接法，間接法是由綜合損益表的稅後淨利開始編製，利用影響稅後淨利但不影響現金的項目來做實際現金收付的調整。如下：

——應收帳款數增加$360,000，即代表現金收取的金額比營業收入少了$360,000。

——應付帳款的金額增加$100,000，代表現金付出的金額比營業成本少$100,000。所以由本期稅後淨利開始計算如下：

本期稅後淨利		$340,000
調整稅後淨利至營業活動產生之現金流量		
應收帳款增加	($360,000)	
應付帳款增加	100,000	(260,000)
營業活動產生淨現金流入		$80,000

・步驟三：

　　把營業活動現金流量區分出來後，我們要再來區分投資活動產生之現金流量及融資活動產生之現金流量。

　　延續本例，稅後淨利為$340,000，但保留盈餘卻只增加$150,000，因此我們可以知道公司在本期還發放了$190,000的股利，我們假設為現金股利。

　　由於我們前面提到的發行股本及現金股利，在現金流量表的分類均屬投資活動，所以我們可以得到100年12月31日的現金流量表如下（以間接法編製）：

古田公司		
現金流量表		
100年12月31日		
現金增加（減少）		
營業活動現金流量		
稅後淨利		$340,000
調整稅後淨利至營業活動產生之現金流量		
應收帳款增加	($360,000)	
應付帳款增加	100,000	260,000
營業活動產生之現金流入		80,000
融資活動產生之現金流量		
發行普通股	600,000	
支付現金股利	(190,000)	
融資活動產生之現金流入		410,000
淨現金流入		490,000
100年1月1日現金		-0-
100年12月31日現金		$490,000

釋例二

　　古田公司101年為擴大營業業務、增加收入，故決定購入土地、廠房及設備。以下為古田公司101年與100年的比較財務狀況表及101年綜合淨利表資料：

古田公司			
比較財務狀況表			
	101年12月31日	100年12月31日	增減數
資產			
土地	$700,000	$-0-	增加700,000
廠房	2,000,000	-0-	增加2,000,000
累計折舊—廠房	(100,000)	-0-	增加100,000
設備	700,000	-0-	增加700,000
累計折舊—設備	(100,000)	-0-	增加100,000
應收帳款	260,000	360,000	減少100,000
預付保險費	60,000	-0-	增加60,000
現金	370,000	490,000	減少120,000
總資產	$3,890,000	$850,000	
權益及負債			
權益			
股本	$600,000	$600,000	-0-
保留盈餘	1,140,000	150,000	增加990,000
總權益	1,740,000	750,000	
負債			
應付公司債	2,000,000	-0-	增加2,000,000
應付帳款	150,000	100,000	增加50,000
總負債	2,150,000	100,000	
總權益及負債	$3,890,000	$850,000	

古田公司		
綜合損益表		
101年1月1日至101年12月31日		
營業收入		$4,900,000
營業成本（不含折舊費用）	$(2,700,000)	
折舊費用	(200,000)	(2,900,000)
稅前淨利		2,000,000
所得稅費用		(300,000)
稅後淨利		$1,700,000
其他資訊：		

其他資訊：

1. 公司本期發放現金股利$710,000。

2. 公司經由發行公司債取得現金$2,000,000。

3. 土地、廠房及設備之取得係經由現金付出。

4. 公司於101年12月31日預付六年的保險費共$60,000。

解：

· 步驟一：

我們一樣將每個科目的變動數計算出來並標記在科目旁邊，如此我們可以知道今年現金減少$120,000（＝$370,000－$490,000）。

· 步驟二：

把來自營業活動產生的現金流量區分出來。一樣有兩種方法，分別計算如下：

直接法

— 當計算從客戶收到的現金時，我們先看營業收入是$4,900,000，另外本期應收帳款的餘額減少了$100,000，所以我們可以知道，今年從客戶收到的貨款金額總共是$5,000,000（＝$4,900,000+$100,000）。

— 本期支付給供應商的現金係由於本期營業成本為$2,700,000，但應付給供應商的帳款卻增加$50,000，所以我們可以計算出支付給供應商的現金應為$2,650,000（＝$2,700,000－$50,000）。

— 今年公司付出了$60,000投保，此預付保險費於未來六年有效。

— 公司今年所得稅係全額以現金支付。

現金流入		
從客戶收到現金		$5,000,000
現金流出		
支付現金給供應商	$2,650,000	
現金支付預付保險費	60,000	
現金支付所得稅費用	300,000	3,010,000
營業活動產生淨現金流入		$1,990,000

間接法

間接法一樣從綜合淨利表上的稅後淨利開始調整，因此我們將對於每項應計基礎的項目來分析，分析這些科目對於稅後淨利的影響。

— 由於折舊費用並不會影響現金流入或流出，僅會影響以應計基礎編製的綜合淨利表中稅後淨利的部分，所以調整稅後淨利至現金流量時，應將折

舊費用加回$200,000，或者是由累計折舊增加的金額來判斷折舊費用為
$200,000。

—— 應收帳款減少$100,000，代表公司今年在銷貨上的現金收取高於營業收入
的部分，所以才會使得應收帳款減少$100,000，所以調整稅後淨利至現金
流量時應增加$100,000。

—— 預付保險費增加$60,000，代表今年公司付出$60,000現金購買保險，應於
調整稅後淨利至現金流量時減少$60,000。

—— 應付帳款增加$50,000，代表今年公司給付給供應商的現金金額少於營業
成本$50,000，所以調整稅後淨利至現金流量時應增加$50,000。

經由以上的分析我們可以得到以下營業活動段的現金流量表：

本期稅後淨利		$1,700,000
調整稅後淨利至營業活動產生之現金流量		
折舊費用	$200,000	
應收帳款減少	100,000	
預付保險費增加	(60,000)	
應付帳款增加	50,000	290,000
營業活動產生淨現金流入		$1,990,000

· 步驟三：

當區分出營業活動現金流量後，再來區分投資及融資活動現金流量。

屬於投資活動現金流量者：

—— 公司101年買進土地$700,00、廠房$2,000,000及設備$700,000，分別於投
資活動段現金流量表減少現金$700,000、$2,000,000及$700,000。但累計
折舊的部分，由於已計入折舊費用，係屬於營業活動得現金流量，並不會
出現在投資活動段現金流量的調整。

屬於融資活動現金流量者：

—— 公司為了取得現金發行了應付公司債$2,000,000，增加現金$2,000,000。

—— 由其他資訊我們可以知道，公司本期發出現金股利$710,000。

經由以上，我們可以編製古田公司101年12月31日現金流量表如下（以間接法編製）：

古田公司		
現金流量表		
101年12月31日		
現金增加（減少）		
營業活動現金流量		
稅後淨利		$1,700,000
調整稅後淨利至營業活動產生之現金流量		
折舊費用	$200,000	
應收帳款減少	100,000	
預付保險費增加	(60,000)	
應付帳款增加	50,000	290,000
營業活動產生之現金流入		$1,990,000
投資活動產生之現金流量		
購買土地	$(700,000)	
購買廠房	(2,000,000)	
購買設備	(700,000)	
投資活動產生之現金流出		(3,400,000)
融資活動產生之現金流量		
發行公司債	2,000,000	
支付現金股利	(710,000)	
融資活動產生之現金流入		1,290,000
淨現金流出		$120,000
101年1月1日現金		490,000
101年12月31日現金		$370,000

 釋例三

　　古田公司進入第三年的營運，公司經營策略轉為以買賣為主。以下為古田公司102年及101年的財務狀況表及102年綜合淨利表資料：

古田公司 比較財務狀況表			
	102年12月31日	101年12月31日	增減數
資產			
土地	$450,000	$700,000	減少250,000
廠房	2,000,000	2,000,000	-0-
累計折舊—廠房	(200,000)	(100,000)	增加100,000
設備	1,200,000	700,000	增加500,000
累計折舊—設備	(200,000)	(100,000)	增加100,000
存貨	600,000	-0-	增加600,000
應收帳款	640,000	260,000	增加380,000
預付保險費	50,000	60,000	減少10,000
現金	1,080,000	370,000	增加710,000
總資產	$5,620,000	$3,890,000	
權益及負債			
權益			
股本	$800,000	$600,000	增加200,000
保留盈餘	2,770,000	1,140,000	增加1,630,000
總權益	3,570,000	1,740,000	
負債			
應付公司債	1,800,000	2,000,000	減少200,000
應付帳款	50,000	150,000	減少100,000
應付所得稅	200,000	-0-	增加200,000
總負債	2,050,000	2,150,000	
總權益及負債	$5,620,000	$3,890,000	

古田公司		
綜合損益表		
102年1月1日至102年12月31日		
營業收入		$8,900,000
營業成本	$4,650,000	
銷售及管理費用（不含折舊費用）	900,000	
折舊費用	300,000	
出售設備損失	50,000	
利息費用	200,000	(6,100,000)
稅前淨利		$2,800,000
所得稅費用		(420,000)
稅後淨利		$2,380,000

其他資訊：

1. 公司本期發放現金股利$750,000。
2. 102年12月31日，支付現金償還應付公司債。
3. 銷售及管理費用包含保險費$10,000。
4. 利息費用係以現金支付。
5. 102年1月1日，土地以帳面價值$250,000售出。
6. 102年1月1日，成本$700,000、帳面價值$600,000之設備以$550,000現金售出，產生出售設備損失$50,000。同時支付現金$1,000,000購入另一設備，此一新設備耐用年限六年，以直線法攤銷，無殘值。
7. 為取得設備，另以面額$10發行股票20,000股。

解：

・步驟一：

將每個科目的變動數計算出來並標記在科目旁邊，如此我們可以知道今年現金增加$710,000（＝$1,080,000－$370,000）。

・步驟二：

將屬於營業活動產生之現金流量區分出來，並分析對現金的影響。

直接法

── 計算從客戶收到的現金時，將本期銷貨收入$8,900,000減去應收帳款的增加數$380,000，代表客戶並未支付所有的貨款。

── 由於當期的銷貨均是購自供應商，所以從銷貨成本開始計算支付給供應商之現金；而期末存貨增加即代表進貨卻未售出的庫存，一樣是積欠供應商

之貨款；應付帳款的金額即是積欠供應商之貨款尚未還清的部分。故支付
給供應商的現金計算如下：

加：	當期銷貨成本	$4,650,000
	期末存貨增加數	600,000
	應付帳款減少數	100,000
	支付給供應商的現金	$5,350,000

—營業成本扣除銷貨成本的部分為$900,000中包含$10,000的保險費，此保
險費並未實際流出現金，故實際支付營業成本付出之現金為$890,000（＝
$900,000－$10,000）。

—現金支付利息$200,000。

—現金支付所得稅費用$220,000。

現金流入		
從客戶收到現金		$8,520,000
現金流出		
支付現金給供應商	$5,350,000	
現金支付營業成本	890,000	
現金支付利息費用	200,000	
現金支付所得稅費用	220,000	6,660,000
營業活動產生淨現金流入		$1,860,000

間接法

—本期折舊費用共$300,000，由於折舊費用並未產生實際之現金流出，所以
調整稅後淨利至現金流量時，須加回$300,000。其中$300,000裡來自廠房
之折舊為$100,000，另有來自設備之折舊$200,000，利用設備的累計折舊
餘額分析本期折舊費用如下：

期初累計折舊—設備	$100,000
減：售出設備之累計折舊	100,000
	0
加：新購入設備之折舊費用	200,000
期末累計折舊—設備	$200,000

— 出售設備損失$50,000，與折舊費用相同，並未產生實際現金流出，所以調整稅後淨利至現金流量時，加回$50,000。

— 存貨增加$600,000，係屬於從供應商進貨後並未售出之庫存，尚未產生現金回收，所以調整稅後淨利至現金流量時須減少現金$600,000。

— 應收帳款增加$380,000，代表公司實際從客戶收回之現金少於銷售之金額，所以應於調整稅後淨利至現金流量時減少現金$380,000。

— 由於上期101年12月31日時已支付全額預付保險費，今年開始提列保險費時，雖造成保險費增加$10,000、預付保險費減少$10,000，但並未有實際的現金流出，所以調整稅後淨利至現金流量時，應加回$10,000。

— 應付帳款減少$100,000，是由於公司將之前積欠供應商之貨款還清，故應於調整稅後淨利至現金流量時，減少現金$100,000。

— 應付所得稅增加$200,000，表示公司並未支付全額的所得稅費用，所以調整稅後淨利至現金流量時，應加回現金$200,000。

由以上資訊我們可以編製出以下營業活動段現金流量表：

本期稅後淨利		$2,380,000
調整稅後淨利至營業活動產生之現金流量		
折舊費用	$300,000	
出售設備損失	50,000	
存貨增加	(600,000)	
應收帳款增加	(380,000)	
預付保險費減少	10,000	
應付帳款減少	(100,000)	
應付所得稅增加	200,000	(520,000)
營業活動產生淨現金流入		$1,860,000

・步驟三：

區分出投資活動及融資活動產生的現金流量，並分別歸類於現金流量表中。

屬於投資活動現金流量者：

— 以帳面價值售出土地，收到現金$250,000。

— 以低於帳面價值的價格售出設備，收到現金$550,000。

— 購入新設備，支付現金$1,000,000。

屬於融資活動現金流量者：

— 支付現金股利給股東，共$750,000。

— 現金支付應付公司債$200,000。

— 支付利息費用$200,000。

　　由以上的資訊我們可以編製民國102年12月31日的現金流量表如下（以間接法編製）：

古田公司		
現金流量表		
102年12月31日		
現金增加（減少）		
營業活動現金流量		
稅後淨利		$2,380,000
調整稅後淨利至營業活動產生之現金流量		
折舊費用	$300,000	
出售設備損失	50,000	
存貨增加	(600,000)	
應收帳款增加	(380,000)	
預付保險費減少	10,000	
應付帳款減少	(100,000)	
應付所得稅增加	200,000	(520,000)
營業活動產生之現金流入		$1,860,000
投資活動產生之現金流量		
出售土地	250,000	
出售設備	550,000	
購買設備	(1,000,000)	
投資活動產生之現金流出		(200,000)
融資活動產生之現金流量		
償還公司債	(200,000)	
支付現金股利	(750,000)	
融資活動產生之現金流入		(950,000)
淨現金流出		$ 710,000
102年1月1日現金		370.000
102年12月31日現金		$1,080,000
非現金交易：		
為購買設備，公司以面額$10發行20,000股共$200,000。		

五、 結論

　　現金流量表其實就是運用不同的入帳基礎，將其他三大報表連結在一起，使得整體財務報表，包含附註揭露的部分能夠合而為一，讓報表使用者可以針對不同的角度去尋找有用的資訊，藉以作為決策之用。

　　會計並不只是單純的簿記而已，而是需要透過簿記的過程及簿記所得到的結論，去推論出有用的資訊，使得報表使用者能夠做出有效的決策。因此，當我們在學習會計學時，應該針對每個報表之間的連結與邏輯有個清楚的輪廓，這樣才是會計真正的價值所在。

習　題

一、選擇題

( )　1. 在現金流量表裡面，屬於投資活動段的表達應該包含　(A)發行普通股取得
廠房設備　(B)發給普通股股利　(C)固定資產的升級　(D)質押應收帳款。

( )　2. 當編製現金流量表時，應收帳款的減少導致營業活動現金流量的變化為

	直接法	間接法
(A)	減少	增加
(B)	增加	減少
(C)	增加	增加
(D)	減少	減少

( )　3. 當編製現金流量表時，應付帳款的減少導致營業活動現金流量的變化為

	直接法	間接法
(A)	減少	增加
(B)	增加	減少
(C)	增加	增加
(D)	減少	減少

( )　4. 當編製現金流量表時，預付保險費的減少導致營業活動現金流量的變化為

	直接法	間接法
(A)	增加	增加
(B)	增加	減少
(C)	減少	增加
(D)	減少	減少

( )　5. 以下敘述何者正確？　(A)間接法的編製從稅前淨利開始調整　(B)直接法所
揭漏的資訊較貼近現金流量表的目的　(C)國際會計準則鼓勵企業使用間接
法編製現金流量表　(D)以上皆非。

( )　6. 編製現金流量表所需的資訊包含下列何者？　(A)本期綜合損益表　(B)本期
財務狀況表　(C)與本期比較之上期財務狀況表　(D)以上皆是。

( )　7. 以下敘述何者錯誤？　(A)現金流量表係以現金基礎編製，與其他三大報表
以應計基礎編製的方式不同　(B)現金流量表與其他三大報表相互連結
(C)重大的非現金交易因為未使用現今所以不需揭露在現金流量表內　(D)現
金流量表可以彌補其他三大報表以應計基礎編製之不足。

( )　8. 投資活動現金流量的資訊一般來自於財務狀況表內哪一部份？　(A)流動資

產　(B)流動負債　(C)權益　(D)非流動資產。

(　) 9. 下列何資訊將揭露在現金流量表內？　(A)股票股利　(B)股票分割　(C)指撥保留盈餘　(D)以上皆非。

(　) 10. 以下何者應分類在融資活動現金流量下？　(A)利息收入　(B)支付股利　(C)股利收入　(D)支付所得稅。

(　) 11. 以下何者不是分類在營運活動現金流量下就是投資活動現金流量下？
(A)支付股利　(B)利息費用　(C)支付所得稅　(D) 股利收入。

(　) 12. 國際會計準則較支持企業使用直接法編製現金流量表而非間接法的原因何者為非？　(A)因為直接法直接揭露公司實際的現金收付，不是經由調整而得　(B)因為直接法在表達的方式上更為貼近現金流量表的編製目的　(C)因為直接法的資訊表達方式較間接法來得更容易理解　(D)因為直接法係由綜合損益表的淨利調整而來，較能讓報表使用者明白公司的淨利與現金收付之間的關係。

(　) 13. 桃園公司2011/12/31的淨利為$32,000，折舊費用為$8,000，出售設備利得為$1,500，另外還有以下科目的增加數：

應收帳款　　　　$2,000
存貨　　　　　　$4,000
預付租金　　　　$1,500
應付帳款　　　　$4,000

試計算桃園公司2011/12/31現金流量表營業活動現金流量。
(A)$38,000　(B)$30,000　(C)$35,000　(D)$45,000。

(　) 14. 新鳴公司2011/12/31的淨利為$30,000，折舊費用為$2,000，出售設備損失為$1,500，另外還有以下科目的減少數：

應收帳款　　　　$2,000
存貨　　　　　　$4,000
預付租金　　　　$1,500
應付帳款　　　　$4,000

試計算新鳴公司2011/12/31現金流量表營業活動現金流量。
(A)$35,500　(B)$29,000　(C)$30,000　(D)$37,000。

(　) 15. 海華公司2011/12/31的淨利為$30,000，贖回債券利得$1,500，並且有以下科

目的增加數：

應收票據　　　　　$2,000

遞延所得稅負債　　$4,000

庫藏股　　　　　　$1,500

試計算海華公司2011/12/31現金流量表營業活動現金流量。

(A)$30,500　(B)$29,000　(C)$25,000　(D)$30,000。

(　) 16.莉西公司2011/12/31的現金流量表上有營業活動現金流量$50,000，並且有以

下資料：

折舊及攤銷費用　$4,000

支付普通股股利　$3,000

應收帳款增加　　$1,500

試計算莉西公司2011/12/31之淨利金額。

(A)$50,500　(B)$44,500　(C)$49,500　(D)$47,500。

(　) 17.正陽公司有以下資訊：

2011/1/1存貨　　　　　　　$80,000

2011/12/31存貨　　　　　　120,000

2011/1/1應付帳款　　　　　200,000

2011/12/31應付帳款　　　　180,000

銷貨收入　　　　　　　　　350,000

銷貨成本　　　　　　　　　200,000

試計算正陽公司編製直接法現金流量表所支付給客戶的現金：

(A)$260,000　(B)$200,000　(C)$220,000　(D)$240,000。

艾克公司編製2011/12/31之現金流量表，採用直接法編製，有以下資訊：

賒銷　　　　　　$1,200,000

現銷　　　　　　　700,000

應收帳款減少　　　600,000

應付帳款增加　　　　70,000

存貨增加　　　　　　50,000

銷貨成本　　　　　980,000

試回答第18至20題：

(　) 18.請問2011年艾克公司的銷貨收入為？　(A)$1,200,000　(B)$700,000

(C)$1,900,000　(D)$980,000。

(　　) 19.請問艾克公司2011年從客戶收到之現金為？　(A)$2,500,000　(B)$1,300,000

(C)$1,800,000　(D)$1,300,000。

(　　) 20.請問艾克公司2011年支付給供應商之現金為？　(A)$1,100,000　(B)$980,000

(C)$960,000　(D)$1,630,000。

以下為皮爾森公司的比較財務狀況表及綜合損益表，試回答第21至25題：

皮爾森公司
比較財務狀況表
12月31日

	2011	2010
資產		
非流動資產		
財產廠房及設備	$2,190,000	$1,440,000
累計折舊	(450,000)	(270,000)
長期投資	225,000	
總非流動資產	1,965,000	1,170,000
流動資產		
預付費用	351,000	315,000
存貨	1,950,000	1,260,000
應收帳款	1,560,000	1,080,000
現金	690,000	540,000
總流動資產	4,551,000	3,195,000
總資產	6,516,000	4,365,000
權益及負債		
權益		
普通股	3,000,000	2,400,000
保留盈餘	906,000	588,000
總權益	3,906,000	2,988,000
負債		
非流動負債		
長期應付票據	1,275,000	1,095,000
總非流動負債	1,275,000	1,095,000
流動負債		
應付帳款	309,000	282,000
應計費用	201,000	
應付股利	825,000	
總流動負債	1,335,000	282,000
總權益及負債	$6,516,000	$4,365,000

皮爾森公司

綜合損益表

1月1日到12月31日

	2011	2010
淨銷貨收入	$7,020,000	$3,753,000
銷貨成本	3,915,000	1,881,000
銷貨毛利	3,105,000	1,872,000
費用（包含所得稅）	2,586,000	1,374,000
淨利	$519,000	$498,000

其他資訊：

A.應收帳款及應負帳款跟營業活動有關，且皆以淨額表達。壞帳費用兩年相等，沒有其他來源應收款所產生的壞帳。

B.發行應付票據取得財產、廠房及設備，普通股則以現金發行。

（　）21.請問皮爾森公司由2011年應收帳款取得的現金為？　(A)$7,500,000　(B)$7,020,000　(C)$6,540,000　(D)$3,270,000。

（　）22.2011年支付給供應商的現金為？　(A)$4,605,000　(B)$4,425,000　(C)$4,095,000　(D)$3,735,000。

（　）23.應該出現在皮爾森公司現金流量表上投資活動所產生的現金流量為？　(A)$225,000　(B)$750,000　(C)$795,000　(D)$975,000。

（　）24.應該出現在皮爾森公司現金流量表上融資活動所產生的現金流量為？　(A)$1,425,000　(B)$825,000　(C)$600,000　(D)$408,000。

二、計算題

1.以下是泰類公司2011及2010年的比較財務狀況表：

泰類公司
比較財務狀況表
12月31日

	2011	2010
土地	$90,000	$60,000
大樓	287,000	244,000
累計折舊	(32,000)	(13,000)
專利權	20,000	35,000
預付費用	7,500	6,800
存貨	155,000	175,000
應收帳款	92,000	80,000
備抵呆帳	(4,500)	(3,100)
現金	90,000	27,000
	$705,000	$611,700
普通股股本	$100,000	$100,000
指撥保留盈餘	80,000	10,000
非指撥保留盈餘	271,000	302,700
庫藏股	(15,000)	(8,000)
應付公司債	125,000	60,000
應計負債	54,000	63,000
應付帳款	90,000	84,000
	$705,000	$611,700
其他資訊		
淨利		$58,300
折舊費用		19,000
攤銷費用		5,000
現金股利		20,000

試編製泰類公司2011年間接法現金流量表。

2.以下是內高公司2011及2010年的比較財務狀況表：

內高公司

比較財務狀況表

12月31日

	2011	2010
折舊資產	$1,260,000	$1,050,000
累計折舊	(450,000)	(375,000)
專利權	153,000	174,000
預付費用	18,000	27,000
存貨	150,000	180,000
應收款	159,000	117,000
現金	297,000	153,000
	$1,587,000	$1,326,000
特別股股本	$129,000	66,000
特別股資本公積	-	450,000
普通股股本	153,000	168,000
保留盈餘	60,000	42,000
應付公司債	525,000	
應計負債	120,000	
應付帳款	600,000	600,000
	$1,587,000	$1,326,000

內高公司

綜合損益表

2011/1/1至2011/12/31

銷貨收入	$1,980,000
銷貨成本	1,089,000
銷貨毛利	891,000
營業費用	690,000
淨利	201,000

其他資訊

累計折舊僅於折舊費用產生時記錄。

發放股利$138,000。

試作：

(1)內高公司2011/12/31之現金流量表，以間接法編製。

(2)內高公司2011/12/31之現金流量表營業活動段，以直接法編製。

3.麥尼公司以$50,000賣出成本$74,000，帳面價值$44,000的機器。資訊揭露在2011/12/31的比較財務狀況表上：

	2011/12/31	2010/12/31
機器	$800,000	$690,000
累計折舊	190,000	136,000

試問：此交易應該揭露哪些資訊在現金流量表上，假設採用間接法編製現金流量表。

解答：

一、選擇題

1. C	2. C	3. D	4. A	5. B	6. D	7. C	8. D	9. D	10. B
11. D	12. D	13. C	14. D	15. B	16. D	17. A	18. C	19. A	20. C
21. C	22. B	23. D	24. A						

二、計算題
1.

泰類公司

現金流量表

2011/1/1至2011/12/31

增加（減少）現金

營業活動現金流量		
淨利		$58,300
調整項目		
折舊費用	$19,000	
攤銷費用	5,000	
應收帳款增加	(10,600)	
存貨減少	20,000	
預付費用增加	(700)	
應付帳款增加	6,000	
應計負債減少	(9,000)	29,700
營業活動淨現金流入		88,000
投資活動現金流量		
購買土地	(30,000)	
購買大樓	(43,000)	
賣出專利權	10,000	(63,000)
投資活動淨現金流出		
融資活動現金流量		
發行公司債	65,000	
買回庫藏股	(7,000)	
支付現金股利	(20,000)	
融資活動淨現金流入		38,000
淨現金增加		63,000
2011/1/1現金餘額		27,000
2011/12/31現金餘額		$90,000

2.

(1)

內高公司

現金流量表—間接法

2011/1/1至2011/12/31

增加（減少）現金

營業活動現金流量		
淨利		$201,000
調整項目		
折舊費用	$75,000	
攤銷費用	21,000	
應收帳款增加	(42,000)	
存貨減少	30,000	
預付費用減少	9,000	
應付帳款減少	(15,000)	
應計負債增加	18,000	96,000
營業活動淨現金流入		297,000
投資活動現金流量		
購買專利權		(210,000)
投資活動淨現金流出		
融資活動現金流量		
發行特別股	645,000	
贖回應付公司債	(450,000)	
支付現金股利	(138,000)	
融資活動淨現金流入		57,000
淨現金增加		144,000
2011/1/1現金餘額		153,000
2011/12/31現金餘額		$297,000

(2)

內高公司

現金流量表（部分）—直接法

2011/1/1至2011/12/31

增加（減少）現金

營業活動現金流量		
從客戶收到現金(a)		$1,938,000
支付供應商現金(b)	$1,074,000	
支付營業費用(c)	567,000	1,641,000
營業活動淨現金流入		$297,000

(a)=$1,980,000−$42,000

(b)=$1,089,000−$30,000+$15,000

(c)=$690,000−$75,000−$21,000−$9,000−$18,000

3.(1)收到現金$50,000。

(2)出售機器利得$6,000($50,000−$44,000)，間接法下從淨利減除。

(3)折舊費用$84,000[($74,000−$44,000)+($190,000−$136.000)]，間接法下從淨利加回。

(4)購買機器$184,000[($800,000−$690,000)+$74,000]，列在投資活動段下現金減少。

第十五章
投　資

一、前言

　　2008年第三季一家美國的銀行，在會計帳上針對其抵押擔保債券（MBS）沖銷了八千七百三十萬元的呆帳，當時銀行的監管當局認為這項會計提列太過離譜，因為根據他們的估計，未來實際會發生的損失頂多四萬四千元左右而已。

　　但是故事走到2009年第三季，美國這家銀行的報告卻令所有人大吃一驚，因為他們一共認列了兩億六千三百萬元的信用損失，這個數字除了大於一年前提列的八千七百三十萬外，更遠遠超乎了銀行監管當局方面四萬四千元損失的預期。

　　以上的小故事討論的重心，其實圍繞在金融資產像是貸款、衍生性商品或債務投資究竟應該如何評價？因為從最近的金融危機讓大家開始思考一個最基本的問題：究竟金融工具應該以攤銷後成本、公允價值，還是其他的方式評價？有人提到在歐洲與亞洲的監管當局及政治人物就認為，若以公允價值評價金融資產，將會使企業在報表上的數字產生劇烈波動，而不利於經濟的穩定。但是在美國，也有其他的投資者認為，以公允價值評價才能恰恰反映出真實的價值。雙方說法各有道理，但是站在上位者的立場與身為投資人的想法，似乎有些矛盾。

　　針對IFRS 9公報，財務分析師協會曾經針對金融資產的評價方式做了一項調查，內容是「針對IASB的新準則要求，將金融資產分類為攤銷後成本或公允價值的做法，您是否同意金融工具的會計處理將會使資訊更具決策有用性？」這項調查最後出來的結果顯示，47%的受訪者相信，IASB的這項作法將可改善決策有用性，而少部分的人認為新準則這樣訂定將會帶來麻煩。

　　有趣的是，歐盟本身竟然拒絕採用IFRS 9公報！理由是他們認為採用的結果，會使報表內容有太多的公允價值資訊！但隨著準則按照既定時程發行，其他國家仍將接著採用。而在FASB也發行相關新準則的同時，IASB指出，就金融資產評價的議題上將有可能再次修改。

　　不幸的是，在IFRS 9公報發行時所遭遇的阻力顯示，會計又再次遭到政治力的介入，一些歐洲的監管當局就建議，IASB機構未來可以依靠更多監管

單位的力量來籌措資金。這樣的介入行爲，無疑爲未來IASB與FASB的合作上雪上加霜。

本章將介紹投資時金融工具的種類及目前會計上兩大處理方法——攤銷後成本及公允價值評價，幫助讀者了解兩法特性，並期望讀者能從中思考IFRS 9公報爲何會因此遭遇到阻力。

二、定義與概念基本介紹

一般企業持有的資產中，如現金、權益投資（普通股、特別股）或有權力向他人收取現金的合約（貸款、應收款、公司債）就是所謂的金融資產。現金的處理上相當直接，就如同第五章所述。但是對權益投資及債務投資的會計處理在遭遇金融海嘯後就引起熱烈的討論。

某些財務報表的使用者認爲，金融資產應該一律以公允價值評價。他們認爲，公允價值較其他方法更能呈現出攸關的資訊，因爲在遭遇某些經濟事件時，公允價值更能幫助使用者評價該事件對金融資產未來現金流量產生的影響。除此之外，金融資產一致採用公允價值評價，更幫助使用者比較出彼此之間的優劣，而因此增加了資訊的有用性。但有些人卻不同意這種說法，他們認爲很多投資並不是都是以出售爲目的，而是以持有爲目的賺取到期日前產生的收益。他們認爲以成本爲基礎的資訊（攤銷後成本）更具攸關性，因爲他們更能預測出持有期間的未來現金流量。而且也有人提出當市場並非如正常在運作時，金融資產的現金流量在公允價值下，反而比攤銷後成本更不具預測效果，也就是無法達到決策有用性。

在眾多激烈討論過後，IASB最後決定不以公允價值當作金融資產的唯一評價方式。IASB特別指出在特定情況下，金融資產以攤銷後成本或公允價值評價，皆可提供報表使用者決策有用性。因此，IASB要求企業將金融資產分類爲以公允價值評價及在特定情況下，符合條件時，得以攤銷後成本評價兩種分類方式。

三、金融工具的意義

　　企業投資活動的普及導致金融工具的種類不勝枚舉，我們常聽到的金融資產、金融負債及權益工具都稱做金融工具。在定義上所謂的金融工具，係指任何一方產生金融資產，也會同時使另一方產生金融負債或權益工具的一種合約。也就是說金融工具的產生是以合約為基礎的條件下構成的，會使投資方產生金融資產，被投資方產生金融負債或權益工具。

(一) 債務投資

　　債務投資的種類像是投資企業公司債、國債等債券，其有別於權益投資的最大特色在於，債務投資有按約定收取的現金流量（通常為利息），且有到期日。

1. 取得日原始衡量

　　企業於投資日之原始認列應以取得時金融資產的公允價值衡量入帳，且應加計取得或發行時的交易成本。企業同時應於此時指定債務投資的種類，因為歸類的結果將會影響到接下來投資評價方式。

　　債務工具目前依照IFRS 9的規定，所有的債務投資須依照公允價值變動列入損益（FVTPL）的方式衡量，即債務投資在每年會計年度結束日時，依照其公允價值變動的結果，將變動直接認列至損益。但是當符合以下測試條件時，企業可選擇將投資歸類為以攤銷後成本的方式衡量：

(1) 業務模式測試

　　業務模式測試係指企業持有債務投資的目的，是為了收取合約期間的現金流量，而不是為了在到期前出售以賺取公允價值變動的利益。

(2) 合約現金流量特性測試

　　其意義為，投資工具僅為償付流通在外的本金與利息者，可能會符合得以攤銷後成本衡量的條件。準則說明利息係為特定期間內流通在外本金之相關貨幣時間價值及信用風險的對價。因此如可轉換公司債就不符合條件，因為其內容包括了不能代表視為償付本金與利息的選擇轉換權。

2. 後續衡量與損益認列處理

(1) 攤銷後成本的方式

當債務投資符合測試時，企業可採用成本法攤銷的方式認列債務投資的價值於財務狀況表上。

(2) 公允價值變動列入損益方式

債務投資若不符合攤銷後成本的方式時，金融資產應採用公允價值變動來認列損益。

(二) 權益投資

權益投資首先須判斷投資方對於被投資方是否具有重大影響力？接著才判斷該採用何種評價方式。有別於美國會計準則的「法規基礎」，會訂定出明確的投資比例判斷有重大影響力與否。在國際會計準則下，由於採用「原則基礎」訂定，因此對於是否具有重大影響力，將會以實際情況來做專業判斷，而非強制規定投資比例當判斷標準。

若影響力很少或無時，採用公允價值變動列入損益或公允價值變動列入其他綜合淨利。有重大影響力時採權益法處理，且不以公允價值變動認列損益，而是依照投資比例認列損益。若影響力達控制階段時，則應當編製合併報表。以下將先以影響力很少或無的情況來討論。

1. 取得日原始衡量

企業於投資日之原始認列，應以取得時之公允價值衡量入帳，且應加計取得或發行時的交易成本。企業同時應於此時指定權益投資的種類，因為歸類的結果將會影響到接下來投資評價方式。

權益投資依照IFRS 9的規定，皆須依照公允價值衡量，但是極少數在缺乏收關資訊的情況下，導致公允價值無法衡量者，公報指出此時成本可能才會是最佳估計。

2. 權益投資的評量方法

可分類為以下兩種：

(1) 公允價值變動列入損益（FVTPL）

企業持有權益投資的目的係以交易為主，此時會計年度結束日時的公允價值變動直接列入損益

(2) 公允價值變動列入其他綜合損益（FVTOCI）

企業持有權益投資的目的非供交易為主，且原始認列時進行不可撤銷之指定，此時會計年度結束日時的公允價值變動直接列入其他綜合損益。此類權益投資又可稱之為策略性投資，由於投資公司的目的是為了與被投資公司相互交流，例如技術合作或業務上的往來，而非以出售賺取差價為目的，此時為了呈現其交易之經濟實質，便允許該投資採用公允價值變動列入其他綜合損益。

3. 續後衡量

(1) 公允價值變動列入損益
(2) 公允價值變動列入其他綜合損益

4. 處分

(1) 公允價值變動列入損益

公允價值變動列入其他綜合損益—權益投資一經指定為FVTOCI時，除了股利收益應列入損益外，其他公允價值變動皆列入其他綜合損益，包括處分時的公允價值變動，另外，持有期間也不需再進行減損測試。

(2) 權益法（Equity Method）

投資公司有可能會持有被投資公司不到50%之股權，因此在法定認定上，並不具有控制之權力。然而，投資股權少於50%的情況下，投資公司仍有可能對被投資公司之營運、財務政策、人事安排皆具有顯著之影響力（Significant influence）。這通常具有策略聯盟的特性存在，而這樣的策略聯盟關係比單純是賣主與顧客更為緊密，但又不如商業併購那樣絕對，使企業投資更靈活操作。所謂重大影響力可以多種情況來解釋，例如占董事會之席次、對公司營運

有重大影響決策之參與程度、管理階層人員之交替或是技術上的依賴。

另外一項考慮的重點是,投資公司持有被投資公司之股數比率。究竟占有多少比率,才算達到對被投資公司有顯著影響力之標準?專家所決定出來的比率是20%以上的投資(直接或間接),就應該被合理認定為投資公司對被投資公司具有顯著影響力之證據,並應採用權益法做為會計處理。

(三) 會計處理方法

在權益法下,投資人與被投資人之間在經濟關係上有重大關聯。投資公司於原始投資時,以取得被投資公司股權的成本(=股票市價×股數)做為入帳之依據,但之後的會計期間會隨著被投資公司之淨資產變化,而改變帳上投資的數字。也就是說,投資公司帳上的投資數字,會隨著被投資公司每一會計期間的所得(虧損)變化,而跟著增加(減少)。而所有被投資公司發給投資公司之股利,皆為投資公司帳上投資科目的減項。亦即有別於市價法。權益法係以被投資公司之淨資產為認列投資之依據(投資當下除外),而不再考慮被投資公司之股價變化。

(四) 被投資公司損失超過投資公司之投資金額

如果被投資公司的損失超過了投資公司之原始投資金額,投資公司是否應該認列額外損失?正常來說,投資公司應該停止繼續以權益法認列,而且並不用認列額外損失,因為對投資公司而言,最多就是失去原始的投資金額。

如果投資公司的潛在損失並不僅限於原始投資時(替被投資公司作保證或協議其他財務支援),投資公司就應該認列額外的損失。

四、減損測試

目前的減損測試僅要求對以攤銷後成本之金融資產進行減損評估,採用攤銷後成本評價的債務投資,由於不以公允價值變動認列損益,因此當有客觀證據顯示減損已經發生時,應立即評估並認列減損損失。目前評估損失的方式是採用「已發生損失模式」,亦即當有客觀證據顯示損失確實已發生,將影響金

融資產未來的現金流量時，例如發行人或債務人顯著發生財務困難，始評估損失並認列減損。

但是目前正在研議的金融工具草案，擬將認列減損的方法改為「預計損失模式」，即在企業的金融資產形成時，就要對未來的現金流量做出充分估計，然後設算該金融資產的利率，簡單來說，就是於一開始就認列可能的減損，觀念類似認列壞帳費用。

五、衍生性金融商品

(一) 基本介紹

企業經營的環境會隨著周遭局勢的改變，而產生眾多會對企業價值產生變動的不確定性因素，這些不確定性因素包括新科技的發明、氣候的變遷或政治環境的改變等，這些都是企業事先難以掌握的。有鑑於此，金融機構發展出相關商品，提供予企業管理這些經營風險。

這些商品就稱作衍生性金融商品（Derivative Financial Instrument），企業藉由獲得這些商品，以獲得掌控此不確定性風險之主導權，該風險所引發的狀況，主要對企業所持有資產之公允價值及現金流量產生變動，於損失發生前，企業有效運用衍生性金融商品的情況下，可在損失發生當下將風險產生的不利影響予以抵銷，使企業得以規避風險。而隨著數位產品及技術的發展，該金融商品得以獲得更廣泛的發展，也使得企業之資金獲得更有效的運用。

(二) 定義

為了能更清楚瞭解衍生性金融商品，我們將透過下列釋例來為各位解釋：

釋例一

　　某投資大戶相當看好科技業未來的發展，因此看多**宏達電**三個月後的股價。當時**宏達電**的股價是400元，但是該名投資大戶當下並沒有足夠的資金購買**宏達電**的股票，因此與券商簽訂契約，約定三個月後將以450元的價格購買**宏達電**的1,000張股票。

　　該名投資大戶此時簽訂了**遠期合約**（Forward Contract），依據契約內容，該名投資大戶**有權力也有義務**於三個月後以每股450元的價格，購買宏達電1,000張股票。該契約是否獲利完全端看未來宏達電的股價是否高於或低於450元，若高於450元，則該名投資大戶獲利，若低於450元，該投資大戶損失。

　　這份遠期合約即為衍生性金融商品，宏達電的股票價值源自於其本身，該契約的價值則衍生自宏達電的股價，前者的價值受到市場上眾多不確定因素及企業本身經營狀況的影響，而反映出不同的價格；惟後者的價值則僅受宏達電股價的影響而變動，對該名投資大戶而言，影響其購買的因素變成非常單純，僅需顧慮到宏達電的股價，契約簽訂後，即無需再考慮其他風險，即可將風險單純化。

釋例二

　　與釋例一背景相同，惟該投資大戶今日與券商簽訂不一樣的契約。該契約為**選擇權**（Option）合約，與遠期合約最大的不同是，該投資大戶有權力於三個月後購買宏達電的股票，但是**沒有義務**一定要購買，亦即是否要執行該契約，完全由該投資大戶來決定。如果未來股價在三個月內即超過450元，則該投資大戶即可動用選擇權，以450元的價格購買股票；若股價直到三個月後仍無超過450元，則該投資大戶可選擇不執行該選擇權。該選擇權對該投資大戶而言，其成本有兩項，一項為執行時購買該股票之成本，另一為購買該選擇權合約之成本。

　　此項選擇權合約亦為衍生性金融商品，其價值衍生自宏達電之股價，若股價

低於450元，則選擇權沒有執行的誘因，其價值則爲零，對該投資大戶而言，相關風險也得以控制（不想買也可以，但要買一定買的到）。

以上例子是以股票爲標的之衍生性金融商品，其價值完全衍生自股價的變動。而除了股價外，衍生之標的亦可包括外匯匯率、債券利率、原物料價格等。

衍生性金融商品主要的類型有遠期合約（Forwards）、期貨契約（Futures）、選擇權（Options）、交換契約（Swaps），而這些商品的合約都可以在市場上買賣。

(三) 使用者是誰？爲何使用？

外在環境因素之變化，一般來說，會對企業之獲利產生程度不一之波動，例如出口商要考慮台幣匯率波動的影響，電子業要考慮黃金的價格，而企業爲了平穩獲利，通常會使用衍生性合約，來預防此類不可預測風險所帶來的不利結果。

(四) 生產者與消費者

例如，今有一黃金供應商專門提供Tiffany珠寶製造商製成珠寶首飾所需之黃金，而再過三個月後就是節慶期間，預料一個月後就會開始有龐大的黃金需求。現況下的黃金價格雖然是令供應商滿意的，但是該供應商預料一個月之後，黃金的價格會比現在還低，因此該供應商現在簽訂了這份遠期合約，其同意於一個月後以目前的黃金市價出售其所持有之黃金。

那誰會買這份遠期合約呢？假設買的另一方就是Tiffany，Tiffany希望在一個月後購買一定數量的黃金，而且他相信一個月後的黃金價格會開始大漲。因此Tiffany與黃金供應商互簽遠期合約，約定一個月後以目前的黃金市價購買該供應商之黃金。對Tiffany而言，黃金是他的進料成本，如果將黃金成本鎖在目前的市價，Tiffany就可以得到其預期之獲利，而且該獲利是Tiffany可以接受的。

在這樣的情況下，買賣雙方皆爲避險者（Hedger），未來一個月的黃金

價格若是高於目前市價,則Tiffany的策略是成功的,可以壓低黃金成本;但對黃金供應商而言,其獲利雖如預期,但是實際上卻少賺了。但如果先忽略黃金最後的價格,在這項遠期合約簽訂之當下,買賣雙方皆得以現在就確定到時候的黃金價格,排除屆時因黃金價格變動而可能對企業產生的風險,使雙方可以事先掌握本身之後的獲利狀況,

(五) 投機與套利

在黃金供應商與珠寶商Tiffany之外,尚有一些投資人也對黃金未來的價格有興趣,即使他們本身根本就沒有買賣黃金的需求,這些人是投機者與套利者。

承接上述例子,投機者若是對黃金未來的價格看漲(與Tiffany相同),就會跟黃金供應商買該遠期合約,並且盡可能地於提高該遠期合約的價值後,再將它賣給Tiffany或其他需要的人,而這些過程所花的時間可能才幾個小時而已。

套利者的獲利方式,簡單地說,就是利用市場的無效率,針對同一性質之金融商品,在兩個不同的市場上,以低價買進再以高價賣出,從而獲取之中的無風險利益。通常市場上之投機與套利者,會比實際上有實體商品需求交易之人還要來得多,金融市場在平常通常是靠這兩種投資者維持市場的流動性。

衍生性金融商品的性質本身是無害的,只要能確實了解合約內容所述之風險與報酬關係,基本上就可以發揮出應有價值。近期金融海嘯之嚴重結果,主要就是因衍生性金融商品的不當運用所造成的,這與衍生性商品以小搏大,亦即槓桿操作(Leverage trading)的特性有很大的關係[1]。

(六) 基本會計處理做法

IASB認為衍生性商品[2]應該皆以公允價值(Fair value)認列為企業之

---

1 槓桿操作是指交易者只要付出少量的保證金或權利金,就可以操作倍數價值的資產。譬如只要付出10%左右的保證金,就可以操作十倍金額的台股指數期貨。但也因為衍生性商品的槓桿過大,所以常常可以在極短時間內賺得數倍的利潤,但反過來說,也可能在極短時間內損失好幾倍的投資金額。

2 ASB所決議的範圍包含所有的衍生性商品,而本章僅針對衍生性金融工具的部分做討論。

資產及負債。委員會認為以公允價值認列衍生性商品，較能夠提供財務報表使用者有用的財務資訊，而其他的認列方法所呈現出的財務數字被認為較不可靠，如一般最常討論的歷史成本，有些衍生性商品的歷史成本就已經是零了，這根本無法作為認列入帳之依據，而衍生性商品的市場也已蓬勃發展。總之，委員會認為企業以可靠的公允價值認列衍生性商品，並不會有太大的問題。

會計處理之原則上，若是企業以投機為目的持有衍生性商品，則其產生的未實現利得或損失應直接列入綜合損益表。若是以避險為目的，則其損益之認列應視避險合約的性質而定。

概要來說，企業應遵循以下會計處理步驟認列衍生性商品：

(1) 認列該衍生性商品為資產及負債。

(2) 以公允價值認列。

(3) 以投機為目的時，立即認列未實現利得或損失至綜合損益表。

(4) 以避險為目的時，是避險合約之性質認列未實現損失獲利得。

釋例：衍生性金融工具（投機）

假設市場上傳出宏碁公司之利多消息，而A公司也看好宏碁未來的發展，因此購買一買權（Call option）合約，使A公司於未來三個月內得隨時購買宏碁的股票。選擇權對持有者而言，係一項權力，而非義務，可依持有者之意願在一定期間內，以特定價格行使該項權力。該特定價格又稱履約價格（Strike price）或行使價（Exercise price）。

A公司於民國100年2月1日，向證券發行商購買宏碁公司股票之買權合約，依該合約規定，A公司可於三個月內以每股$40之履約價格，購買宏碁公司1,000股之股票。如果未來宏碁股價超過$40，則A公司得行使該項買權；若低於$40，則該買權將毫無價值。A公司購買買權的分錄如下：

民國100年2月1日：

買權	160	
現金		160

　　購買當下支付之金額稱作權利金（Option premium），即等於選擇權的價值（Option price），該買權價值之計算主要包含兩部分：(1)內涵價值（intrinsic value），(2)時間價值（time value）。

　　內涵價值通常代表在特定時間下，市價與履約價格之差異。更具體來說，它通常代表該時間點，持有方履行合約的可能性，這個可能性所導出之內含價值係從選擇權模型而來。以本釋例而言，若3月1號時的市價為$35，則該買權之內含價值即為零，因為市價低於履約價格之下，持有者不可能履行該買權。

　　時間價值可解釋為一段期間內履行合約之期望，會履行合約代表內含價值大於零，若等於零代表毫無價值，但是因為距離合約到期日還有時間，所以內含價值還有變動的可能，因此距離到期日愈近，時間價值愈小。以本題為例，該合約立約當天之時間價值即為$160，而到期日當天，時間價值為零。

　　以下為該買權相關資訊：

日期	宏碁股價	買權時間價值
100年4月1日	$45	$100
100年4月10日	$42	$60

　　如資訊所述，100年4月1日之股價已經來到$45元，因此買權之內含價值現在價值$5,000。這也代表A公司若於今日履行買權，便可以每股$40價格履行，並以每股$45從市場上賣出，這使A公司有$5,000之利得。以下為該日分錄：

民國100年4月1日：

買權	5,000	
未實現利得或損失—綜合損益表		5,000

而該買權之時間價值經過模型評估後，其價值為$100，A公司應做以下分錄：

民國100年4月1日

未實現利得或損失―綜合損益表	60	
買權(160－100)		60

按之前所述，選擇權價值等於內含價值加上時間價值，因此4月1日當天，買權之價值等於$5,100。而相關未實現利得或損失則因為是投機的關係，全部列入綜合損益表裡。

民國100年4月10日，A公司履行了該買權合約，當日該買權之內含價值變動為$3,000[=($45 － $42)×1,000]，其分錄如下：

民國100年4月10日：

未實現利得或損失―綜合損益表	3,000	
買權		3,000

而時間價值之減少應作如下分錄：

民國100年4月10日：

未實現利得或損失―綜合損益表	40	
買權		40

A公司與該證券交易商應針對該買權之履行，做如下分錄：

民國100年4月10日：

現金	2,000	
結清買權損失	60	
買權		2,060*

*2,060 = 160 + 5,000 － 60 － 3,000 － 40

此會計做法按照IFRS之規定處理，買權按照定義應為資產項目，列入財務狀況表中，並以公允價值入帳，相關損益列入綜合損益表中。

(七) 衍生性金融工具之特色

衍生性金融商品之主要特色為下列三點：

1. **該工具有(1)一種以上之標的物（Underlying），以及(2)可確定之付款條款（Payment provision）。** 標的物可包括貨幣匯率、債券利率、股票價格、油價、原物料價格等，有相關市場的價格或指數。而衍生性合約可於立約當天確定未來的付款金額，因為相關付款條款包括履約之數量及成交的價格都會在立約當天確定。

2. **槓桿操作。** 槓桿操作係指買方只要付出少量的保證金或權利金（少於直接購買該標的物的價格），就可以操作倍數價值的資產。譬如只要付出10%左右的保證金，就可以操作十倍金額的台股指數期貨。

3. **可淨額交割。** 如同在買權的例子，A公司於藉由買權獲利的過程中，並不需要真的購買宏碁公司的股票。此淨額交割方式可減少衍生性商品之交易成本。

六、避險

在企業交易的過程中常常存在許多不確定的風險，而企業為了降低風險，於是使用金融工具（通常是衍生性商品）來降低被避險項目的全部或部分風險的過程，我們稱之為「避險」。適用避險會計的企業，其被避險項目或避險工具認列損益的時點將隨之改變，以便使兩者損益能同時認列，達到避險的目的。

但避險的方式千變萬化，舉凡能降低部分風險就能使用避險會計的方式處理，為此，企業若需使用避險會計，應能符合以下兩條件：

1. 於避險開始時，指定並且證明符合避險項目與被避險項目的之間的避險關係。

2. 避險開始即避險期間中，須確定該避險符合高度有效的條件。

避險方式雖多，但是歸納其特性，避險關係可以分成以下三種

1. 公允價值避險：指規避已認列資產、負債或確定承諾的公允價值變動的風險。

2. 現金流量避險：指規避已認列資產、負債或高度很有可能發生的交易之特定風險，且該風險將導致企業未來現金流量的變動並影響損益。

3. 國外營運機構淨投資避險：係指規避投資國外營運機構之淨投資因匯率變動而產生的風險。

就公允價值避險來說，被避險項目須調整避險之損益，且因避險效果使損益互相抵銷的部分，應包含在綜合淨利表之中。

就現金流量避險而言，當避險效果達到時，其避險有效部分的損益於原始認列時應先列入股東權益項下，當未來被避險項目因處分等情形而影響綜合損益表時，才將其重分類至綜合損益表，以使損益可以互抵達避險之效。而被避險項目若是非金融資產或負債時，企業的會計政策可選擇於購買時根據避險的損益，來調整非金融資產、負債的帳面價值。至於國外營運機構淨投資避險，其避險會計處理的觀念及作法與現金流量避險相似。

七、長期投資（權益法）

投資公司若持有被投資公司已發行有表決權股份總數超過一半時，即為母子公司關係，須編製合併財務報表。但是，在未持有超過半數股權之情況下，投資方仍有可能在其他方面（財務、業務、人事），對被投資方具有**重大影響力**（significant influence）。例如，A公司持有B公司有表決權股份總數僅佔30%，但是B公司在業務上離不開A公司的幫助，若A公司離開，對B公司的經營可能會有重大影響，或是A公司在B公司董事會上擁有一定的代表權，而可以參予B公司的政策制定。

八、金融資產重分類及衡量

1. 重分類

當企業改變其管理金融資產的業務模式時,應將其原始認列為攤銷後成本或公允價值衡量相關的金融資產重分類。也就是說,當企業的金融資產產生現金流量方式不再是原先設定的類型時(定期收取現金流至賺取差價,或賺取差價至定期收取現金流量),則金融資產應於帳上做重新分類並衡量。

由於涉及現金流量的模式改變,因此一般重分類是針對債務工具,權益工具本身特性並不具備有固定的現金流量,因此只能按公允價值評價。

2. 衡量

金融資產的重分類不得使用追溯調整法,原因是如果將改變後的衡量方法適用回改變前的業務模式時,將無法真實表達其真實的經濟狀況。因此當重分類時應於重分類日起推延適用,且不得重編先前已認列之損益或是利息。

習 題

一、選擇題

( ) 1. 以下何者並非金融資產？ (A)現金 (B)存貨 (C)應收款 (D)權益投資。

( ) 2. 國際會計準則允許下列何種金融資產評價方式？

	公允價值法	成本攤銷法
(A)	允許	允許
(B)	不允許	不允許
(C)	允許	不允許
(D)	不允許	允許

( ) 3. 攤銷後成本法是初始投資的認列金額減掉： (A)已償還金額與無法收回之金額 (B)累積攤銷金額與無法收回金額 (C)已償還金額與加上或減掉累積已攤銷金額以及無法收回之金額 (D)已償還金額與累積攤銷金額。

( ) 4. 有關交易目的投資的敘述何者為非？ (A)通常意圖於短期間內出售 (B)無須攤銷溢價或折價 (C)未實現持有利得或損失記錄於損益表上 (D)以上皆是。

( ) 5. 以公允價值法與成本攤銷法處理債務投資的差異何者正確？ (A)當債券在成本攤銷法下以溢價出售時，其利息收入會比以公允價值法下計算的利息收入來得小 (B)當債券在成本法下以折價出售時，期利息收入會比以公允價值法下來得大 (C)公允價值法下需每年記錄未實現利得與損失，而成本法下無需做此記錄 (D)以上皆是。

( ) 6. 公允價值選擇權允許公司可以： (A)允許公司在投資項目之價值增加時記錄收入 (B)在某些時點得以公允價值法評價其債務投資 (C)以公允價值報導金融工具，並將其評價損失與利得報導於股東權益之中 (D)以上皆是。

( ) 7. 在國際會計準則下，下列敘述何者正確？ (A)非交易型權益投資之會計處理方式與一般權益投資之處理方式不同 (B)收到的現金股利係記錄在損益表中做為收入項目 (C)非交易型權益投資的公允價值變動時，其已實現利得或損失係報導在綜合損益表做為累積其他綜合損益 (D)以上皆是。

( ) 8. 許利公司持有夏利公司40%的股權，在99年時，夏利公司產生稅後淨利$500,000，且支付股利$50,000。許利公司在會計處理上，錯以公允價值法記錄對夏利公司的投資，而應以權益法記錄。該錯誤將對許利公司的投資科

目、淨利以及保留盈餘分別產生何種影響？　(A)低估、低估、低估　(B)高估、高估、高估　(C)高估、低估、低估　(D)低估、高估、高估。

(　　) 9. 減損損失係投資之帳面價值與下列何者之差異？　(A)合約現金流量　(B)合約現金流量之現值　(C)預期產生現金流量　(D)預期產生現金流量之現值。

(　　) 10. 在國際會計準則下，公司持有投資之會計處理方式何者正確？　(A)應評估每項投資是否發生減損　(B)計算債務投資是否發生減損時，係以其帳面價值加計應計利息之金額，與以原始有效利率計算之預計未來現金流量折現值之金額，兩者之差額評估是否發生減損　(C)將投資所發生之未實現減損損失，記錄在其他綜合損益表中的累積其他綜合損益項目中，直到該減損實現　(D)以上皆是。

(　　) 11. 以下針對衍生性金融商品之敘述何者錯誤？　(A)衍生性金融商品應認列為資產及負債　(B)衍生性金融商品應以公允價值評價　(C)投機買賣產生的損失及利得應予以遞延　(D)若為避險目的產生的損失及利得，應視其避險之類型而有不同的報導方式。

(　　) 12. 可轉換公司債係為？　(A)嵌入式衍生性金融商品　(B)混合證券　(C)公允價值避險工具　(D)以上皆非。

試使用以下資訊回答13、14題：

99年1月1日，太古公司以$475,115購買大慶公司之$500,000，利率5%，六年期之公司債，每年1月1日及7月1日付息，市場利率為6%。太古公司採用有效利率法。試問：

(　　) 13. 99年7月1日應增加對大慶公司之債務投資科目金額為：　(A)$1,573　(B)$1,753　(C)$1,357　(D)$1,897。

(　　) 14. 99年太古公司從大慶公司之債務投資中獲得之利息收入金額為？　(A)$28,410　(B)$28,559　(C)$28,160　(D)$25,000。

(　　) 15. 席德公司於100年1月1日，以$92,639購買孔德公司公司債$100,000，10%，五年期，且每年1月1日及7月1日付息一次，當年度有效利率為12%。席德公司其商業模式係以收取合約現金流量為主，且合約之現金流量純粹為本金及利息而已，未包含其他因素。100年12月31日時，有效利率為14%，公司債之公允價值為$89,642，試問利息收入金額為？
(A)$5,582　(B)$5,542　(C)$5,592　(D)$6,012。

試使用以下資訊回答16、17題：

睿輝公司99年1月1日購買吉利公司五年期公司債，$400,000，4%，每年1月1日及7月1日付息一次，該公司債賣$418,446，有效利率為3%。該債券為非交易型債務投資，99年7月1日及12/31日分別攤銷溢價$1,723及$1,749。試問：

（　）16.99年12月31日，吉利公司之公司債公允價值為$430,000，則睿輝公司報導在其他綜合損益上作為權益項目的金額為？　(A)$15,026　(B)$12,620　(C)$9,346　(D)$9,216。

（　）17.100年4月1日該債券以$410,000出售，而債券當時之帳面價值為$414,086，試問該出售債券損失或利得金額為何？　(A)($4,086)　(B)$20,000　(C)($8,423)　(D)$0。

試使用以下資訊回答18、19題：

高摩公司於99年及100年有以下投資項目：

	成本	公允價值	
		99/12/31	100/12/31
交易目的	$200,000	$300,000	$280,000
非交易型	$200,000	220,000	250,000

（　）18.高摩公司100年應認列多少損失或利得於損益表上？　(A)$20,000利得　(B)$20,000損失　(C)$130,000利得　(D)$80,000利得。

（　）19.高摩公司99年應認列多少其他綜合損益於財務狀況表上？　(A)$120,000利得　(B)$20,000利得　(C)$10,000利得　(D)$0。

試使用以下資訊回答20~23題：

下列為大種公司與小種公司100年之財務狀況表內容：

大種公司
財務狀況表
100年12月31日

資產	$1,500,000
負債	$　450,000
股本—普通股	600,000
保留盈餘	450,000
負債加股東權益	$1,500,000

小種公司
財務狀況表
100年12月31日

資產	$800,000
負債	$180,000
股本—普通股	500,000
保留盈餘	120,000
負債加股東權益	$800,000

( ) 20.若大種公司於100年12月31日以$180,000取得小種公司的股權20%，且採用公允價值法，試問帳上權益投資金額為： (A)$180,000 (B)$144,000 (C)$160,000 (D)$150,000。

( ) 21.若大種公司於100年12月31日以$215,000取得小種公司股權30%，且採用權益法，試問帳上權益投資金額為？ (A)$186,000 (B)$215,000 (C)$240,000 (D)$250,000。

( ) 22.若大種公司於100年12月31日以$175,000取得小種公司的股權20%，且在101年小種公司有淨利$60,000，並發放現金股利$8,000。大種公司採用公允價值法下，試問其101年年底之權益投資餘額為？ (A)$175,000 (B)$176,600 (C)$185,400 (D)$187,000。

( ) 23.若大種公司於100年12月31日以$200,000取得小種公司的股權30%，且在101年小種公司有淨利$70,000，並發放現金股利$9,000。大種公司採用公允價值法下，試問其101年年底之權益投資餘額為？ (A)$200,000 (B)$210,000 (C)$218,300 (D)$221,000。

二、計算題

1.99年1月1日，金永公司以$542,124購買三井公司的公司債$500,000，五年期，8%，市場利率為6%，每年12月31日付息。金永公司的商業模式維持有投資以收取合約現金流量。

試做：

(1)購買三井公司之公司債分錄。

(2)編製到100年的公司債攤銷表。

(3)記錄99年收取利息與攤銷的分錄。

(4)若99年12月31日的公司債之公允價值為\$540,000，試做相關分錄。

(5)若100年12月31日的公司債之公允價值為\$530,000，試做相關分錄。

2.鮑伯公司於98年12月31日持有政府債券並歸類為持有至到期日。該政府債券成本為\$4,000,000，且其公允價值為\$3,800,000。在評價政府債券時，鮑伯公司認為其價值已永久性下降了\$500,000，因此減損的情形已發生。

試做：

(1)政府債券之減損分錄。

(2)債券減損後的新成本為何?該債券之到期值為\$500,000，試問鮑伯公司是否需要繼續攤銷帳面值與到期值間之差異?

(3)99年12月31日政府債券之公允價值為\$3,700,000，試做相關分錄。

3.漢默公司在99年6月10日，購買聯華公司股票的賣權\$200。每單位賣權等於200股聯華公司股票，且行使價格為\$20。該賣權於100年1月31日過期。以下為該賣權之相關資訊：

日 期	聯華公司股票市價	賣權之時間價值
99/9/30	\$22 per share	\$100
99/12/31	\$21 per share	50
100/1/31	\$23 per share	0

試做以下分錄：

(1)99/6/10購買賣權之交易。

(2)99/9/30有關賣權價值變動之分錄。

(3)99/12/31有關賣權價值變動之分錄。

(4)100/1/31賣權到期。

解答：

一、選擇題

1. B	2. A	3. C	4. D	5. C	6. A	7. A	8. A	9. D	10. B
11. C	12. A	13. B	14. B	15. C	16. D	17. A	18. A	19. B	20. A
21. C	22. A	23. C							

二、計算題

1.

　(1)

　　99年1月1日

　　債務投資　　　　　542,124

　　　現金　　　　　　　　542,124

　(2)

公司債攤銷表

日期	現金	利息收入	溢價攤銷	公司債帳面價值
99/1/1	—	—	—	$542,124
99/12/31	$40,000	$32,527	$ 7,473	534,651
100/12/31	40,000	32,079	7,921	526,730

　(3)

　　現金　　　　　　40,000

　　　溢價攤銷　　　　　　7,473

　　　利息收入　　　　　　32,527

　(4)

　　債務投資　　　　　5,349

　　　未實現持有利得或損失　5,349

　(5)

　　100/12/31公司債帳面價值為：

　　99/12/31公司債帳面價值為$540,000-攤銷$7,921=$532,079

　　$532,079-$530,000=$2,079

　　未實現持有利得或損失 2,079

　　　債務投資　　　　　　　2,079

2.

　(1)

　　減損損失　　　　　500,000

　　　債務投資　　　　　　500,000

　(2)

　　新的債務投資成本為$3,500,000。在減損情形下，應不適合再將債務攤銷回原

始到期值。

(3)

| 債務投資 | 200,000 | |
| 減損迴轉 | | 200,000 |

3.

(1)

| 賣權 | 200 | |
| 現金 | | 200 |

(2)

| 未實現持有利得或損失 | 100 | |
| 賣權($200-$100) | | 100 |

(3)

| 未實現持有利得或損失 | 50 | |
| 賣權($100-$50) | | 50 |

(4)

| 賣權結算損失 | 50 | |
| 賣權 | | 50 |

五南文化廣場 橫跨各領域的專業性、學術性書籍 在這裡必能滿足您的絕佳選擇！

五南全國門市

【逢甲店】
【台大店】
【台大法學店】
【海洋書坊】
【嶺東書坊】
【環球書坊】
【台中總店】
【高雄店】
【屏東店】

海 洋 書 坊：202 基 隆 市 北 寧 路 2號　TEL：02-24636590　FAX：02-24636591
台　大　店：100 台北市羅斯福路四段160號　TEL：02-23683380　FAX：02-23683381
台大法學店：100 台北市中正區銅山街1號　TEL：02-33224985　FAX：02-33224983
逢　甲　店：407 台中市河南路二段240號　TEL：04-27055800　FAX：04-27055801
台 中 總 店：400 台 中 市 中 山 路 6號　TEL：04-22260330　FAX：04-22258234
嶺 東 書 坊：408 台中市南屯區嶺東路1號　TEL：04-23853672　FAX：04-23853719
環 球 書 坊：640 雲林縣斗六市嘉東里鎮南路1221號　TEL：05-5348939　FAX：05-5348940
高　雄　店：800 高 雄 市 中 山 一 路 290號　TEL：07-2351960　FAX：07-2351963
屏　東　店：900 屏 東 市 中 山 路 46-2號　TEL：08-7324020　FAX：08-7327357
中信圖書團購部：400 台 中 市 中 山 路 6號　TEL：04-22260339　FAX：04-22258234
政府出版品總經銷：400 台中市綠川東街32號3樓　TEL：04-22210237　FAX：04-22210238
網 路 書 店 http://www.wunanbooks.com.tw

專業法商理工圖書・各類圖書・考試用書・雜誌・文具・禮品・大陸簡體書
政府出版品總經銷・中信圖書館採購編目・教科書代辦業務

國家圖書館出版品預行編目資料

中級會計學／馬嘉應著.－－初版.－－臺北
市：五南，2012.07
　面；　公分.
ISBN 978-957-11-6611-7（平裝）
1.中級會計
495.1　　　　　　　　　101004276

1G88

中級會計學

作　　　者 ― 馬嘉應(186.2)

發 行 人 ― 楊榮川

總 編 輯 ― 王翠華

主　　　編 ― 張毓芬

責任編輯 ― 侯家嵐

文字編輯 ― 林秋芬

封面設計 ― 盧盈良

出 版 者 ― 五南圖書出版股份有限公司

地　　　址：106台北市大安區和平東路二段339號4樓

電　　　話：(02)2705-5066　　傳　　真：(02)2706-6100

網　　　址：http://www.wunan.com.tw

電子郵件：wunan@wunan.com.tw

劃撥帳號：01068953

戶　　　名：五南圖書出版股份有限公司

台中市駐區辦公室/台中市中區中山路6號

電　　　話：(04)2223-0891　　傳　　真：(04)2223-3549

高雄市駐區辦公室/高雄市新興區中山一路290號

電　　　話：(07)2358-702　　傳　　真：(07)2350-236

法律顧問　元貞聯合法律事務所　張澤平律師

出版日期　2012年7月初版一刷

定　　　價　新臺幣580元